அறிவியல்

எது? ஏன்? எப்படி? - பாகம் 2

என். ராமதுரை

உதவி ஆசிரியராகப் பத்திரிகைத் துறையில் அடியெடுத்துவைத்து, முப்பதாண்டுகளுக்கும் மேல் பல நாளேடுகளில் பணியாற்றியவர். அறிவியல்மீது ஏற்பட்ட ஈடுபாடு காரணமாக, அறிவியல் கட்டுரை களையும் நூல்களையும் எழுத ஆரம்பித்தார். தினமணி நடத்திவந்த 'தினமணி சுடர்' அறிவியல் வார இதழுக்குப் பொறுப்பாசிரியராக இருந்தார். தினமணி - சிறுவர்மணியில் 'சூரிய மண்டலம்', 'அணுசக்தி' பற்றிக் கட்டுரைத் தொடர்கள் எழுதியுள்ளார். அரசியல் கட்டுரைத் தொடர் களும் எழுதியிருக்கிறார்.

அறிவியல்

எது? ஏன்? எப்படி?

பாகம் 2

என். ராமதுரை

கிழக்கு

அறிவியல் : எது? ஏன்? எப்படி? - பாகம் 2
Ariviyal : Yedu? Yaen? Yepadi? - Part 2

N. Ramadurai ©

First Edition: August 2017
256 Pages
Printed in India.

ISBN: 978-93-8673-708-3
Kizhakku 1017

Kizhakku Pathippagam
177/103, First Floor,
Ambal's Building, Lloyds Road,
Royapettah, Chennai - 600 014.
Ph: +91-44-4200-9603

Email : support@nhm.in
Website : www.nhm.in

◼ kizhakkupathippagam
◲ kizhakku_nhm

Author's Email :   nramadurai@gmail.com
Photos Courtesy: Wikimedia Commons, ISRO, NASA, Shutterstock

Kizhakku Pathippagam is an imprint of New Horizon Media Private Limited

This book is sold subject to the condition that it shall not, by way of trade or otherwise, be lent, resold, hired out, or otherwise circulated without the publisher's prior written consent in any form of binding or cover other than that in which it is published and without a similar condition including this the rights under copyright reserved above, no part of this publication may be reproduced, stored in or introduced into a retrieval system, or transmitted in any form or by any means (electronic, mechanical, photocopying, recording or otherwise), without the prior written permission of both the copyright owner and the above-mentioned publisher of this book.

என் மனைவி ஞானாம்பாளுக்கு...

உள்ளே...

1.	காற்றே இல்லாத இடம்	....	11
2.	அலைகள் நடுவே மனிதன்	....	13
3.	உள்ளங்கையில் உருகும் உலோகம்	....	16
4.	இன்சாட் எங்கே இருக்கிறது?	....	18
5.	GMT நேரம் என்பது என்ன?	....	21
6.	போர்ப்படையில் டால்பின்கள்	....	23
7.	கடல் நீர் உப்புக் கரிப்பது ஏன்?	....	26
8.	ஓசோன் என்பது என்ன?	....	28
9.	செயற்கையாக ஒரு மூலகம்	....	31
10.	நிலத்திலிருந்து எரிவாயு	....	33
11.	ரேடியம் டயல் கடிகாரம் உண்டா?	....	36
12.	வெட்டுக்கிளிப் படையெடுப்பு	....	39
13.	பச்சை நிறத்தில் சூரியன்	....	42
14.	கடலுக்கு அடியில் உலோக உருண்டைகள்	....	44
15.	கால்கள் இல்லாமல்...	....	46
16.	வானிலிருந்து எந்த அளவு வேவு பார்க்கலாம்?	....	49
17.	பூமிக்கு சந்திரன் என்ன உறவு?	....	52
18.	வெளிச்சம் ஒரு பகை	....	55
19.	குறைந்த காற்றழுத்த மண்டலம்	....	58
20.	மதுரையில் உங்கள் எடை என்ன?	....	61
21.	விண்வெளியில் பறக்கும் டெலஸ்கோப்	....	63
22.	பேசுகின்ற அணுக்கள்	....	66
23.	வியாழன் படுத்தும் பாடு	....	68
24.	வித்தியாசமான ஒரு கிரகணம்	....	70
25.	கடலுக்கு அடியில் ராக்கெட் தளம்	....	72

26.	கடல்கள் வற்றிப் போகுமா?	 75
27.	கலப்படமே சிறந்தது!	 78
28.	அணுக்களின் 'அரை ஆயுள்'	 81
29.	காணாமல் போன மூலகங்கள்	 83
30.	நீரில்லாத தொட்டிக்குள் கப்பல்	 86
31.	விண்வெளியில் ஆராய்ச்சிக்கூடம்	 89
32.	அம்மி மிதித்து அருந்ததி பார்த்து...	 92
33.	மேகங்கள் கருப்பாக இருப்பது ஏன்?	 95
34.	உடலுக்கு ஏற்ற உலோகம்	 97
35.	வெளவால் எழுப்பும் கேளா ஒலி	 100
36.	ஊட்டியில் குளிர் ஏன்?	 103
37.	ரத்தத்தில் நைட்ரஜன் வாயு கலக்குமா?	 105
38.	சனியின் அசல் பெயர்	 108
39.	கடலில் முளைக்கும் தீவுகள்	 110
40.	12 ஆண்டு உழைக்கும் அணுசக்தி பாட்டரி	 112
41.	விண்வெளியில் சேரும் குப்பை	 114
42.	கடலுக்கடியில் நதிகள்	 117
43.	படுத்த நிலையில் சூரியனைச் சுற்றும் கிரகம்	 120
44.	செறிவேற்றப்பட்ட யுரேனியம் என்பது என்ன?	 122
45.	இமயமலையில் பனிமனிதன்?	 125
46.	நிலா, நிலா ஓடிப் போ!	 127
47.	ரோபாட்டுகள் பல வகை	 129
48.	மலை மீது 'மரண மண்டலம்'	 132
49.	பனிக்கட்டிக்கு அடியில் பாதாள ஏரிகள்	 134
50.	சுரங்கத்தில் தகிக்கும் வெப்பம்	 136

51.	பயனீர் விண்கலத்தின் சாதனை என்ன?	 138
52.	பொலோனியம் என்ற விஷம்	 141
53.	வானத்தில் கேமிராக்கள்	 143
54.	வானத்தில் ஒற்றர்கள்	 146
55.	பி.எஸ். எல். வி. என்பது என்ன?	 148
56.	உயிர்ப் பலி வாங்கிய கார்பன் டையாக்சைட்	 150
57.	இன்னொரு பூமி எங்கே?	 153
58.	கார்பன் டையாக்சைடை அகற்ற இயலுமா?	 155
59.	பூமிக்கு ஜுரம் வருமா?	 157
60.	டைனோசார் என்ற விலங்கு இருந்ததா?	 159
61.	திராவிடோசாரஸ்	 162
62.	டைனோசார்கள் அழிந்தது ஏன்?	 164
63.	டைனோசார்களை அழித்த விண்கல்	 166
64.	டைனோசாரும் தக்கண பீடபூமியும்	 168
65.	டைனோசார்களுக்கும் முன்னர்...	 170
66.	கடல்கள் எப்படித் தோன்றின?	 173
67.	எரிமலை ஓயாது நெருப்பைக் கக்குமா?	 175
68.	விண்ணிலிருந்து வந்த இரும்பு	 177
69.	ஈயத்தைப் பார்த்து இளித்ததாம்...	 180
70.	செயற்கைக்கோளை கிரகணம் பிடிக்குமா?	 183
71.	முதுகைக் காட்டாத சந்திரன்	 186
72.	வடக்கு வானில் அதிசய ஒளி	 189

73. தண்டவாளம் மீது மிதக்கும் ரயில் வண்டி	....	192
74. சூரியனை நெருங்கும் பூமி	....	195
75. வடக்கே இரு துருவங்கள்	....	198
76. விமான நிலையங்களில் எக்ஸ் -ரே	....	201
77. தங்க நகைகளில் பொடி	....	204
78. அடுப்பு மூலம் பறக்கும் பலூன்	....	207
79. சந்திரனில் தளம்: அமெரிக்கா திட்டம்	....	209
80. வால் நட்சத்திரத்துக்கு ஆறு வால்	....	212
81. வால் வளர்க்கும் வால் நட்சத்திரம்	....	214
82. விண்வெளிக்கு வழி வகுத்த மூன்று மேதைகள்	....	216
83. வி-2 ராக்கெட் குண்டுகள்	....	219
84. விண்வெளியில் போட்டா போட்டி	....	222
85. பூமியிலிருந்து தப்புவது எப்படி?	....	225
86. பல அடுக்கு ராக்கெட் எதற்கு?	....	227
87. செயற்கைக்கோளின் சுற்றுப்பாதைகள்	....	230
88. கிழக்கே போக மேற்கு நோக்கிப் பயணம்	....	233
89. விண்வெளிக்கு மனிதன்	....	236
90. செவ்வாயில் தரையிறங்குவது எப்படி?	....	239
91. விண்கலங்களுக்கு அக்னிப்பரீட்சை	....	242
92. 'பாட்டு' பாடும் திமிங்கிலங்கள்	....	245
93. இந்தியாவின் ராட்சத ராக்கெட்	....	247
94. ஐரோப்பாவில் பிரமிட்	....	250
95. செயற்கைக்கோள் பூமிக்குத் திரும்புவது ஏன்?	....	253

- 1 -

காற்றே இல்லாத இடம்

ஒரு கிண்ணத்திலிருந்து பாலை தம்ளரில் ஊற்றிய பிறகு அக் கிண்ணம் காலி. ஆனால் உண்மையில் அக் கிண்ணத்துக்குள் காற்று இருக்கிறது. கிண்ணம், டப்பா, டின் என எதுவாக இருந்தாலும் அதில் உள்ள பொருளை நீங்கள் அகற்றும்போது அதனுள் காற்று புகுந்து கொள்கிறது. அதுவும் அவசர அவசரமாக காற்று உள்ளே செல்லும்.

நீங்கள் எண்ணெய் அல்லது மளிகைக் கடைகளில் பெரிய டின்களில் எண்ணெய் வைத்திருப்பதைப் பார்த்திருக்கலாம். கடைக்காரர் சீலிடப் பட்ட அந்த டின்னிலிருந்து எண்ணெயை எவர்சில்வர் டிரம்மில் ஊற்றுவதானால் அந்த டின்னில் எண்ணெய்க்காக ஓர் ஓட்டை போடுவார். பிறகு நேர் எதிர் முனையில் காற்று உள்ளே செல்வதற்காக ஒரு சிறிய துவாரம் போடுவார். இப்படிச் செய்துவிட்டு எண்ணெயை எவர்சிவர் டிரம்மில் ஊற்றும்போது எண்ணெய் சீராக விழும். அந்த சிறிய துவாரம் இல்லாவிடில் எண்ணெய் சிந்துகிற வகையில் குபுக் குபுக் என்று கொப்பளித்துக்கொண்டு விழும். அதற்குக் காரணம் எண்ணெய் வெளியே வருகிற அதே நேரத்தில் அதே திறப்பு வழியே காற்று முண்டியடித்துக்கொண்டு உள்ளே செல்ல முயற்சிப்பதே ஆகும்.

உலகில் காற்று இல்லாத இடமே கிடையாது. சொல்லப்போனால் ஒரு கண்ணாடி குப்பியிலிருந்து காற்றை வெளியேற்றுவது என்பது எளிதானது அல்ல. மிக சிரமப்பட்டுத்தான் காற்றை வெளியேற்ற வேண்டியுள்ளது. சிறிய வாய் கொண்ட கண்ணாடிக் குப்பி ஒன்றிலிருந்து காற்றை அகற்றினால் உடனே அதன் வாயை சீலிட்டாக வேண்டும். இல்லாவிடில் காற்று மறுபடி உள்ளே சென்று விடும்.

காற்று இல்லாத இடம் கிடையாது என்று குறிப்பிட்டோம். ஆனால் ஒவ்வொருவர் வீட்டிலும் காற்று இல்லாத இடம் ஒன்று இருக்கிறது. அதுதான் தெர்மாஸ் பிளாஸ்க். பிளாஸ்கின் உள்ளே பளபளப்பான கண்ணாடிக் குப்பி உண்டு. இது இரட்டைச் சுவர்களால் ஆனது. இந்த

இரண்டு சுவர்களுக்கும் நடுவே காற்று கிடையாது. அதாவது அது வெற்றிடம் (vacuum). இந்த கண்ணாடி குப்பியின் அடிப்புறத்தில் வால் போன்ற பகுதி காணப்படும். இதன் வழியேதான் உள்ளிருந்து காற்று அகற்றப்பட்டு சீலிடப்பட்டுள்ளது.(உண்மையில் இதை வாக்கும் பிளாஸ்க் என்றுதான் கூற வேண்டும். சுமார் 100 ஆண்டு களுக்கு முன்னர் ஜெர்மனியில் தெர்மாஸ் என்னும் நிறுவனம் இவ்வித பிளாஸ்கை விற்பனைக்குக் கொண்டு வந்தது. அதனாலேயே தெர்மாஸ் பிளாஸ்க் என்று எல்லோரும் குறிப்பிட ஆரம்பித்தனர்.)

வெற்றிடம் வழியே வெப்பம் செல்லாது. அதனால்தான் பிளாஸ்க்கில் சூடான காப்பி ஊற்றி வைத்தால் அது குறைந்தது சில மணி நேரம் ஆறிப் போவதில்லை. அதே தெர்மாஸ்க் பிளாஸ்க்கில் ஐஸ் கட்டிகளைப் போட்டு வைத்தால் அவை உருகுவதில்லை. வெளியே இருக்கிற சூடு உள்ளே இருக்கிற ஐஸ் கட்டிகளைத் தாக்காதபடி வெற்றிடம் தடுக்கிறது. பலருக்கும் இது வியப்பாக இருக்கலாம். பிளாஸ்க் என்பது சூடு ஆறாமல் பாதுகாக்கிற குப்பி என்று மட்டுமே பலரும் நினைப்பது இதற்குக் காரணம்.

டிவியில் காட்சிகள் தெரியும் திரையானது உண்மையில் முற்றிலும் காற்று நீக்கப்பட்ட ஒரு கண்ணாடிப் பேழையின் முன்புறப் பகுதியே ஆகும். காற்றே இல்லாத வெற்றிடத்தை நாம் தற்காலிகமாகவும் உண்டாக்குகிறோம். இது நமக்குப் பலவகைகளிலும் உதவுகிறது. நீர் இறைக்கும் பம்பு, வாக்கும் கிளீனர் ஆகியவற்றில் இவ்விதம் தற்காலிகமாக வெற்றிடத்தை உண்டாக்குகிறோம். இதனால்தான் அவை செயல்படுகின்றன.

சில சமயங்களில் நமக்கு வெற்றிடம் தேவைப்படுகிறது. நுணுக்க மான சிறிய வார்ப்படங்கள் காற்று இல்லாத வெற்றிடத்தில் உருவாக்கப்படுகின்றன. உலோகப் பொருள்களை ஒன்றோடு ஒன்று பற்ற வைப்பதற்கும் வெற்றிட நிலைமைகள் பயன்படுத்தப் படுகின்றன.

வெவ்வேறான உலோகங்களைச் சேர்த்து கலப்பு உலோகம் தயாரிக்க - குறிப்பாக பால் பேரிங் தயாரிக்க - வெற்றிடம் மிகவும் உகந்தது. இதை மனதில் கொண்டு விண்வெளியில் செலுத்தப்பட்ட ஆய்வுக் கூடங்களில் இது தொடர்பாக கடந்த காலத்தில் பல பரிசோதனைகள் நடத்தப் பட்டுள்ளன. விண்வெளியில் மிக உயரத்தில் கிட்டத்தட்ட காற்றே கிடையாது என்பது குறிப்பிடத்தக்கது.

- 2 -
அலைகள் நடுவே மனிதன்

ஓரிடத்தில் நீங்கள் என்னதான் அமைதியாக அமர்ந்திருந்தாலும் உங்களைச் சுற்றிலும் வகைவகையான அலைகள் வட்டமிட்டுக் கொண்டிருக்கின்றன. நீங்கள் ஓர் அறையில் கதவு மற்றும் ஜன்னல்களை சாத்திவிட்டு உட்கார்ந்தாலும் உங்களைச் சுற்றிலும் அந்த அலைகள் இருக்கும்.

நீங்கள் செல்போனில் பேசவில்லை என்றாலும் உங்களைச் சுற்றிலும் மைக்ரோ அலைகள் சுற்றிக்கொண்டிருக்கின்றன. உங்கள் வீட்டு அருகே ஏதோ ஒரு கட்டடத்தின் மாடியில் உள்ள மைக்ரோ அலை டவரிலிருந்து நாலாபக்கங்களிலும் இந்த மைக்ரோ அலைகள் பரவிய வண்ணம் இருக்கின்றன. இவ்விதம் மைக்ரோ அலைகள் இருப்பதால் தான் செல்போன் அடித்ததும் உங்களால் பேச முடிகிறது.

டிரான்சிஸ்டரை நீங்கள் ஆன் செய்யாமல் இருக்கலாம். ஆனாலும் உங்களைச் சுற்றிலும் பல்வேறு வானொலி நிலையங்களிலிருந்து வெளிப்படும் மீடியம் அலை, சிற்றலை, எப்.எம் என ரேடியோ அலைகள் சுற்றிய வண்ணம் உள்ளன. ஆகவேதான் சுவிட்சைத் தட்டியதும் டிரான்சிஸ்டரில் பாட்டு வருகிறது.

சுவரில் உள்ள டியூப் லைட்டிலிருந்து ஒளி மட்டுமன்றி புற ஊதா (அல்ட்ரா வயலட்) கதிர்கள் சிறு அளவில் வெளிப்பட்டுக் கொண்டிருக்கின்றன.

இதல்லாமல் நட்சத்திரங்களிலிருந்து வெளிப்படுகிற அலைகளும் உண்டு. இவை எல்லாமே உங்களைச் சூழ்ந்து இருக்கின்றன. மைக்ரோ அலை,

மைக்ரோ அலை டவர்

ரேடியோ அலை, புற ஊதாக் கதிர்கள் முதலியவை மின்காந்த அலைகள் குடும்பத்தை (Electro magnetic spectrum) சேர்ந்தவை.

மனித நாகரிகம் வளர, வளர புதிது புதிதாக கருவிகள் உருவாக்கப் பட்டு வருகின்றன. இதன் விளைவாக நம்மைச் சுற்றிலும் உள்ள அலைகள் பெருகிக்கொண்டே போகின்றன. மின்காந்த அலைகள் குடும்பத்தில், மிகக் குறுகிய அலை நீளத்தைக் கொண்ட காமா கதிர்கள் முதல் மிகத் தொலைவில் உள்ள நட்சத்திரங்களிலிருந்து வரும் ரேடியோ (மிக நீண்ட அலை நீளத்தைக் கொண்டவை) அலைகள் உட்பட பல்வேறு அலைகளும் அடங்கும். நாம் கண்ணால் பார்க்க முடிகிற ஒளி அலைகளும் இதில் அடக்கம்.

நவீன கண்டுபிடிப்புகள் மூலம் நாம் இந்த அலைகளில் பலவற்றை செயற்கையாக உருவாக்கிப் பயன்படுத்தக் கற்றுக்கொண்டுள்ளோம்.

சூரியனிலிருந்து மற்றும் விண்வெளியிலிருந்தும் வருகிற எக்ஸ் கதிர், புற ஊதா அலைகளில் பெரும்பகுதி ஆகியவற்றைக் காற்று மண்டலம் தடுத்து விடுகிறது. நாம் செயற்கையாக உண்டாக்குகிற அலைகளில் சில - கதிர்கள் என்றும் சொல்லலாம் - ஆபத்தை உண்டாக்குகிறவை. இவற்றில் எக்ஸ் கதிர் அடங்கும்.

பிற அலைகளைப் பொருத்தவரையில் செல்போனை அளவுக்கு மீறிப் பயன்படுத்தினால் அதிலிருந்து வெளிப்படும் மைக்ரோ அலைகள் உடலைப் பாதிக்கலாம் என்று தகவல்கள் கூறுகின்றன. எனினும் இது பற்றிய சர்ச்சை ஓயவில்லை. நகர்ப்புறங்களில் சிட்டுக்குருவிகள் அனேகமாக மறைந்து போனதற்கு இந்த மைக்ரோ அலைகள் காரணமாக இருக்கலாம் என்ற கருத்து உள்ளது.

டியூப் லைட்டிலிருந்து வெளிப்படுகிற மிகச் சிறு அளவிலான புற ஊதாக் கதிர்களால் பாதிப்பு ஏற்பட சிறிதும் வாய்ப்பு இல்லை என்று கூறப்படுகிறது.

எந்த ஓர் இடத்திலும் எந்தவித அலைகளும் உள்ளே நுழையாதபடி தடுப்பது என்பது இயலாத காரியம். சில விசேஷ காரியங்களுக்கென இவ்வித அலைகள் எதுவும் ஊடுருவாத விசேஷ 'அறை' ரெடிமேடாக விற்கப்படுகிறது. ஆராய்ச்சியாளர்கள் இவ்வித அறைகளை வாங்கிப் பயன்படுத்துகின்றனர். சக்திமிக்க வேவு கருவிகளின் ஊடுருவலைத் தவிர்க்கவும் இந்த அறைகள் பயன்படுத்தப்படுகின்றன.

இது ஒரு புறம் இருக்க, நகரங்களுக்கு இடையே திறந்த வெளிகளில் மிக உயர்ந்த தூண்கள் மீது மின்சார வயர்கள் அமைக்கப்பட்டுள்ளதை நீங்கள் பார்த்திருக்கலாம். மிகுந்த ஆற்றல் கொண்ட மின்சாரம் பாயும்

இந்த வயர்கள் அவற்றைச் சுற்றிலும் மின்காந்தப் புலத்தை உண்டாக்கு கின்றன. குழந்தைகள் விளையாடும் இடங்களுக்கு அருகே இவ்வித மின் கம்பிகள் இருக்குமானால் மின்காந்தப் புலம் குழந்தைகளைப் பாதிப்பதாகவும் இதனால் குழந்தைகளுக்கு ரத்தப் புற்று நோய் ஏற்படுவதாகவும் வந்த தகவல்களின் பேரில் இது பற்றி விரிவாக ஆராயப்படுகிறது.

சொல்லப்போனால் வீடுகளில் பயன்படுத்தப்படுகிற மிக்சி, கிரைண்டர், பிரிட்ஜ், வாஷிங் மெஷின் போன்ற சாதனங்கள், மற்றும் மின்சார வயர்கள் ஆகிய அனைத்துமே சிறு அளவில் மின்காந்தப் புலங்களை ஏற்படுத்தத்தான் செய்கின்றன இவற்றினால் பாதிப்பு உண்டா என்று தொடர்ந்து ஆராயப்பட்டு வருகிறது.

- 3 -

உள்ளங்கையில் உருகும் உலோகம்

நீங்கள் சிறிய இரும்புத் துண்டை எடுத்து உள்ளங்கையில் வைத்துக் கொண்டால் ஒன்றும் ஆகாது. ஆனால் காலியம் (Gallium) என்ற உலோகம் உள்ளது. அந்த உலோகத் துண்டு ஒன்றை எடுத்து உள்ளங்கையில் வைத்துக்கொண்டு கையை மூடிக்கொண்டால் அது சற்று நேரத்தில் உருகிப் போய்விடும்.

காலியம் என்பது அன்றாடப் புழக்கத்தில் இல்லாத உலோகம்தான். இந்த உலோகம் 1875 ஆம் ஆண்டில் பிரெஞ்சு விஞ்ஞானி ஒருவரால் கண்டுபிடிக்கப்பட்டது. இது மென்மையான உலோகம். இது 29.76 சென்டிகிரேட் வெப்ப நிலையில் உருகிவிடும். இத்துடன் ஒப்பிட்டால் நமது உடல் வெப்ப நிலை 37 டிகிரி சென்டிகிரேட். காலியம் உள்ளங்கை சூட்டில் உருகுவதில் வியப்பில்லை.

காலியம் விஷயத்தில் வேறு ஓர் விசேஷ அம்சம் உள்ளது. எந்த உலோக மானாலும் சரி, அதைத் தொடர்ந்து சூடேற்றிக் கொண்டிருந்தால் ஒரு கட்டத்தில் ஆவியாக மாறிவிடும். காலியம் உருகிய பிறகு அதைத் தொடர்ந்து சூடேற்றினால் அந்த உலோகம் 2204 டிகிரி சென்டிகிரேட் வெப்பத்தில்தான் ஆவியாக முற்படுகிறது.

காலியம் உலோகம் வேறு உலோகங்களுடன் சேர்க்கப்பட்டு சிலவகை தர்மாமீட்டர்களில் பயன்படுத்தப்படுகிறது. அத்துடன் சிலவகை மின்னணுக் கருவிகளைத் தயாரிக்கவும் பயன்படுத்தப் படுகிறது.

காலியத்துடன் ஒப்பிட்டால் டங்க்ஸ்டன் என்ற உலோகம் எளிதில் உருகாது. இது 3222 டிகிரி சென்டிகிரேட் வெப்பத்தில்தான் உருகும். ஆகவே இதை எந்த கொள்கலத்திலும் போட்டு உருக்க முடியாது. ஏனெனில் டங்க்ஸ்டன் உருகுவதற்குள் அந்த கொள்கலமே உருகி விடும்.

ஆகவே இந்த உலோகத்தை உருக்குவதற்குப் பதில் டங்க்ஸ்டன் உலோகத்தைப் பொடி வடிவில் தயாரித்துப் பிறகு அப்பொடியை சூடேற்றி அதே சமயத்தில் அழுத்தத்தைச் செலுத்தி கெட்டிப்படுத்து கின்றனர். இதன் மூலம் டங்ஸ்டன் உலோகக் கட்டிகள் கிடைக்கின்றன. இவ்வித டங்க்ஸ்டன் கட்டியிலிருந்து மெல்லிய கம்பிகளையும் தயாரிக்க முடியும். மஞ்சள் நிறத்தில் எரியும் குமிழ் பல்புகளின் உட்புறத்தில் உள்ள மெல்லிய உலோக இழைகள் டங்க்ஸ்டன் உலோகத்தால் ஆனவை.

டங்க்ஸ்டன் என்றால் ஸ்வீடிஷ் மொழியில் 'கனமான கல்' என்று பொருள். ஆனால் கல்லைக்கூட உருக்கிவிட முடியும். டங்க்ஸ்டனை உருக்குவது மிகக் கடினம்.

எந்த நிலைமையையும் உறுதியுடன் எதிர்த்து நின்று காரியத்தை சாதிப்பவரை 'இரும்பு மனிதர்' என்று சொல்வது உண்டு. இரும்பு உறுதியானது என்ற பொருளில் இவ்விதம் சொல்லப்படுகிறது. ஆனால் இரும்பைவிட உறுதியான உலோகம் உண்டு. அது குரோமியம் ஆகும். சொல்லப்போனால் உலோகங்களிலேயே குரோமியம்தான் மிகக் கெட்டியானது.

உலோகத்தால் ஆன ஓர் உருண்டையை எடுத்துக்கொண்டு அதை குறிப்பிட்ட யந்திரத்தின் கீழ் வைத்து அழுத்துவர். அந்த உருண்டை மீது எந்த அளவுக்கு குழிவு ஏற்படுகிறது என்பதை வைத்துத்தான் ஓர் உலோகத்தின் கெட்டித்தன்மை அளவிடப்படுகிறது. இவ்விதமான சோதனையில் குரோமியம்தான் அதிகக் கெட்டியானது என்று கண்டறியப்பட்டுள்ளது. ஆனால் அதற்காக ஒருவரை 'குரோமிய மனிதர்' என்று வர்ணிக்க முடியாது. ஏனெனில் குரோமியத்துக்கு ஒரு பலவீனம் உண்டு. அது படக் என்று ஒடியும் தன்மை கொண்டது.

ஆகவே அதைக்கொண்டு பொருள்களைத் தயாரிப்பது கிடையாது. எனினும் பளபளப்பான பூச்சு அளிக்க குரோமியம் பயன்படுத்தப்படுகிறது. சைக்கிள்கள் பலவற்றில் கைப்பிடி, மணி ஆகியவை பளபளப்பாக இருப்பதைப் பார்த்திருக்கலாம். இவை குரோமியம் பூச்சு அளிக்கப் பட்டவை. இவ்விதமான பூச்சு அளிக்கப்பட்டவை குரோமியம் பிளேட்டட் என்று குறிப்பிடப்படுகின்றன.

ஒரு பொருள்மீது இப் பூச்சு 0.25 முதல் 1.0 மைக்ரான் கனம் (ஒரு மைக்ரான் என்பது ஒரு மில்லி மீட்டரில் ஆயிரத்தில் ஒரு பங்கு) வரை இருக்கலாம். சில குறிப்பிட்ட காரணங்களுக்காக கனத்த பூச்சு அளிப்பது உண்டு. அவையும் 10 முதல் 1000 மைக்ரான் அளவுக்குத்தான் இருக்கும்.

- 4 -

இன்சாட் எங்கே இருக்கிறது?

டிவியில் நீங்கள் பார்க்கும் நிகழ்ச்சிகளில் சில, இன்சாட் அல்லது ஜிசாட் எனப்படும் செயற்கைக்கோள் மூலம் கிடைப்பதாக இருக்கலாம். நம் தலைக்கு மேலே ஒரு சமயம் ஒன்றல்ல, ஐந்து இன்சாட் செயற்கைக்கோள்கள் இடம் பெற்றிருந்தன. இவை மட்டுமன்றி 'ஜிசாட்', 'எடுசாட்', 'கல்பனா' ஆகிய செயற்கைக் கோள்களும் இடம் பெற்றிருந்தன.

இவை அனைத்தும் இந்தியாவுக்குத் தெற்கே பூமியின் நடுக்கோட்டுக்கு மேலாக சுமார் 36 ஆயிரம் கிலோ மீட்டர் உயரத்தில் அமைந்துள்ளன. இரவு பகல் எந்த நேரமானாலும் அவை நிலையாக நிற்பதுபோல அதே இடத்தில்தான் காணப்படும். அவை ஏன் அப்படி 'நிலையாக' இருக்க வேண்டும்? டெலிவிஷன் நிகழ்ச்சிகளைத் தயாரிப்பவர்கள் அந்த நிகழ்ச்சிகளின் சிக்னல்களை மேல் நோக்கி அதாவது செயற்கைக்கோளை நோக்கி அனுப்புவர். செயற்கைக் கோள் அவற்றை வாங்கி இந்தியா முழுவதிலும் கிடைக்கும் வகையில் கீழே திருப்பி அனுப்பும். கேபிள் டிவி நிறுவனங்கள் இவற்றைப் பெற்று கேபிள் டிவி ஆபரேட்டர்கள் மூலம் கேபிள் வழியே உங்கள் டிவிக்கு அனுப்புகின்றன. நீங்கள் டிஷ் வைத்திருந்தால் அந்த சிக்னல்கள் டிஷ் மூலம் உங்களுக்குக் கிடைக்கின்றன.

இந்தியாவின் இன்சாட் வகை செயற்கைக்கோள்கள் அனைத்தும் வானில் ஒரே இடத்தில் கூட்டமாக இருக்கவில்லை. மூன்று இன்சாட் செயற்கைக்கோள்கள் அனேகமாக அருகருகே உள்ளன. இன்சாட் 3 A இவற்றிலிருந்து சற்று தள்ளி தென்கிழக்கே உள்ளது. அதேபோல எடுசாட் உட்பட மூன்று செயற்கைக்கோள்கள் சற்று தென்மேற்கே அமைந்துள்ளன.

நம் பார்வையில் இவை நகராமல் ஒரே இடத்தில் நிலை குத்தி நிற்பதாகத் தோன்றலாம். ஆனால் உண்மையில் இவை மணிக்கு

11,067 கிலோ மீட்டர் வேகத்தில் பூமியைச் சுற்றிக்கொண்டு இருக்கின்றன. செயற்கைக்கோள் ஒன்று வானில் எப்போதும் ஒரே இடத்தில் 'நிலை குத்தி' நிற்கிற அதே நேரத்தில் நல்ல வேகத்தில் எவ்விதம் பூமியைச் சுற்றிக்கொண்டிருக்க முடியும்?

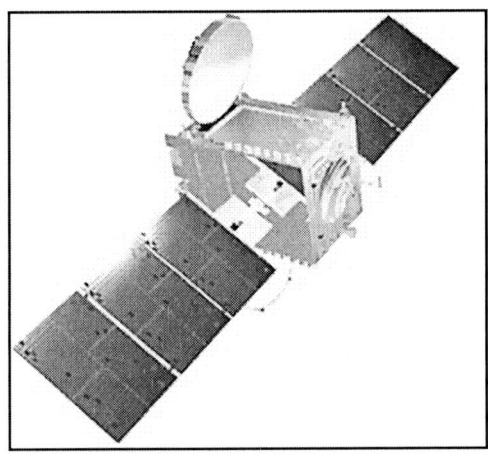

இன்சாட் 4 B செயற்கைக்கோள்

பூமியானது தனது அச்சில் ஒரு முறை சுழல 23 மணி 56 நிமிஷம் 4 வினாடி ஆகிறது. ஆகவே வானில் உள்ள செயற்கைக்கோள் ஒன்று இதேபோல ஒரு தடவை பூமியை (மணிக்கு 11 ஆயிரம் கி.மீ. வேகத்தில்) சுற்றி முடிக்க அதேநேரத்தை எடுத்துக் கொள்ளும்போது அது வானில் ஒரே இடத்தில் இருப்பதாகத் தோற்றமளிக்கும்.

அடுத்தடுத்த தண்டவாளங்களில் இரு ரயில்கள் ஒரே திசையில் ஒரே வேகத்தில் செல்லுமானால் ஒரு ரயில் பெட்டியின் ஜன்னல் அடுத்த ரயிலின் ஜன்னலுக்கு நேர் எதிராக இருக்கும். இரண்டும் அதே வேகத்தில் தொடர்ந்து சென்றுகொண்டிருந்தால் தொடர்ந்து இரண்டு ஜன்னல்களும் எதிரும் புதிருமாகவே இருந்து வரும். கிட்டத்தட்ட இம்மாதிரியாகத்தான் இன்சாட் செயற்கைக்கோள் இந்தியாவைப் பார்த்தபடி 'நிலையாக' ஒரே இடத்தில் இருக்கிறது. ஆனாலும் பூமியைச் சுற்றுகிறது. இவ்வகையான செயற்கைக்கோள்கள் (Geo - Stationary Satellite) இணைசுற்று செயற்கைக்கோள்கள் என்று வர்ணிக்கப்படுகின்றன.

பூமி தன்னைத்தானே ஒருமுறை சுற்றிக்கொள்வதற்கு ஆகிற அதே நேரத்தை - மிகச் சரியாக - எடுத்துக் கொண்டால்தான் அவை எப்போதும் வானில் ஒரே இடத்தில் இருக்கும். ஒரு செயற்கைக் கோளை விண்ணில் 35,786 கிலோ மீட்டர் உயரத்துக்குக் கொண்டு சென்று பூமியை அது வட்டவடிவப் பாதையில் சுற்றும்படிச் செய்தால் போதும். அது பூமியைச் சுற்றுவதற்கு இந்த நேரம் ஆகும்.

இன்சாட் செயற்கைக்கோள் ஒன்றை இந்தியாவைப் பார்த்தபடி இருக்க, அதை உதாரணமாக 83 டிகிரி கிழக்குத் தீர்க்க ரேகைக்கு

உயரே பூமியின் நடுக்கோட்டுக்கு நேர் மேலே இருக்கும்படி செய்வதாக வைத்துக் கொள்வோம். அதன்பிறகு பல்வேறு காரணங்களால் அது சிறு அளவுக்கு இடம் மாறலாம்.

ஆகவே அவ்வப்போது அதை பழைய இடத்துக்கே கொண்டு வர வேண்டியிருக்கும். இதற்கென செயற்கைக்கோளுடன் இணைந்த சிறு டாங்கியில் எரிபொருள் இருக்கும். இதில் அடங்கிய எரிபொருளை சில சென்டி மீட்டர் நீளமே உள்ள சிறு ராக்கெட் மூலம் பீச்சிடும்படி செய்து செயற்கைக்கோளை நகர்த்துவர்.

ஆகவே ஒரு செயற்கைக் கோளின் ஆயுள் என்பது அந்த டாங்கியில் அடங்கிய எரிபொருள் எவ்வளவு ஆண்டுகளுக்கு வரும் என்பதைப் பொருத்ததே. 1982ல் இன்சாட் 1-A செயற்கைக்கோள் செலுத்தப்பட்ட நான்கு மாதங்களில் ஏதோ கோளாறு காரணமாக டாங்கியில் இருந்த எரிபொருள் அனைத்தும் காலியாகிவிட்டது. அத்தோடு அந்த இன்சாட் செயற்கைக்கோளின் ஆயுளும் காலி! இன்னொரு சமயம் இந்தியாவின் ஒரு செயற்கைக்கோள் சரியான உயரத்தில் அமையாமல் போயிற்று. ஆகவே அதைப் பயன்படுத்த முடியாமல் போய்விட்டது.

- 5 -
GMT நேரம் என்பது என்ன?

இந்தியாவில் முக்கியமான கிரிக்கெட் போட்டி இந்திய நேரப்படி பிற்பகல் வாக்கில் தொடங்க இருப்பதாக வைத்துக்கொள்வோம். அமெரிக்காவில் நியூயார்க்கில் இருக்கிற கிரிக்கெட் ஆர்வலர் இப் போட்டி தங்களது உள்ளூர் நேரப்படி எப்போது தொடங்குகிறது என்று அறிய விரும்புகிறார். போட்டி GMT நேரக் கணக்குப்படி காலை 9-30 மணிக்குத் தொடங்குவதாக அவருக்குத் தெரிந்தால் போதும். தங்களது உள்ளூர் நேரப்படி அது எப்போது ஆரம்பிக்கிறது என்பதை அவர் எளிதில் கணக்கிட்டுக் கொள்வார்.

அவர் மட்டுமல்ல. உலகம் முழுவதிலும் பல்வேறு நாடுகளிலும் உள்ளவர்களும் இதேபோல தங்கள் நாட்டு நேரப்படி போட்டி தொடங்கும் நேரத்தை எளிதில் கணக்கிட்டுக் கொண்டு விடுவர். ஏனெனில் தங்கள் தங்கள் நாட்டின் நேரத்துக்கும் GMT நேரத்துக்கும் உள்ள வித்தியாசம் எவ்வளவு என்பது அவர்களுக்குத் தெரியும்.

GMT என்பது Greenwich Mean Time என்பதன் சுருக்கமாகும். கிரீனிச் என்பது லண்டனின் ஒரு பகுதி. கிரீனிச் வழியேதான் பூஜ்ய டிகிரி தீர்க்க ரேகைக் கோடு செல்வதாக வைத்துக்கொண்டுள்ளோம். கிரீனிச்சில் பூஜ்ய ரேகைக் கோடு அமைந்துள்ளதாகக் கருதப்படுகிற இடத்தில் நீண்ட செம்புப் பட்டை பதிக்கப்பட்டுள்ளது. தரையில் பதிக்கப்பட்டுள்ள இப் பட்டை சுற்றுலாப் பயணிகளை மனதில் கொண்டு அமைக்கப்பட்டுள்ளதாகவும் சொல்லலாம்.

கிரீனிச்சில் என்ன நேரமோ அதுவே GMT நேரம் என்று வைத்துக் கொள்ளப்பட்டுள்ளது. இதற்கு வரலாற்று ரீதியிலான காரணம் உண்டு. சில நூற்றாண்டுகளுக்கு முன்னர் பிரிட்டன் உலகின் பெரிய சாம்ராஜ்யமாக இருந்தது. பிரிட்டனின் போர்க் கப்பல்களும் வர்த்தகக் கப்பல்களும் உலகில் ஆதிக்கம் செலுத்தின.

அப்போது அக் கப்பல்களில் சென்ற பிரிட்டிஷ் மாலுமிகள் தாங்கள் எங்கே இருந்தாலும் சரி, கிரீனிச்சில் நேரம் என்ன என்பதைக் காட்டுகிற கடிகாரம் ஒன்றைத் தனியே வைத்துக்கொண்டிருந்தனர்.

கிரீனிச் நேரத்தை அடிப்படையாக வைத்து அதன் மூலம் கடலில் தாங்கள் இருக்கிற இடத்தின் தீர்க்க ரேகையை கணக்கிட்டு அறிய இந்த ஏற்பாடு அவர்களுக்கு உதவியது.

1928ல் இந்த நேரம் உலகப் பொது நேரமாக ஏற்றுக்கொள்ளப்பட்டது. 1986ல் இதன் பெயர் UTC என்று மாற்றப்பட்டது. மற்றபடி அந்த நேரம் என்னவோ ஜி.எம்.டி நேரம்தான். UTC என்பது Coordinated Universal Time என்ற பிரெஞ்சு சொற்றொடரின் சுருக்கமாகும்.

உலகில் எந்த ஒரு நாட்டிலும் நடக்கிற நிகழ்ச்சியாக இருந்தாலும் அதை ஜி.எம்.டி நேரப்படி குறிப்பிடுவதில் சௌகரியம் இருக்கிறது. ஜி.எம்.டி. நேரத்துக்கும் இந்திய நேரத்துக்கும் இடையிலான வித்தியாசம் சரியாக 5 மணி 30 நிமிஷம் ஆகும். ஆகவே இந்தியாவைப் பொருத்தவரையில் ஜி.எம்.டி நேரத்துடன் மேற்படி நேர வித்தியாசத்தைக் கூட்டிக் கொண்டால் போதும்.

GMT நேரக் கணக்குப்படி கிரீனிச்சில் இரவு 12 மணி ஆகும் போதுதான் ஒரு கிழமையும் அத்துடன் தேதியும் முடிந்து அடுத்த நாள் தொடங்குகிறது. GMT நேரமானது 24 நேரக் கணக்கு அடிப்படையிலானது. அதாவது பிற்பகல் 3 மணி என்பது 15 Hrs என்று குறிப்பிடப்படும். இரவு 10 மணி என்றால் அது 22 Hrs என்று குறிப்பிடப்படும். இப்படிக் குறிப்பிடுவதில் ஒரு வசதி உள்ளது. நேரத்தைக் குறிப்பிடும்போது காலை, முற்பகல், பிற்பகல் என்றெல்லாம் அடைமொழிகளைச் சேர்க்க வேண்டியதில்லை.

எல்லாம் சரி, UTC நேரம் (GMT) எதை வைத்துக் கணக்கிடப்படுகிறது என்று கேட்கலாம். இப்போதெல்லாம் பல்வேறு பணிகளுக்கு மிகத் துல்லியமான நேரம் தேவைப்படுகிறது. ஆகவே உலகில் குறிப்பிட்ட இடங்களில் உள்ள அணு கடிகாரங்கள் அடிப்படையில் UTC நிர்ணயிக்கப்படுகிறது. அணு கடிகாரங்கள் 2 கோடி ஆண்டுகள் ஆனாலும் ஒரு வினாடி அதிகமாக அல்லது குறைவாகக் காட்டாது.

நீங்கள் இக் கட்டுரையைப் படிக்கும்போது ஒரு வேளை UTC (பழைய ஜி.எம்.டி) கணக்குப்படி நேரம் 2-30 Hrs ஆக இருக்கலாம்.

- 6 -
போர்ப்படையில் டால்பின்கள்

முன் காலத்தில் யானைப் படை, குதிரைப் படை ஆகியவை இருந்தன. ஒட்டகப் படையும் இருந்தது உண்டு. அதெல்லாம் பழங்கதை. இப்போது போர்ப்படையில் குறிப்பாகக் கடற்படையில் கடல் வாழ் விலங்கான டால்பின்கள் இடம் பெற்றுள்ளன. குறைந்த பட்சம் அமெரிக்காவும் ரஷியாவும் டால்பின்களை போர்க் காரியங்களுக்குப் பயிற்றுவித்துள்ளன.

இராக்கிற்கு எதிராக அமெரிக்கா 2003 ஆண்டில் நடத்திய போரின் போது அமெரிக்க கடற் படையைச் சேர்ந்த பல குவிமூக்கு டால்பின்கள் (Bottlenose Dolphins) பயன்படுத்தப்பட்டன. இராக்கின் உம் காசர் துறைமுகத்திலும் இன்னும் இதர இடங்களிலும் இவை பணியில் ஈடுபடுத்தப்பட்டன.

படையெடுப்பு ஆபத்து இருக்கும் என்றால் துறைமுகப் பகுதியிலும் சுற்றுவட்டாரங்களிலும் கடலுக்கு அடியில் கண்ணி வெடிகளைப் போட்டு வைப்பது உண்டு. இராக்கிய ராணுவம் இவ்விதம் தனது துறைமுக வட்டாரத்தில் நிறைய கண்ணி வெடிகளைப் போட்டு வைத்தது.

அமெரிக்கப் போர்க்கப்பல்கள் துறைமுகத்தில் நுழைய முயன்றால் கண்ணிவெடிகள் வெடித்து கப்பல்களுக்குக் கடும் சேதம் உண்டாகலாம். கண்ணிவெடிகளை முதலில் அகற்றினால்தான் அமெரிக்க ராணுவம் இராக்கிய துறைமுகத்தைக் கைப்பற்றி தனது போர்க்கப்பல்களைத் துறைமுகத்தினுள் கொண்டுசெல்ல முடியும் என்ற நிலை இருந்தது.

இப் பணியில் நன்கு பயிற்றுவிக்கப்பட்ட குவி மூக்கு டால்பின்கள் வெற்றிகரமாக ஈடுபடுத்தப்பட்டன. கண்ணி வெடிகளைக் கண்டு பிடிப்பதற்கென்றே அமெரிக்கப் படையிடம் விசேஷக் கருவிகளும் தானியங்கி கண்ணிவெடி கண்டு பிடிப்பான்களும் இருக்கத்தான்

செய்தன. இவை திறந்த கடலில் நன்கு செயல்படக் கூடியவைதான். ஆனால் துறைமுகம் போன்ற குறுகிய கடல் பகுதியில் இவை அனேகமாகப் பயனற்றவை. ஆகவேதான் டால்பின்கள் ஈடுபடுத்தப்பட்டன.

டால்பின்கள் விசேஷ ஒலிகளை எழுப்புபவை. இந்த ஒலி கடலுக்கு அடியில் உள்ள பொருள்கள்மீது பட்டு எதிரொலித்துத் திரும்பும்.

குவிமூக்கு டால்பின்

இந்த எதிரொலிப்பை வைத்து டால்பின்கள் கடலுக்குள் எதிலும் மோதாமல் நீந்தும். தவிர, இந்த எதிரொலிப்பு மூலம் அவை தங்கள் இரை இருக்கும் இடத்தையும் கண்டுகொள்கின்றன.

எதிரொலிப்பு தத்துவத்தைப் பயன்படுத்தி பல ஆண்டுகளுக்கு முன்னரே சோனார் எனப்படும் கருவிகள் உருவாக்கப்பட்டு அவற்றை உலகெங்கிலும் போர்க் கப்பல்களும் சப்மரீன் கப்பல்களும் பயன்படுத்தி வருகின்றன. ஆனால் டால்பின்களிடம் இயற்கையாக உள்ள 'சோனார்' உறுப்புகள் மனிதன் உருவாக்கியுள்ள கருவிகளை விடச் செம்மையானவை. நன்கு பயிற்றுவிக்கப்பட்ட டால்பின்கள் கடலுக்கு அடியில் எங்கு கண்ணிவெடிகள் உள்ளன என்பதை நன்கு கண்டுபிடித்துக் கூறுகின்றன.

கடலுக்கு அடியில் பாறைகள், மற்றும்பல வகையான பொருள்கள் கிடந்தாலும் டால்பின்கள் பிசகாமல் கண்ணிவெடிகளை மட்டும் கண்டுபிடித்துக் கூறுகின்றன. கண்ணிவெடி கிடந்தால் டால்பின்கள் விசேஷமாகக் குரல் எழுப்பித் தங்களது எஜமானர்களிடம் தெரிவிக்கின்றன. பின்னர் கண்ணிவெடி இருக்கிற இடத்துக்கு அருகே அடையாளமாக ஒரு கருவியைப் போட்டுவிட்டு வருமாறு டால்பின்களிடம் அளித்தால் அவை அதேபோலச் செய்துவிடுகின்றன. பின்னர் கடற்படை நிபுணர்கள் உள்ளே மூழ்கி அக் கண்ணிவெடிகளை செயலிழக்கச் செய்கின்றனர்.

நீர்மூழ்கு நிபுணர்களுடன் ஒப்பிட்டால் டால்பின்கள் மிக வேகமாகச் செயல்படுபவை. அவற்றை எளிதில் பழக்க முடிகிறது. அவை மிக புத்திசாலித்தனமானவை என்று நிபுணர்கள் கூறுகின்றனர்.

டால்பின்களை மட்டுமன்றி கடற்சிங்கம், பெலுகா திமிங்கிலம் போன்ற இதர கடல் விலங்குகளையும் அமெரிக்கா தனது கடற்படைக்காக 60களிலிருந்தே பழக்கி வந்துள்ளது. கண்ணி வெடிகளை அகற்ற டால்பின்களைப் பயன்படுத்தும் முழு ஒத்திகை 2001ல் நடத்தப்பட்டது என்றாலும் இராக் போரின்போதுதான் அவை முதல் தடவையாகப் போர் சூழல்களில் ஈடுபடுத்தப்பட்டன.

டால்பின்

ரஷியா முன்னர் சோவியத் யூனியன் என்ற நாடாக இருந்தபோது தனது துறைமுகத்தில் அன்னியர் புகாமல் தடுக்கவும் நாசவேலைக்காரர்கள் கண்ணிவெடி வைத்துவிடாமல் தடுக்கவும் டால்பின்களைப் பயன்படுத்தியது. சோவியத் யூனியன் உடைந்த பின்னர் இவை மன வளர்ச்சி குன்றிய குழந்தைகளை குணப்படுத்தும் ஒரு முயற்சியாகப் பயன்படுத்தன. தவிர, சோவியத் யூனியனிடம் இருந்த சில டால்பின்களும் எதிரிக் கப்பல்களைக் கண்ணிவெடி கொண்டு தாக்குவதற்குப் பயிற்றுவிக்கப்பட்ட பெலுகா திமிங்கிலமும் ஈரான் நாட்டிற்கு விற்கப்பட்டதாக ஒரு தகவல் கூறுகிறது.

- 7 -

கடல் நீர் உப்புக் கரிப்பது ஏன்?

கடல் பார்ப்பதற்கு அழகாகத்தான் இருக்கிறது. ஆனால் கடல் நீரை ஒரு கை எடுத்து வாயில் ஊற்றிக்கொண்டால் வயிற்றைக் குமட்டுகிற அளவுக்கு உப்புக் கரிக்கும். ஆனால் உலகில் உள்ள எல்லாக் கடல்களிலும் உப்புத்தன்மை ஒரே அளவில் உள்ளதாகச் சொல்ல முடியாது.

சுமார் 120 ஆண்டுகளுக்கு முன்னர் ஆராய்ச்சியாளர் ஒருவர் உலகின் கடல்களில் 77 இடங்களிலிருந்து கடல் நீர் சாம்பிள்களை சேகரித்து ஆராய்ந்தார். கடல் நீரில் எடை அளவில் சராசரியாக 3.5 சதவிகித அளவுக்கு பல்வேறு உப்புகள் கலந்துள்ளதாக அவர் கண்டறிந்தார். அதாவது ஒரு லிட்டர் கடல் நீரில் 3.5 கிராம் அளவுக்கு உப்பு உள்ளது. எனினும் ஐரோப்பாவையொட்டிய பால்டிக் கடலில் உப்புத் தன்மை சற்றே குறைவு. இதற்கு நேர்மாறாக செங்கடலில் உப்புத் தன்மை அதிகம். அக் கடல் குறுகியதாக உள்ளது என்பதும் அதில் வந்து கலக்கும் நதிகள் குறைவு என்பதும் இதற்குக் காரணம்.

ஆனால் தமிழகத்தை ஒட்டியுள்ள வங்கக் கடலில் ஒப்பு நோக்கு கையில் உப்புத்தன்மை சற்று குறைவு. கங்கை, பிரும்மபுத்திரா, மகாநதி போன்ற பல நதிகள் இக் கடலில் வந்து கலப்பதே இதற்குக் காரணம். இந்துமாக்கடலை விடவும், பசிபிக் கடலை விடவும் அட்லாண்டிக் கடலில் உப்புத் தன்மை அதிகம்.

கடல் நீருடன் ஒப்பிட்டால் நதி நீர் உப்புக் கரிப்பது இல்லை. நதி நீர் ருசியாகவே உள்ளது. ஆனால் கடல் நீரில் கலந்துள்ள உப்புகள் அனைத்தும் நதிகள் மூலம் வந்து சேர்ந்தவையே.

நதிகள் நிலப்பரப்பின் வழியே ஓடி வரும்போது பாறைகளை அரிக்கின்றன. நிலத்தை அரிக்கின்றன. அப்போது நதி நீருடன் பாறைகள், நிலம் ஆகியவற்றிலிருந்து சிறிதளவு உப்பு கலக்கிறது. பல கோடி ஆண்டுகளில் இவ்விதமாக நதிகளால் அடித்துச் செல்லப் பட்ட உப்பு கடல்களில் போய்ச் சேர்ந்துள்ளது.

கடலிலிருந்து உப்பு

சூரிய வெப்பம் காரணமாக கடல்களில் உள்ள நீர் ஆவியாகி மேகங்களாக உருவெடுக்கின்றன. கடல் நீர் ஆவியாகும்போது உப்பு பின் தங்கிவிடுகிறது. உப்பு இவ்விதம் பின் தங்கி விடுவதால்தான் மழை நீர் உப்பு கரிப்பது இல்லை. தவிர, உப்பு பின் தங்குகிற அதே நேரத்தில் நதிகள் மூலம் பல கோடி ஆண்டுகளில் மேலும் மேலும் உப்பு கடலில் வந்து சேர, கடல் நீர் உப்பு கரிக்க ஆரம்பித்தது.

ஆனாலும் சில லட்சம் ஆண்டுகளுக்குப் பிறகு கடல் நீரானது இப்போது உள்ளதை விட மேலும் அதிக அளவில் உப்புக் கரிக்கும் என்று சொல்ல முடியாது. ஆண்டுதோறும் நதிகள் மூலம் சுமார் 400 கோடி டன் உப்பு கடலில் வந்து சேருவதாக மதிப்பிடப்பட்டுள்ளது. அதே நேரத்தில் கடல் நீரிலிருந்து சுமார் 400 கோடி டன் உப்பு தனியே பிரிந்து கடலுக்கு அடியில்போய் வண்டல்போலத் தங்கிவிடுவதாக நிபுணர்கள் மதிப்பிட்டுள்ளனர்.

காப்பியில் நீங்கள் இரண்டு ஸ்பூன் சர்க்கரை போட்டால் கரைந்து விடும். ஆனால் 6 ஸ்பூன் சர்க்கரை போட்டால் காப்பி சற்று ஆறியவுடன் கூடுதல் சர்க்கரை கரையாமல் அடியில் தங்கும். அதுபோலத்தான் கடல்களின் அடியில் உப்பு படிகிறது. இக் காரணத்தால்தான் கடல்களின் உப்புத் தன்மை அதிகரிக்காமல் சீராக உள்ளதாக நிபுணர்கள் கூறுகின்றனர். இவ்விதம் கடலடித் தரையில் படியும் உப்பானது கனத்த அடுக்காகப் படிந்து நிற்கிறது.

பல மில்லியன் ஆண்டுகளுக்கு முன்னர் நீண்ட காலம் கடல் நீரால் மூழ்கப்பட்டிருந்து பின்னர் கடல் நீர் அகன்ற இடங்கள் பலவற்றில் நிலத்துக்கு அடியில் கெட்டிப்பட்ட பாறை வடிவில் உப்பு கிடைக்கிறது. உதாரணமாக இமயமலைப் பகுதியில் இவ்வித உப்பு கிடைக்கிறது. அமெரிக்காவில் மிஷிகன் மாகாணத்திலும் இவ்விதம் பாறை உப்பு கிடைக்கிறது.

கடல் நீரிலிருந்து உப்பு எடுப்பதில் உலகில் இந்தியா மூன்றாம் இடம் வகிக்கிறது. இந்தியாவில் உப்பு நிறைய எடுக்கப்படும் மாநிலங்களில் தமிழகம் ஒன்றாகும்.

- 8 -
ஓசோன் என்பது என்ன?

நமக்கு ஆக்சிஜன் வாயு பற்றித் தெரியும். பொதுவில் ஆக்சிஜன் அணுக்கள் ஜோடி ஜோடியாகத்தான் இருக்கும். இது அவற்றின் பண்பு. நாம் சுவாசிக்கும்போது ஜோடி சேர்ந்து நிற்கிற ஆக்சிஜன் அணுக்களே நுரையீரலுக்குச் செல்கின்றன. நம்மைச் சுற்றியுள்ள காற்றில் பொதுவில் இந்த ஜோடி ஆக்சிஜன்தான் உள்ளது.

எனினும் சில சமயம் மூன்று ஆக்சிஜன் அணுக்கள் கூட்டணியாக இருக்கும். இதுவே ஓசோன் வாயு. பொதுவில் நம்மைச் சுற்றியுள்ள காற்றில் ஓசோன் உற்பத்தியாவது கிடையாது. ஆனால் காற்றில் தூய்மைக்கேடு இருக்குமானால் சூரிய ஒளி மூலம் ஓசோன் உற்பத்தியாக வழி ஏற்படுகிறது.

அதாவது கார்களிலிருந்து வெளிப்படும் புகை, தொழிற்சாலைப் புகை முதலியவற்றில் அடங்கிய நுண்ணிய வேதியல் பொருள்கள்மீது சூரிய ஒளி படும்போது ஓசோன் உற்பத்தியாகியது. நம்மைச் சுற்றியுள்ள காற்றில் ஓசோன் வாயு அளவு அதிகமானால் அது உடலுக்குத் தீங்கை உண்டாக்கும்.

ஓசோன் அதிகம் உள்ள காற்றை சுவாசித்தால் அது நுரையீரலில் எரிச்சலை உண்டாக்கும். தலைவலி ஏற்படும். இழுத்து மூச்சு விட்டால் வலி ஏற்படும். ஆஸ்த்மா போன்று ஏற்கெனவே பிரச்னை உள்ளவர்கள் கடுமையாகப் பாதிக்கப்படுவர். அமெரிக்கா போன்று வாகனப் பெருக்கம் உள்ள நாடுகளில் ஓசோன் வாயு ஒரு பிரச்னை யாக உள்ளது. ஆகவேதான் காற்றுத் தூய்மையைப் பராமரிக்க விசேஷ சட்டம் உள்ளது. காற்றில் ஓசோன் குறிப்பிட்ட அளவுக்கு மேல் உள்ளதா என்பது தொடர்ந்து கண்காணிக்கப்படுகிறது.

காற்றில் ஓசோன் அதிக அளவுக்கு இருக்குமானால் அது தாவரங்களின் இலைகளைப் பாதிக்கிறது. பயிர் விளைச்சலும் பாதிக்கப்படுகிறது.

இதில் வேடிக்கை என்னவென்றால் ஓசோன் மனித குலத்தைக் காக்கின்ற வாயு ஆகும். அதாவது ஓசோன் எங்கு இருக்க வேண்டுமோ அங்கு இருந்தால் நல்லது. பூமியைப் போர்த்துள்ள காற்று மண்டலத்தில் 10 முதல் 50 கிலோ மீட்டர் உயரத்தில் டிரோபோஸ்பியர் என்ற பகுதி உள்ளது. இப் பகுதியின் மேற்புறத்தில் ஓசோன் படலம் உள்ளது. சூரியனிலிருந்து வெளிப்படும் புற ஊதாக் கதிர்களில் ஆபத்தான கதிர்கள் பூமியின் மேற்புறத்தை வந்தடையாதபடி இப் படலம் தடுக்கிறது. அந்த அளவில் பார்க்கும்போது ஓசோன் நம் தலைக்கு மேலே மிக உயரத்தில் இருக்கும்போது நன்மை பயக்கிறது. ஆனால் தரை மட்டத்தில் இருந்தால் கெடுதலை விளைவிக்கிறது.

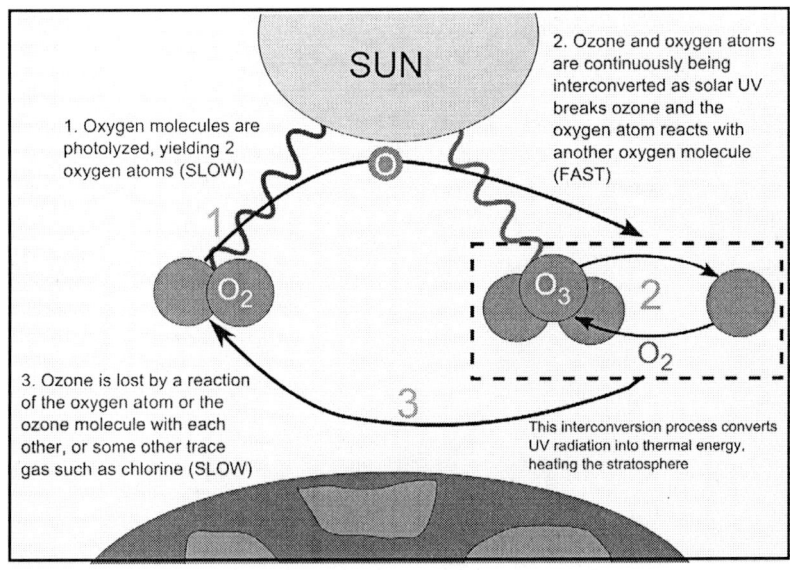

காற்று மண்டலத்துக்கு மேலே ஓசோன் வாயு சிதைவதையும் மறுபடி ஓசோன் தோன்றுவதையும் காட்டும் படம்

வானில் ஓசோன் படலம் உள்ள இடத்திலும்கூட ஓசோன் உற்பத்தியாவதும் அழிவதுமாக உள்ளது. சூரிய ஒளிக் கதிர்கள் முதலில் காற்று மண்டலத்தை வந்தடையும்போது அவற்றை முதலில் எதிர்கொள்வது ஜோடி ஜோடியாக உள்ள ஆக்சிஜன் அணுக்களே. சூரிய ஒளியில் அடங்கிய புற ஊதாக் கதிர்கள் இந்த ஆக்சிஜன் ஜோடிகளை உடைத்து விடுகின்றன.

இதனால் தனித்தனியே பிரியும் ஆக்சிஜன் அணுக்கள் உடைபடாமல் உள்ள ஆக்சிஜன் ஜோடியுடன் சேரும்போது (மூன்று ஆக்சிஜன் அணுக்களைக் கொண்ட) ஓசோன் உண்டாகிறது. சூரிய ஒளியில்

ஆபத்தை உண்டாக்கக்கூடிய புற ஊதாக் கதிர்கள் உள்ளன. இவை மறுபடி ஓசோன் வாயுவை சிதைத்து ஆக்சிஜன் அணுக்களை மறுபடி தனித்தனியாகப் பிரித்துவிடுகின்றன. ஆக்சிஜன் அணுக்கள் இயல்புபடி மறுபடி ஜோடி சேர்ந்துகொள்கின்றன. மறுபடி அவை அழிந்து ஓசோன் உண்டாகிறது.

இப்படியாகப் பகல் நேரங்களில் சூரிய ஒளியில் அடங்கிய புற ஊதாக் கதிர்களுக்கும் ஆக்சிஜன் அணுக்களுக்கும் ஓயாத போர் நடைபெறுகிறது. இப் போரில் ஓசோன் தோன்றுவதும் மடிவதுமாக உள்ளது. வானில் உள்ள ஓசோன் படலம் கவசம்போல அமைந்து சூரிய ஒளியில் அடங்கிய குறிப்பாக B வகை புற ஊதாக் கதிர்கள் பூமியை வந்தடையாதபடி தடுக்கிறது. இந்தவகை புற ஊதாக் கதிர்கள் உடலுக்கு தீங்கு விளைவிக்கக்கூடியவை.

மனிதனின் சில செயல்களால் அண்மைக் காலமாக வானில் ஓசோன் படலம் சிதைந்து வருவதாகக் கண்டறியப்பட்டுள்ளது. இதைத் தடுத்து ஓசோன் படலத்தைக் காப்பாற்ற உலகம் தழுவிய அளவில் நடவடிக்கை எடுக்கப்பட்டுள்ளது.

- 9 -

செயற்கையாக ஒரு மூலகம்

இயற்கையுடன் போட்டியிடுவதில் மனிதனுக்குத் தனி ஆசை. இயற்கையாக பல கோள்கள் இருக்கிறதென்றால் மனிதன் செயற்கைக் கோளைத் தயாரித்தான். இயற்கை வைரம் என்றால் அதற்குப் போட்டியாக செயற்கை வைரம். இப்படி அடுக்கிக் கொண்டே போகலாம்.

இயற்கையில் 92 மூலகங்கள் (Elements) உள்ளன. மூலகங்களின் பட்டியலில் (PeriodicTable) இந்த மூலகங்களின் பெயர்களைக் காணலாம். அதற்குப் பிறகு செயற்கையாகப் பல மூலகங்கள் உருவாக்கப்பட்டுள்ளன.

புதிய மூலகங்களை உருவாக்குவதற்கு எல்லையே கிடையாது என்பதுபோல இப்போது 118வது மூலகம் உண்டாக்கப்பட்டுள்ளது. இப்புதிய மூலகம் 118 புரோட்டான்களைக் கொண்டது. அதனால்தான் அதற்கு இப் பெயர். நீங்கள் இப் புதிய மூலகத்தைப் பார்க்க விரும்பினால் அதற்கு சாத்தியமே இல்லை. ஏனெனில் இந்த புதிய மூலகம் கண்ணுக்கே தெரியாத அளவுக்கு மிக மிக அற்ப அளவுக்குத் தான் தயாரிக்கப்பட்டது. இரண்டாவதாக அல்பாயுசுபோல இது உண்டாக்கப்பட்ட சில கணங்களில் சிதைந்து போயிற்று. மனிதன் கடந்த பல ஆண்டுகளில் உருவாக்கிய புதிய மூலகங்கள் பலவும் அல்பாயுசுகள்தான்.

அப்படிப் பார்த்தால் யுரேனியம் மட்டும் (92 வது மூலகம்) என்ன வாழ்ந்தது? அது ஒவ்வொரு கணமும் அழிந்துகொண்டிருக்கிறது. சொல்லப் போனால் மையக் கருவில் 82 புரோட்டான்களைக் கொண்ட காரீயம் நிலையானதாகும். அணுவின் மையக் கருவில் 82க்கும் அதிகமாக புரோட்டான்கள் இருக்குமானால் அத்தகைய மூலகங்கள் நிலையாக இல்லாமல் அழியத் தொடங்குகின்றன. எந்த ஓர் அணுவிலும் புரோட்டான்கள் மட்டுமன்றி நியூட்ரான்களும் உள்ளன. உதாரணமாக 82 புரோட்டான்களைக் கொண்ட காரீய அணுவின் மையத்தில் குறைந்தது 126 நியூட்ரான்கள் உள்ளன. அணு

ஒன்றின் மையக் கருவில் இதற்கு மேல் கூட்டம் சேர்ந்தால் சுமையைக் குறைக்க விரும்புவதுபோல மையக் கருவானது துகள் வடிவில் அல்லது ஆற்றல் வடிவில் உள்ளே இருப்பதை வெளியே தள்ளுகிறது.

இயற்கையானது இவ்விதம் செய்த போதிலும் விஞ்ஞானிகள் விடுவதாக இல்லை. மையக் கருவில் மேலும் புரோட்டான்களைக் குவிய வைத்து புதிய மூலகத்தை உண்டாக்கி வருகின்றனர். அந்த முயற்சியில் மேலும் மேலும் புதிய மூலகங்களை உண்டாக்கி வந்துள்ளனர். அமெரிசியம், கியூரியம், பெர்க்லியம், ஐன்ஸ்டீனியம், பெர்மியம், மெண்டலீவியம் (101 வது மூலகம்) போன்றவை இவ்விதம் செயற்கையாக உண்டாக்கப்பட்ட மூலகங்களாகும். இவற்றுக்குப் பிறகும் புதிய மூலகங்கள் உருவாக்கப்பட்டுள்ளன.

சைக்ளோட்ரான் என்ற கருவி உள்ளது. இது அணுக்கருவை நோக்கி அணுத்துகள்களை பயங்கர வேகத்தில் செலுத்தும் திறன் கொண்டது. இதனைப் பயன்படுத்தியே புதிய மூலகங்கள் உண்டாக்கப்படுகின்றன. பொதுவில் சைக்ளோட்ரானைப் பயன்படுத்தி ஓர் அணுவின் மையக் கருவில் மேலும் ஒரு புரோட்டானைச் சேர்த்து வேறு மூலகத்தை உண்டாக்க முடியும். ஆனால் இப்போது கால்சிய அணுவையும் (20 புரோட்டான்) கலிபோர்னிய அணுவையும் (98 புரோட்டான்) ஒன்று சேர்த்து (இவற்றின் கூட்டுத்தொகையாக) 118வது மூலகம் உருவாக்கப்பட்டது. இது எளிதான வேலை அல்ல.

கலிபோர்னியம் மிக ஆபத்தான மூலகம். கடும் கதிரியக்கத்தை வெளிப்படுத்துவதாகும். அதைக் கையாளுவது என்பது மிகக் கடினமானது. தவிர, கலிபோர்னியத்தை நோக்கி பயங்கர வேகத்தில் கால்சிய அணுக்கருக்களைச் செலுத்தித் தாக்க வேண்டும். கோடானுகோடி தாக்குதல்களில் இரண்டே இரண்டு கால்சியம் மையக் கருக்கள் கலிபோர்னியத்தின் மையக் கருவில் புகுந்து 118 வது மூலகத்தை உண்டாக்கின. 6 மாத காலம் கஷ்டப்பட்டு இவ்விதம் உண்டாக்கப்பட்ட அப் புதிய மூலகம் ஒரு வினாடியில் ஆயிரத்தில் ஒரு பங்கு நேரமே 'உயிருடன்' இருந்தது. பின்னர் அது சிதைந்து விட்டது.

இந்த 118வது மூலகம் உருவாக்கப்பட்டதாக சில ஆண்டுகளுக்கு முன்னரே சொல்லப்பட்டது. ஆனால் அது பின்னர் தவறான தகவல் என மறுக்கப்பட்டது. பின்னர் 2001ஆம் ஆண்டில் அமெரிக்க, ரஷிய விஞ்ஞானிகள் குழுவினர் 118வது மூலகம் உண்டாக்கப்பட்டதை அதிகாரபூர்வமாக உறுதிப்படுத்தினர்.

- 10 -
நிலத்திலிருந்து எரிவாயு

ஒரு காலத்தில் டீசல் கார் என்பதே கிடையாது. கார்கள் எல்லாமே பெட்ரோலினால் மட்டுமே இயங்கின. பின்னர்தான் டீசல் கார்கள் வந்தன. இப்போது LPG (சமையல் வாயு) மூலமும் கார்கள் ஓடுகின்றன. இதைத் தொடர்ந்து அழுத்தமிகு எரிவாயுவினால் (CNG) ஓடும் கார்களும் அறிமுகப்படுத்தப்பட்டுள்ளன.

சமையல் வாயு என்பதும் எரிவாயு (Natural gas) என்பதும் ஒன்றல்ல. இரண்டும் வெவ்வேறானவை. வேதியலின்படி சமையல் வாயு என்பது புரொப்பேன் வாயு ஆகும். எரிவாயு என்பது பெரிதும் மீதேன் ஆகும். சாண வாயுவும் மீதேன் வாயுதான்.

காடுகளில், நதி ஓரங்களில் ஆள் நடமாட்டமற்ற இடங்களில் சதுப்பு நிலங்களில் குப்பைகள் அழுகி இயற்கையில் வாயு (மீதேன்) உண்டாவது உண்டு. சிறு பொறி மூலம் இவை சில சமயங்களில் எரிய ஆரம்பிக்கும். இரவு நேரத்தில் நீல நிறத்தில் இப்படி எரியும் தீப்பிழம்பைப் பார்த்த சிலர் இதை 'கொள்ளி வாய்ப் பிசாசு' என்று கருதினர். உண்மையில் இது கொள்ளி வாயுதான். பிசாசு அல்ல.

எரிவாயு என்பது ஏதோ கார் போன்ற வாகனங்களை ஓட்டுவதற்கு மட்டும் பயன்படும் என்று கருதிவிடலாகாது. எரிவாயுவைக் கொண்டு மின்சாரம் தயாரிக்கலாம். எரிவாயுவைப் பயன்படுத்தி ஆலைகளை இயக்கலாம். எரிவாயுவிலிருந்து செயற்கை உரம் தயாரிக்கலாம். இந்த வாயுவிலிருந்து புனைவு இழைகள், பிளாஸ்டிக் பொருள்கள், பெயிண்ட் போன்ற பொருள்களையும் தயாரிக்கலாம்.

எரிவாயு உலகில் பல இடங்களில் நிலத்துக்கு அடியில் மிக ஆழத்தில் இயற்கையாகக் கிடைப்பதாகும். ஆகவேதான் ஆங்கிலத்தில் அதற்கு Natural Gas என்று பெயர் ஏற்பட்டது. ஈரானின் தென்பகுதியிலும், ரஷியாவிலும் இது மிக ஏராளமாகக் கிடைக்கிறது. இந்தியாவிலும் எரிவாயு கிடைக்கிறது என்றாலும் அதன் உற்பத்தி நமது தேவைக்கு

ஏற்ப இல்லை. ஆனாலும் புதிது புதிதாக எரிவாயுப் படிவுகள் கண்டுபிடிக்கப்பட்டு வருகின்றன. இந்தியாவில் ஆந்திராவின் கரை அருகே கடலுக்கு அடியில் மிக ஏராளமான அளவுக்கு எரிவாயு கண்டுபிடிக்கப்பட்டுள்ளது. பிரபல தனியார் நிறுவனம் இந்த எரிவாயு இருப்பைக் கண்டுபிடித்தது. இங்கிருந்து நாட்டின் பல பகுதிகளுக்கும் எரிவாயுவைக் கொண்டு செல்ல ஏற்பாடுகள் செய்யப்பட்டுள்ளன.

எரிவாயு நிலத்துக்கு அடியில் எவ்விதம் தோன்றியது என்பது குறித்துப் பல கொள்கைகள் உள்ளன. எனினும் பல மில்லியன் ஆண்டுகளுக்கு முன்னர் கடல் வாழ் உயிரினங்கள் மற்றும் தாவரங்கள் ஆகியவை புதையுண்டு போனபோது ஏற்பட்ட மாறுதல்களின் விளைவாகவே பெட்ரோலிய குரூட் எண்ணெயும் எரிவாயுவும் உண்டானதாகக் கருதப்படுகிறது. சுமார் 3.5 முதல் 7.5 கிலோ மீட்டர் ஆழத்தில் புதையுண்டு கடும் அழுத்தத்துக்கும் 100 முதல் 200 சென்டிகிரேட் வெப்பத்துக்கும் உள்ளாகியபோது ஏற்பட்ட மாறுதல்களால் எரிவாயு உண்டாகியதாகக் கூறப்படுகிறது.

நிலத்துக்குள் குழாய்களை இறக்கி அதன் மூலம் எரிவாயு மேலே கொண்டு வரப்படுகிறது. இந்த எரிவாயுவில் பொதுவில் 89 சதவிகித அளவுக்கு மீதேன் வாயு அடங்கியிருக்கும். சிறு அளவில் ஈதேன், புரொப்பேன், பூடேன் போன்ற வாயுக்களும் அத்துடன் நீர்ப்பசையும் அடங்கியிருக்கும். மற்ற வாயுக்களையும், நீர்ப்பசையையும் அகற்றி குழாய்கள் மூலம் எரிவாயு பிறவிடங்களுக்கு அனுப்பப்படும்.

எரிவாயுவைக் கப்பல்கள் மூலம் பிற நாடுகளுக்கு ஏற்றுமதி செய்வது உண்டு. அப்படியான சந்தர்ப்பங்களில் எரிவாயுவைக் குளிர்வித்து திரவமாக்கி டாங்கர் கப்பல்களில் அனுப்புகின்றனர். திரவமாக்கப் பட்ட எரிவாயு Liquified Natural Gas என்று (சுருக்கமாக LNG என்று) குறிப்பிடப்படும்.

எரிவாயுவை மிகுந்த அழுத்தத்தில் சிலிண்டர்களில் அடைக்க முடியும். இதற்கு Compressed Natural Gas (CNG) என்று பெயர். உலகில் பல நாடுகளில் பஸ்களும் கார்களும் CNG மூலம் இயங்குகின்றன. தில்லியில் CNG கார்கள் நிறையவே உள்ளன.

உலகில் எரிவாயு கிடைக்குமிடங்களிலிருந்து பல ஆயிரம் கிலோ மீட்டர் தொலைவில் உள்ள இடங்களுக்கும் குழாய்கள் மூலம் எரிவாயு கொண்டு செல்லப்படுகிறது. இந்தியாவும் தனது தேவை களுக்குப் பிற நாடுகளிலிருந்து எரிவாயு பெற முயன்று வருகிறது.

இது ஒருபுறம் இருக்க, கிராமப்புறங்களில் வட்டாரத் தேவைகளைப் பூர்த்தி செய்ய சாண வாயு வடிவில் மீதேன் வாயுவை உற்பத்தி செய்து கொள்ளலாம். தவிர, பெரு நகரங்களில் சேரும் குப்பைகளை - எளிதில் அழுகிப் போகக்கூடிய குப்பைகளை - ஓரிடத்தில் போட்டு வைத்தால் பிறகு அக் குப்பை மேட்டிலிருந்து வாயுவைப் பெற முடியும். இது Land fill Gas (LFG) எனப்படுகிறது.

இந்த வாயுவில் சுமார் 40 முதல் 60 சதவிகித அளவுக்கு மீதேன் அடங்கியுள்ளது. இதை மின் உற்பத்திக்குப் பயன்படுத்தலாம். மேலை நாடுகள் பலவற்றில் இத் திட்டம் பின்பற்றப்படுகிறது.

- 11 -

ரேடியம் டயல் கடிகாரம் உண்டா?

கும்மிருட்டிலும் நேரம் பார்க்க இயலும் வகையில் ஒரு காலத்தில் ஒளிரும் டயல்கொண்ட கைகடிகாரங்கள் விற்கப்பட்டு வந்தன. இவை ரேடியம் டயல் கைகடிகாரங்கள் என்று வர்ணிக்கப்பட்டன. பின்னர் கைகடிகாரத்தில் முட்கள் மீது ரேடியத்தைப் பூசுவது கூடாது என்று தடை விதிக்கப்பட்டது. ரேடியம் தீங்கான கதிர்வீச்சை வெளிப்படுத்துகிறது என்பதுடன் இவ்வித கைகடிகாரத்தைத் தயாரிப்பதில் கையாளப்பட்ட முறைகளும் அதற்குக் காரணமாக இருந்தன.

ஒரு காலத்தில் அமெரிக்காவில் ரேடியம் டயல் கைகடிகாரங்களுக்கு மிகுந்த மவுசு இருந்தது. 1920 மற்றும் 1930 களில் கைகடிகார தயாரிப்பு பாக்டரிகளில் கைகடிகார முட்களுக்கு ரேடியம் கலந்த ஒரு பொருளைப் பூசுவதற்குப் பெண்கள் ஏராளமான எண்ணிக்கையில் பயன்படுத்தப்பட்டனர்.

அவர்கள் சிறு பிரஷ் கொண்டு முட்களுக்கு பூச்சு அளித்து வந்தனர். பிரஷ் நுனி மடியும்போது அவர்கள் நுனியை அவ்வப்போது உதடுகள் நடுவே வைத்து அல்லது நாக்கினால் கூர்படுத்தினர். இப்படிச் செய்கையில் ரேடியப் பொருள் நுண்ணிய அளவில் வாய் வழியே உடலுக்குள் சென்றது.

கதிரியக்க ஆபத்து பற்றி அப்போது அறியப்படவில்லை என்பதால் சில பெண்கள் இரவில் பற்கள் ஒளிரும்பொருட்டு பற்களிலும் இதைப் பூசிகொண்டனர். பின்னர் இவர்களில் பெரும்பாலோருக்கு எலும்புப் புற்று நோய் உட்பட தீராத கோளாறுகள் ஏற்பட்டன. ரேடியம் ஆபத்தான காமா கதிர்களை வெளிப்படுத்துவதாகும். இப் பின்னணியில் ரேடியத்தை கைகடிகாரங்களில் பயன்படுத்தலாகாது என்று தடை விதிக்கப்பட்டது. ரேடியம் டயல் கைகடிகார தொழிற்சாலைகளில் பணியாற்றி கதிர்வீச்சினால் பாதிக்கப்பட்டு உயிரிழந்த பலரின் கல்லறைகளை 50 ஆண்டு கழித்துத் திறந்து

அவர்களது எலும்புகளை ஆராய்ந்ததில் அவற்றில் பாதுகாப்பான அளவை விட 1000 மடங்கு கதிரியக்கம் காணப்பட்டது.

இப்போதெல்லாம் கடிகார முட்கள் ஒளிருவதற்கு வேறு பொருள்கள் பயன்படுத்தப்படுகின்றன. அவற்றில் ஒன்று பிராமிதியம் - 147 என்னும் கதிரியக்கப் பொருளாகும். இன்னொன்று டிரிஷியம் என்ற பொருளாகும். பிராமிதியம் அணு உலைகளிலிருந்து பெறப்படு வதாகும். டிரிஷியம் என்பது மையக் கருவில் இரண்டு நியூட்ரான்களைக் கொண்ட ஹைட்ரஜன் அணு ஆகும். கைகடிகாரங்களிலும் டைம்பீஸ்களிலும் முட்கள் ஒளிருவதற்கு இந்த இரண்டுபொருள்களும் பயன்படுத்தப்படுகின்றன. இந்த இரண்டும் காமா கதிர்களை வெளிப்படுத்துபவை அல்ல. இவற்றிலிருந்து நுண்ணிய அளவில் கதிர்கள் வெளிப்பட்டாலும் இதன் விளைவாகத் தீங்கு எதுவும் ஏற்படாது என்று சொல்லப்படுகிறது. இப் பொருள்கள் பூசப்பட்ட கைகடிகார முட்கள் காலப் போக்கில் மங்க ஆரம்பித்து விடுகின்றன.

அமெரிக்காவில் ரேடியம் டயல் கைக்கடிகாரம் தயாரிக்கப்பட்டபோது எடுக்கப்பட்ட படம்.

இது ஒருபுறம் இருக்க, இக் கதிரியக்கப் பொருள்களை கைகடிகாரங் களில் பயன்படுத்துவதை உலகில் சில நாடுகளே அனுமதிக்கின்றன. கைகடிகாரங்களில் இந்த கதிரியக்கப் பொருள்களைப் பயன்படுத்து வதால் உடலுக்குத் தீங்கு ஏற்படுகிறதா என்பது ஆராயப்படுகிறது.

கைகடிகார முட்கள் ஒளிரும்படி செய்ய கதிரியக்கத்தன்மை இல்லாத குறிப்பிட்ட வேதியல் பொருளும் பயன்படுத்தப்படுகிறது. இந்த வேதியல் பொருளை முட்கள் மீது பூசினால் அவை இருட்டிலும்

ஒளிரும். ஆனால் இதில் ஒரு சிக்கல் உள்ளது. இவை சுயமாக ஒளிருபவை அல்ல. சூரிய வெளிச்சம் தினமும் இந்த முட்களின்மீது குறிப்பிட்ட நேரம் பட்டாக வேண்டும். அப்போதுதான் அவை ஒளிரும் தன்மையைப் பெறுகின்றன.

அதாவது புற ஊதாக் கதிர்கள் அவற்றின்மீது பட்டாகவேண்டும். சூரியனும் அத்துடன் டியூப் லைட்டும் புற ஊதாக் கதிர்களை வெளிப்படுத்துபவை. ஆகவே இப்படியான ஒளி பட்டால் மட்டுமே பின்னர் அவை இருளில் ஒளிரும் தன்மையைப் பெறுகின்றன. முழுக்கை சட்டை போடுபவர்கள் இவ்விதக் கைகடிகாரத்தைக் கட்டிக்கொண்டால் மெனக்கெட்டு கைகடிகாரம்மீது குறிப்பிட்ட நேரம் ஒளிபடும்படி செய்தாக வேண்டும்.

எனினும் இப்போது யாரேனும் தங்களிடம் ரேடியல் டயல் கைகடிகாரம் உள்ளதாகப் பெருமையாகச் சொல்லிக்கொள்ளலாம். உண்மையில் அது ரேடியம் பூசப்பட்டதாக இல்லாமல் இருக்கலாம். ஏனெனில் இக் கைகடிகாரங்களைத் தயாரிக்கலாகாது என்று தடை விதிக்கப்பட்டு மிக நீண்ட காலமாகிவிட்டது.

எனினும் அது ஒருவேளை தாத்தா காலத்து ரேடியம் டயல் கைகடிகார மாக இருந்தால் அதை வைத்திருப்பதில் பீதி அடையத் தேவையில்லை. ரேடியப் பொருள் வாய் வழியாக அல்லது மூச்சுக்குழல் வழியாக உள்ளே சென்றால் ஆபத்து. அதுவும் நிறையச் சென்றால்தான் மிக ஆபத்து.

- 12 -

வெட்டுக்கிளிப் படையெடுப்பு

உலகில் பல நாடுகளில் விவசாயிகளிடம் போய் வெட்டுக்கிளி என்று சொன்னால் போதும். அவர்களுக்கு ஒரே கிலிதான். ஒன்றல்ல, இரண்டல்ல, கோடிக்கணக்கில் வெட்டுக்கிளிகள் கூட்டமாகப் படையெடுத்துவந்து பயிர்களை மட்டுமன்றி செடி, கொடி, மரம் என அனைத்தையும் தின்று தீர்த்து மொட்டையாக்கி விடும் என்றால் விவசாயிகள் ஏன் பயப்படமாட்டார்கள்?

வெட்டுக்கிளி படையெடுப்பு என்பது மிகவும் பயங்கரமானது. வெட்டுக்கிளி பிரச்னை என்பது தனி ஒரு நாட்டின் பிரச்னை அல்ல. வட ஆப்பிரிக்காவின் மேற்குக் கோடியில் பாலைவனப் பகுதிகளில் தொடங்கி சீனாவின் வட பகுதிவரை பலநாடுகள் வெட்டுக்கிளி படையெடுப்பால் பாதிக்கப்படக்கூடியவை. இப் பட்டியலில் இந்தியாவின் ராஜஸ்தான், குஜராத், பஞ்சாப், ஹரியானா ஆகிய மாநிலங்களும் அடங்கும்.

வெட்டுக்கிளி

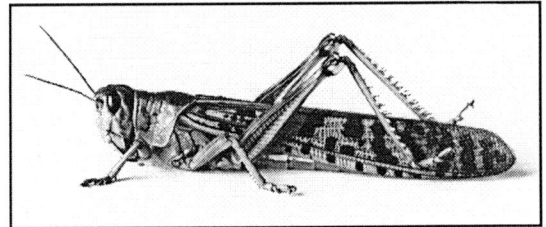

பாலைவன வெட்டுக்கிளிகள் வட ஆப்பிரிக்காவில் ஆண்டுக்கு 200 மில்லி மீட்டருக்கும் குறைவாக மழை பெய்கிற வறண்ட மற்றும் பாலைவனப் பகுதிகளில்தான் தோன்றுகின்றன. 30 நாடுகளை உள்ளடக்கிய சுமார் 16 மில்லியன் சதுர கிலோ மீட்டர் பாலைவனப் பகுதிகளில் இவை எப்போதும் உள்ளன. வாய்ப்பான சமயங்களில் இவற்றின் எண்ணிக்கை பெருக ஆரம்பிக்கிறது. அக் கட்டத்தில் அவை

கட்டுப்படுத்தப்படவில்லை என்றால் அவை அங்கிருந்து பிற இடங்களை நோக்கிப் படையெடுக்க ஆரம்பிக்கின்றன.

ஆகவேதான் உலகம் தழுவிய அளவில் வெட்டுக்கிளிப் படையெடுப்பு கண்காணிக்கப்படுகிறது. உலகில் கொசுவை ஒழிக்க முடிவதில்லை என்பதுபோல வெட்டுக்கிளிகளையும் அடியோடு ஒழிக்க முடியவில்லை. இதற்குக் காரணங்கள் பல. ஆகவே வெட்டுக்கிளிகள் தோன்றும் இடங்களைத் தொடர்ந்து கண்காணித்து அவ்வப்போது விமான மூலம் பூச்சி மருந்து தெளித்து அவை பெருகிப் படையெடுக்காமல் தடுக்கும் நடவடிக்கை மேற்கொள்ளப் படுகிறது.

கிராமப்புறங்களில் பலரும், புல்வெளிகளில் தத்துக்கிளிகளைப் பார்த்திருக்கலாம். பொதுவில் தத்துக்கிளியும் பாலைவன வெட்டுக்கிளியும் உருவத்தில் ஒரே மாதிரியாக இருப்பதுபோலத் தோன்றும். எனினும் இவற்றின் இடையே வித்தியாசம் உள்ளது.

பாலைவன வெட்டுக்கிளி ஒன்று தனியாக இருக்கும்போது அதன் நிறம் சுற்றுப்புறத்துக்கு ஏற்ப இருக்கிறது. குறுகிய உடல், சிறிய சிறகுகள், நீண்ட கால்கள், செயலில் மந்தம் இப்படியாக அவை உள்ளன. வளர்ந்து கூட்டமாக மாறும்போது அவை மாற ஆரம்பிக்கின்றன. கருமை அல்லது சற்றே மஞ்சள் நிறத்தைப் பெறுகின்றன. சிறகுகள் நீளும். உடல் பருக்கும். அவை பரபரப்புடன் காணப்படும். பெரும் கூட்டமாகச் சேர்ந்ததும் உணவைத் தேடி அவை மொத்தமாகக் கிளம்பிவிடுகின்றன.

வெட்டுக்கிளிகளால் கிராமப்புறங்கள்தான் பாதிக்கப்பட வேண்டும் என்பதில்லை. ஒரு சமயம் சீனாவின் வட பகுதியில் ஹோஹாட் நகரை வெட்டுக்கிளிக் கூட்டம் தாக்கியது. சாலையில் சென்றவர்களின் முகத்தை வெட்டுக்கிளிகள் அப்பிக்கொண்டன. கார்கள் மீது வெட்டுக் கிளிகள் படை படையாக மோதின. சக்கரங்களில் நசுங்கி மடிந்தன. கார் ரேடியேட்டர்களில் புகுந்தன. பின்னர் லாரி லாரியாக இவற்றை அகற்ற வேண்டியிருந்தது. வீடுகளிலும் வெட்டுக்கிளிகள் புகுந்தன.

வெட்டுக்கிளிகளின் தாக்குதல் கடுமையாக இருக்கும்போது ஒரு சதுர மீட்டரில் 3000 முதல் 10,000 வெட்டுக்கிளிகள் இருக்கலாம். வெட்டுக்கிளி கூட்டம் பறந்து வரும்போது பார்த்தால் அது சிறிய மேகக்கூட்டம் போல் இருக்கும். ஒரு கூட்டம் என்பது ஒரு சதுர கிலோ மீட்டராக இருக்கலாம். சில சமயங்களில் இது பல நூறு சதுர கிலோ மீட்டராகவும் இருக்கலாம். பெரியதொரு வெட்டுக்கிளி

கூட்டத்தில் 4 கோடி முதல் 8 கோடி வெட்டுக்கிளிகள் இருக்கலாம். வெட்டுக்கிளிகள் ஓரிடத்தைத் தாக்கினால் பசுமை என்பது அடியோடு போய்விடும். விவசாயிகள் பட்டினி கிடக்க வேண்டியதுதான்.

வெட்டுக்கிளிக் கூட்டம்

காற்றின் போக்கில் அவை மணிக்கு சுமார் 19 கிலோ மீட்டர்வரை செல்லக்கூடியவை. இவை படையெடுப்பாகக் கிளம்பும்போது வழியில் உள்ள இடங்களில் பயிர்களை தின்று அழித்து மிக நீண்ட தூரம் செல்லக்கூடியவை.

இந்தியாவில் 1978 ஆம் ஆண்டிலும் பின்னர் 1993 ஆம் ஆண்டிலும் வெட்டுக்கிளிப் படையெடுப்பு நிகழ்ந்தது. வெட்டுக்கிளி தோன்றும் பிராந்தியங்களைக் கண்காணித்து அவற்றைக் கட்டுப்படுத்த சர்வதேச அளவில் அமைப்பு உள்ளது. கடந்த 2004 ஆம் ஆண்டில் வெட்டுக்கிளி படையெடுப்பு தோன்றியபோது வட ஆப்பிரிக்காவில் பல நாடுகள் பாதிக்கப்பட்டன. இதில் வேடிக்கை என்னவென்றால் சில நாடுகளில் மக்கள் வெட்டுக்கிளிகளை விரும்பி உண்கின்றனர்.

- 13 -

பச்சை நிறத்தில் சூரியன்

தூசு என்றால் நமக்கு மிகக் கேவலம். 'கால் தூசுக்குச் சமம்' என்றெல்லாம் பேசுவது உண்டு. ஆனால் இந்த அற்பத் தூசு பல சமயங்களிலும் பருவ நிலைமீது, குறைந்த பட்சம் குறுகிய கால அளவில் பாதிப்பை உண்டாக்குகிறது. இங்கே நாம் தூசு என்று சொல்வது எரிமலைகளிலிருந்து பேரளவில் வானில் வீசப்படுகிற தூசு ஆகும்.

கடந்த காலத்தில் எரிமலை சீற்றத்தின் விளைவாக வானில் தூசு பரவும் போது உலகின் பல பகுதிகளில் கடும் குளிர் நிலவியது உண்டு. பயிர் விளைச்சல் பொய்த்துள்ளது. 1816 ஆம் ஆண்டில் இந்தோனேசியாவில் தம்போரா எரிமலை பயங்கரமாக நெருப்பையும் அத்துடன் குறிப்பாக புகை, தூசு ஆகியவற்றையும் கக்கியதைத் தொடர்ந்து மேற்கு ஐரோப்பா, அமெரிக்காவின் வடகிழக்கு மாகாணங்கள் போன்ற மித வெப்பப் பகுதிகளில் கோடை என்பது ஏற்படாமலேயே போயிற்று. அந்த ஆண்டானது 'கோடை இல்லாத ஆண்டு' என்று வர்ணிக்கப்படுகிறது.

இந்த எரிமலையிலிருந்து 100 கன கிலோ மீட்டர் புகையும் தூசும் பூமியைச் சுற்றி ஒரு திரை போட்டது போலாகியபோது, சூரியன் மறைக்கப்பட்டு குளிர் கவ்வியது. அமெரிக்காவில் பொதுவில் ஜுன் என்பது கோடை தொடங்கும் காலமாகும். 1816 ஜுன் மாதம் 6ம் தேதி தொடங்கி வடகிழக்கு மாகாணங்களில் 5 நாட்களுக்கு - ஏதோ குளிர்காலம்போல கடும் பனி பெய்தது. பின்னர் ஜுலையிலும் இதேபோல குளிர் வீசியது. பனிப் பொழிவினால் ஏற்கெனவே பாதிக்கப்பட்ட பயிர்கள் இக் குளிரில் அழிந்து போயின.

அதே இந்தோனேசியாவில் கிரகடோவா என்ற எரிமலை 1883 ஆம் ஆண்டு ஆகஸ்ட் மாதம் 27ம் தேதி வெடித்த போது பிரும்மாண்டமான அளவில் தூசு வெளிப்பட்டு காற்று மண்டலத்தில் கலந்தது. இந்தத்

தூசு முகிலின் விளைவாக சூரியன் உதித்தபோது அது பச்சை நிறத்தில் தெரிந்தது. சற்று நேரத்தில் சூரியன் சுமார் நீல நிறத்தில் காணப்பட்டது. பின்னர் கொஞ்சம் மேலே வந்ததும் நல்ல நீல நிறத்தில் காட்சி அளித்தது. உலகில் பெரும்பாலான பகுதிகளில் வானம் நுண்ணிய தூசுப் படலத்தால் மூடப்பட்ட காரணத்தால் சூரியன் இவ்விதம் பல வண்ணங்களில் தெரிந்தது.

கிரகடோவா எரிமலை வெடித்தபோது 4 மில்லியன் சதுர கிலோ மீட்டர் பரப்பில் எரிமலைச் சாம்பல் விழுந்தது. அதைவிட முக்கியமாக எரிமலையிலிருந்து கிளம்பிய புகையும் தூசும் வானில் சுமார் 80 கிலோ மீட்டர் உயரம் சென்று காற்று மண்டலத்தில் பரவியது. சூரியனை மறைக்கிற அளவுக்கு வானில் மிக உயரத்தில் தூசு மண்டலம் படர்ந்திருந்தது.

எரிமலை வெடித்த மறு நாளே தூசு முகில் இலங்கைக்கு மேலாகத் தெரிந்தது. பிறகு அது ஆப்பிரிக்காவுக்கு மேலே சென்றது. அடுத்து அட்லாண்டிக் கடலைக் கடந்து அமெரிக்காவுக்கு மேலே காணப்பட்டது. பின்னர் அது பூமியை ஒரு ரவுண்டு அடித்து மறுபடி இந்தோனேசியாவுக்கு மேலே வந்தது.

இப்படியாக தூசு முகில் பூமியை பல தடவை சுற்றியது. இத் தூசு முகிலால் பாதிக்கப்படாதவை வட தென் துருவங்கள் மீதான வான் பகுதியே. இவ்விதம் தூசு முகில் உலகைச் சுற்றி வந்தபோதுதான் சூரிய உதயமும் அஸ்தமனமும் மேலே கூறப்பட்ட வகையில் பல வண்ணங்களில் காட்சி அளித்தது.

இத் தூசு முகில் காரணமாக சூரியனிலிருந்து பூமிக்கு வந்தடைகிற வெப்பத்தின் அளவு சுமார் 20 முதல் 30 சதவிகிதம் குறைந்ததாக பிரெஞ்சு விஞ்ஞானிகள் கூறுகின்றனர்.

அண்மைக் காலத்தில் 1991 ஆம் ஆண்டில் பிலிப்பைன்ஸில் உள்ள பினாடுபோ எரிமலை வெடித்தபோது இதே போன்று ஏராளமான அளவுக்கு நுண்ணிய தூசும் சாம்பலும் வெளிப்பட்டு அவை வானில் மிக உயரத்துக்குச் சென்றன.

இதன் விளைவாக உலகின் பல இடங்களில் சராசரி வெப்பம் 0.5 சென்டிகிரேட் அளவுக்குக் குறைந்ததாக மதிப்பிடப்பட்டுள்ளது. பூமிக்கு வந்தடைகிற வெப்பத்தில் சிறிது மாறுபாடு ஏற்பட்டாலும் அதனால் பருவ நிலை பாதிக்கப்படுகிறது.

- 14 -
கடலுக்கு அடியில் உலோக உருண்டைகள்

நிக்கல், கோபால்ட், மாங்கனீஸ் போன்ற உலோகங்கள் அடங்கிய உருண்டைகள் கடலுக்கு அடியில் மிக ஆழத்தில் ஏராளமான அளவுக்குக் கேட்பாரற்றுக் கிடக்கின்றன. பல லட்சம் டன் உருளைக் கிழங்குகளை தரையில் கொட்டி வைத்தால் எப்படி இருக்குமோ அந்த மாதிரியில் அவை கடலடித் தரையில் கிடக்கின்றன.

பசிபிக் கடல், அட்லாண்டிக் கடல், இந்துமாக் கடல் ஆகியவற்றின் கடலடித் தரையில் இந்த உலோக உருண்டைகள் கண்டுபிடிக்கப் பட்டுள்ளன. குறிப்பாக குமரி முனைக்கு தெற்கே இந்துமாக் கடலில் மிக ஆழத்தில் இவை நிறையவே உள்ளன. இவ்விதமான ஓர் உலோக உருண்டையில் மாங்கனீஸ் (27 சதவிகிதம்), நிக்கல் (1.5), தாமிரம் (1.4), கோபால்ட் (0.25) இரும்பு (6) அலுமினியம் (3) முதலியவை அடங்கியுள்ளன. மற்றும் டைடானியம், மக்னீஷியம், பொட்டாசியம் ஆகியவை சிறு அளவில் காணப்படுகின்றன.

இந்த உலோக உருண்டைகள் பல மில்லியன் ஆண்டுகளில் இவ்விதம் உருவாகியிருக்க வேண்டும் என்று கருதப்படுகிறது. இவை எல்லாமே ஒரே வடிவில் இருப்பதாகச் சொல்ல முடியாது. மிக நுண்ணிய உருண்டைகள் இருக்கிற அதே நேரத்தில் 20 சென்டி மீட்டர் குறுக்களவு கொண்ட உருண்டைகளும் உள்ளன. எனினும் பெரும் பாலான உருண்டைகள் 5 முதல் 10 சென்டி மீட்டர் குறுக்களவு கொண்டவை.

உலோக உருண்டைகள் நடுக் கடலில் கிடப்பதால் எந்த நாடும் இவற்றின் மீது தனி உரிமை கோர முடியாது. எனவேதான் பல நாடுகளும் ஒன்று சேர்ந்து சர்வதேச கடலடித் தரை ஆணையத்தை அமைத்தன. இந்த ஆணையம் கடலடி உலோக உருண்டைகளை எடுப்பது பற்றிப் பல விதிகளை உருவாக்கியுள்ளது. 1992ல் இது

குறித்த உருவாக்கப்பட்ட சர்வதேச சட்டம் 1994ல் திருத்தி அமைக்கப்பட்டது.

இந்த உலோக உருண்டைகளை எடுப்பதில் இந்தியா 1982 ஆம் ஆண்டிலிருந்தே அக்கறை காட்டி வருகிறது. இது விஷயத்தில் இந்தியா முன்னோடி நாடாக விளங்குகிறது. கடலுக்கு அடியில் கிடக்கிற உலோக உருண்டைகள் அங்கிருந்து எடுக்க உரிமை பெற்றுள்ள நாடுகளில் இந்தியா ஒன்றாகும். இந்துமாக் கடலில் 1.5 லட்சம் சதுர கிலோ மீட்டர் கடலடிப் பிராந்தியத்தை சர்வதேச ஆணையம் இந்தியாவுக்கு ஒதுக்கியுள்ளது. இந்தியாவின் கவேஷனி, சாகர் கன்யா போன்ற ஆராய்ச்சிக் கப்பல்கள் இதில் முனைப்பாக பூர்வாங்க ஆய்வுகளில் ஈடுபட்டன. பரீட்சார்த்தமாக கடலடித் தரையிலிருந்து 1000 குவிண்டால் உலோக உருண்டைகள் எடுக்கப்பட்டு அவற்றிலிருந்து உலோகங்களைப் பிரித்தெடுக்கும் பணி மேற்கொள்ளப்பட்டது.

இந்தியா இத்திட்டத்தில் தீவிரம் காட்டுவதற்குக் காரணம் உள்ளது. இந்தியாவில் கோபால்ட் குறைந்த அளவில்தான் கிடைக்கிறது. தாமிரம், நிக்கல் ஆகியவற்றைப் பொருத்தவரையில் எதிர்காலத்தில் இவற்றுக்குப் பற்றாக்குறை ஏற்படலாம் என்று கருதப்படுகிறது. எனினும் கடலடி உலோக உருண்டைகளை எடுப்பதில் பல பிரச்னைகள் உள்ளன. பல காரணங்களால் மனிதனால் கடலில் மிக ஆழத்துக்கு இறங்கிப் பணியாற்ற இயலாது. ஏனெனில் அங்கு அழுத்தம் மிக அதிகமாக இருக்கும். தவிர ஒரே காரிருளாக இருக்கும்.

தானியங்கி இயந்திரங்களை உள்ளே இறக்கி அவற்றின் மூலம்தான் அள்ள முடியும். பிறகு நடுக் கடலில் நிற்கிற கப்பலிலிருந்து உறிஞ்சு குழாய்களை இறக்கி அவற்றின் மூலம் உருண்டைகளை மேலே கொண்டு வர வேண்டும். இவற்றில் எல்லாம் நடைமுறையில் பல பிரச்னைகள் இருக்கின்றன.

இப்பிரச்னைகளை எல்லாம் சமாளித்து இந்த உருண்டைகளை மேலே கொண்டு வந்து அவற்றிலிருந்து உலோகங்களைப் பிரித்தால் செலவு கட்டுபடியாகுமா என்ற பிரச்னையும் உள்ளது. ஆகவே இன்னும் 30 அல்லது 40 ஆண்டுகளில் தாமிரம், நிக்கல், கோபால்ட் ஆகிய உலோகங்களின் விலை உயரும்போது கடலடி உலோக உருண்டைகள் மீது தீவிர கவனம் திரும்பலாம் என்று நிபுணர்கள் கருதுகின்றனர். ஆனாலும் இந்தியா, சீனா, கொரியா போன்ற வளரும் நாடுகள் தொடர்ந்து தீவிர அக்கறை காட்டி வருகின்றன.

- 15 -

கால்கள் இல்லாமல்...

'கால்கள் இல்லாமல் வெண்மதி வானில் தவழ்ந்து வரவில்லையா?' என்று சினிமா பாடல் ஒன்று உண்டு. வெண்மதிக்கு என்ன? விண்வெளியில் மனிதனுக்குக்கூட கால்கள் தேவையில்லைதான்.

விண்கலத்தில் ஏறிச் செல்கிற ஒரு விண்வெளி வீரரால் விண்கலத்துக் குள்ளாக நடக்க இயலாது. விண்கலத்துக்குள்ளாக ஒரு கோடியிலிருந்து அடுத்த கோடிக்கு அவர் அந்தரத்தில் மிதந்தபடிதான் செல்ல முடியும். விண்கலத்துக்குள்ளாக நிற்பது என்பது மிக மிகக் கடினம். விண்கலம் பறக்கின்ற உயரத்தில் கிட்டத்தட்ட ஈர்ப்பு சக்தி இல்லை என்பதே இதற்குக் காரணம்.

ஈர்ப்பு சக்தி காரணமாகவே நம்மால் தரையில் கால் ஊன்றி நிற்க முடிகிறது. நடக்க முடிகிறது. கொஞ்சம் ஏமாந்தால் கீழே விழுந்து விடுகிறோம். கீழே விழுதல் என்பது ஈர்ப்பு சக்தியின் ஒரு விளைவே. மேஜையின் விளிம்பில் உள்ள ஒரு பொருள் கீழே விழுகிறது என்றால் அதுவும் ஈர்ப்பு சக்தியின் ஒரு விளைவே. மேஜையில் வைத்த பொருள் அங்கேயே இருக்கிறது என்றால் அதுவும் ஈர்ப்பு சக்தியின் விளைவே.

இதற்கு நேர் மாறாக விண்கலத்துக்குள்ளாக நீங்கள் எந்தப் பொருளையும் ஓரிடத்தில் வைத்துவிட்டு அங்கே அது இருக்கும் என்று எதிர்பார்க்க முடியாது. சொல்லப் போனால் விண்வெளியில் மேஜையும் அந்தரத்தில் பறக்கும். கஷ்டப்பட்டு மேஜையை விண்கலத் தரையுடன் பிணைத்து இருக்கும்படி நீங்கள் செய்வதாக வைத்துக் கொண்டால் மேஜை ஸ்திரமாக அங்கே இருக்கலாம். ஆனால் மேஜை மீது எதை வைத்தாலும் அது அந்தரத்தில் பறக்கும்.

ஈர்ப்பு சக்தி அனேகமாக இல்லை என்பதால் எந்தப் பொருளுக்கும் எடை இராது. இப்படியான எடையற்ற நிலையில் அரிசி மூட்டை ஒன்றை அந்தரத்தில் நிறுத்தினால் அது சில கணங்கள் அப்படியே இருக்கலாம். அதன் கீழே நீங்கள் சுண்டுவிரலை வைத்துக்கொண்டு

எடையற்ற நிலையில் விண்வெளி வீரர்கள்

உங்கள் சுண்டு விரல்மீது அரிசி மூட்டை நிற்பதுபோல வித்தை காட்ட முடியும். ஈர்ப்பு சக்தி இல்லாத, எடையற்ற நிலையில் பணியாற்றுவது சங்கடமே. சிறிய ஸ்குரு, ஆணி இப்படியான பொருள்களைக் கவனமாகக் கையாளவில்லை என்றால் அவை அந்தரத்தில் மிதந்து போய் விண்கலத்தில் ஏதோ ஒரு மூலையில் போய் நிற்கும்.

ஈர்ப்பு சக்தி இல்லாத விண்கலத்தில் தரை, கூரை எல்லாமே ஒன்றுதான். விண்கலத்தின் சுவரில் கோணிப் பை போல ஒன்றைத் தொங்கவிட்டு அதற்குள் இறங்கி வார் போட்டு கட்டிக் கொண்டு 'நின்றபடி' நிம்மதியாக உறங்க முடியும். தலைகீழாக நின்றபடியும் உறங்கலாம்.

ஈர்ப்பு சக்தி இல்லாத நிலையில் கால்களுக்கு ரத்தம் செல்வது பாதிக்கப் படுகிறது. அத்துடன் கால்களுக்கு வேலை இல்லை என்பதால் கால்களில் உள்ள தசைகளுக்கு வலு குறைந்து விடுகிறது. பல வார காலம் அல்லது பல மாத காலம் இப்படியே இருந்தால் கால்கள் சூம்பிப் போய்விடும். இதயமும் சோம்பி விடும்.

ஆகவே விண்வெளி வீரர்கள் தங்களது கால்களுக்கு வேலை கொடுப்பதற்கென்றே உள்ள - சைக்கிள் போன்ற - கருவியில் அமர்ந்து பயிற்சியில் ஈடுபட்டாக வேண்டும். ஈர்ப்பு சக்தி இல்லாத நிலையில் உடலின் மேற்புறப் பகுதி பருத்தது போலாகிவிடும். மார்புப் பகுதி

அகன்று காணப்படும். முதுகெலும்பில் உள்ள இணைப்புகளில் ரத்தம் தேங்குவதால் அவற்றின் நடுவே இடைவெளி அதிகரிக்கிறது. இதன் விளைவாக விண்வெளி வீரரின் உயரம் சில சென்டி மீட்டர் அதிகரிக்கிறது. முகம் சற்று வீங்கியது போலாகிறது.

விண்வெளியிலிருந்து பூமிக்குத் திரும்பியதும் விண்வெளி வீரரின் உடல் ஈர்ப்பு சக்திக்கு மறுபடி பழகிக்கொள்ளும்போது இவை எல்லாம் சரியாகிவிடுகிறது.

விண்வெளியில் உள்ள விசேஷ நிலைமைகளால் மனித உடலில் ஏற்படுகிற பாதிப்புகள் குறித்து கடந்த பல ஆண்டுகளாகத் தொடர்ந்து ஆராய்ச்சி நடந்து வருகிறது. ஆரம்ப நாட்களில் விண்கலத்தில் விண்வெளி வீரர்களின் கால்களுக்குப் பயிற்சி அளிக்கிற ஏற்பாடு இல்லாதிருந்ததால், விண்வெளியிலிருந்து பூமிக்குத் திரும்பியவுடன் விண்வெளி வீரர்களால் நிற்கக்கூட முடியாத நிலை இருந்தது. அப்போது சில விண்வெளி வீரர்கள் பூமி திரும்பிய உடன் ஸ்டிரெச்சரில் தான் தூக்கிச் செல்லப்பட்டார்கள். இப்போதும் சரி, விண்வெளி வீரர்கல் சிலரை ஸ்டிரெச்சரில் தூக்கி வர வேண்டியுள்ளது.

மனிதன் விண்கலம் மூலம் செவ்வாய் கிரகத்துக்குச் செல்வதானால் போய்ச் சேரக் குறைந்தது எட்டு மாத காலம் ஆகும். அவ்வளவு காலம் எடையற்ற நிலைக்கு உள்ளானால் செவ்வாயில் போய் இறங்கிய பின் தரையில் கால் ஊன்றி நிற்க முடியுமா என்ற கேள்வி உள்ளது. இவ்விதமான பிரச்னைகள் குறித்து ஆராய்ச்சிகள் நடந்து வருகின்றன.

- 16 -

வானிலிருந்து எந்த அளவு வேவு பார்க்கலாம்?

வானில் செலுத்தப்படும் செயற்கைக்கோள் மூலம் வேவு பார்ப்பது என்பது 1960களிலிருந்து நடைபெற்று வருகிறது. அந்த கால கட்டத்தில் அமெரிக்கா, ரஷியா ஆகிய இரு நாடுகள் மட்டுமே செயற்கைக்கோளைச் செலுத்துகிற திறனைப் பெற்றிருந்தன. அக் காலகட்டத்தில் இந்த இரு வல்லரசு நாடுகளுக்கும் இடையே கடும் விரோதப் போக்கு இருந்தது. அவ்வித நிலையில் இரண்டுமே பரஸ்பரம் வேவு பார்ப்பதில் ஈடுபட்டிருந்தன. முதலில் அவை நில வள ஆய்வுக்கானவை என்று சொல்லி வேவு செயற்கைக் கோள்களைச் செலுத்த முற்பட்டன. பின்னர் வேவு பார்ப்பதற் கென்றே தனியே செயற்கைக்கோள்களைச் செலுத்த ஆரம்பித்தன.

இந்த வேவு செயற்கைக்கோள்கள் எடுக்கிற படங்களை பிலிம் சுருள்களைப் பெறுவதற்கு அப்போது பல வித வழிகள் கையாளப் பட்டன. இந்தப் படங்கள் சம்பந்தப்பட்ட உயர் அதிகாரிகளைத் தவிர வேறு யாருக்கும் கிடைக்காது என்ற நிலை இருந்தது. இப்படிப்பட்ட நிலையில் பிரான்ஸ் ஒரு செயற்கைக்கோளை செலுத்தி உயரே இருந்து எடுக்கப்படுகிற படங்களை விற்பனை செய்ய ஆரம்பித்தது. இதிலும் சில கட்டுப்பாடுகள் இருக்கத்தான் செய்தன.

பின்னர் ஜப்பான், சீனா, இந்தியா ஆகியவை செயற்கைக்கோள்களைச் செலுத்தும் திறனைப் பெற்றன. அவையும் வானிலிருந்து படங்களை எடுக்க ஆரம்பித்தன. வேவு செயற்கைக்கோள்களும் இவற்றில் அடங்கும்.

இது ஒரு புறம் இருக்க, ஆரம்ப காலத்தில் வேவு செயற்கைக் கோள்கள் எடுத்த படங்கள் அவ்வளவாகத் தெளிவாக இருக்க வில்லை. 50 மீட்டருக்கும் குறைவான நீள, அகலம் கொண்ட எதுவும் வெறும் புள்ளியாகத்தான் தெரியும். காமிராக்களின் திறன் அந்த

அளவில்தான் இருந்தது. பின்னர் மேலும் மேலும் திறன் வாய்ந்த காமிராக்கள் உருவாக்கப்பட்டன. இப்போது 10 செண்டி மீட்டர் நீள அகலம் கொண்ட எதுவாக இருந்தாலும் அதைத் தெளிவாகக் காட்டுகிற படங்களை எடுக்க முடியும்.

உங்கள் வீட்டு மொட்டை மாடியில் வெளிச்சம் (வெயில்) படும்படி நான்கு அரிவாள்களைப் போட்டு வைத்திருந்தால் அவற்றையும் வானிலிருந்து படம் எடுத்து விட முடியும் என்ற அளவுக்கு இன்று இத் தொழில் நுட்பம் முன்னேறியுள்ளது. அமெரிக்கா, இந்தியா ஆகிய இரு நாடுகள் மட்டுமே இவ்விதமான திறனைப் பெற்றுள்ளதாகத் தகவல்கள் கூறுகின்றன.

இரவு நேரமாக இருந்தாலும் சரி, வானில் மேக மூட்டம் இருந்தாலும் சரி வேவு செயற்கைக்கோள்களால்படங்களை எடுக்க இயலும் என்ற அளவுக்கு இதில் தொழில்நுட்ப முன்னேற்றம் ஏற்பட்டுள்ளது.

இன்னமும் சரி, வேவு செயற்கைக்கோள்களைச் செலுத்துவதில் அமெரிக்காவும், ரஷியாவும்தான் முதலிடம் வகிக்கின்றன. ரஷியா முன்னர் சோவியத் யூனியன் என்ற பெயரில் பெரிய நாடாக இருந்த போது சோவியத் யூனியன் பற்றிய எல்லா விஷயங்களும் மூடுமந்திரமாக இருந்தன. ஆகவே அந்த நாட்டின் ராக்கெட் தளங்கள், படை நடமாட்டம், அது நடத்துகிற அணு ஆயுதச் சோதனைகள் முதலானவைபற்றி அறிவதற்கு வேவு செயற்கைக் கோள்கள் அமெரிக்காவுக்கு உதவியாக இருந்தன.

எதிரி நாடுகளின் படைகள் என்று இல்லாமல் உலகின் பல்வேறு நாடு களின் படை நடமாட்டம் பற்றித் தகவல் பெறவும் இவை உதவியாக இருக்கின்றன. பொதுவில் வேவு செயற்கைக்கோள்கள் பூமியை வடக்கிலிருந்து தெற்காகச் சுற்றுகின்றன.

அமெரிக்காவைப் பொருத்தவரையில் தனியார் துறையைச் சேர்ந்த நிறுவனங்களும் இப்போது வானிலிருந்து படங்களை எடுக்கின்ற செயற்கைக்கோள்களை செலுத்த முற்பட்டுள்ளன. அமெரிக்காவின் KH-11 மற்றும் குவிக்பேர்ட் செயற்கைக்கோள்கள் இந்த விஷயத்தில் பிரபலமானவை. இவை எடுக்கின்ற படங்கள் எதிரி நாடுகளின் கைக்குச் சென்றுவிடாதபடி தடுக்கத் தகுந்த ஏற்பாடுகள் பின்பற்றப் படுகின்றன. அமெரிக்காவில் தனியார் நிறுவனத்துக்குச் சொந்தான வேவு செயற்கைக்கோள் வானிலிருந்து வேவு பார்த்து துல்லியமான படங்களை எடுப்பதில் ஈடுபட்டுள்ளது. இப் படங்களை யாருக்கு விற்கலாம் யாருக்கு விற்கக்கூடாது என்பதில் இந்த நிறுவனம் அரசின் நெறிமுறைகளைப் பின்பற்றி வருகிறது.

எந்த ஒரு செயற்கைக்கோளாக இருந்தாலும் சரி, அதை அதிகாலையில் அல்லது மாலையில் அடிவானில் இருக்கும்போது ஒளிப்புள்ளியாகக் காண முடியும். ஒதுக்குப்புறமாக உள்ள இடத்தில் வசித்தால், நேரம் இருந்தால் - அத்துடன் சக்திமிக்க பைனாகுலர்ஸ் இருந்தால் செயற்கைக்கோள்களை யாராலும் பார்க்க முடியும். குறிப்பாக வேவு செயற்கைக்கோள்கள் எவ்வளவு உள்ளன, அவற்றின் சுற்றுப்பாதை என்ன என்ற விவரங்களையும் சேகரித்து விட முடியும்.

உலகில் குறிப்பாக ஐரோப்பாவில் இதே வேலையாக அமெச்சூர் ஆய்வாளர்கள் சிலர் இருக்கின்றனர். இவர்களால் கண்டுபிடிக்க முடியாத வகையில் வேவு செயற்கைக்கோள்களைச் செலுத்துவது என்பது அரசுகளுக்கு ஒரு சவாலாக உள்ளது.

எந்த ஒரு சமயத்திலும் வானில் அமெரிக்க ரஷிய வேவு செயற்கைக் கோள் பலவும் பறந்து கொண்டிருக்கின்றன. கீழே எந்த நாட்டில் என்ன நடக்கிறது என்பதை அவை தொடர்ந்து கண்காணித்து வருகின்றன. எனினும் 1998ல் இந்தியா அணுகுண்டுகளை வெடித்துச் சோதித்தபோது எந்த வேவு செயற்கைக்கோளாலும் இதை முன்கூட்டிக் கண்டுபிடிக்க முடியவில்லை. இந்தியா தகுந்த உபாயத்தைக் கையாண்டதே இதற்குக் காரணம்.

- 17 -
பூமிக்கு சந்திரன் என்ன உறவு?

பூமியை சந்திரன் ஓயாது சுற்றி வருகிறது. சூரியனை பூமி தனது பாதையில் சுற்றுகையில் சந்திரனும் கூடவே வருகிறது. பூமிக்கு சந்திரன் என்ன உறவு? பூமிக்கும் சந்திரனுக்கும் மூன்று விதமான உறவுகள் இருக்க முடியும். 1.சந்திரன், பூமியின் தம்பி 2. சந்திரன், பூமியின் புதல்வன் 3. சந்திரன், பூமியின் அடிமை. இவற்றை ஒவ்வொன்றாக ஆராய்வோம்.

சூரியன் தோன்றியபோதே பூமி உட்பட பல கிரகங்கள் தோன்றி விட்டன. அந்த சமயத்தில் சந்திரனும் பூமியுடன் சேர்ந்து உருவாகி யிருக்குமானால் பூமியும் சந்திரனும் சகோதரர்கள் எனலாம்.

வடிவில் பெரியது என்பதால் பூமியை அண்ணன் என்றும் சந்திரனை தம்பி என்றும் சொல்லலாம். பூமியை பூமாதேவி என்று நீங்கள் குறிப்பிட விரும்பினால் பூமியை அக்காள் என்று வர்ணிக்கலாம். ஆனால் பூமியும் சந்திரனும் ஒரே சமயத்தில் உருவானவை அல்ல என்று நிபுணர்கள் கூறுகின்றனர்.

பூமியின் உள்ளமைப்பு ஒருவிதமாகவும் சந்திரனின் உள்ளமைப்பு வேறுவிதமாகவும் உள்ளது. பூமியின் உட்புறத்தில் கொதிக்கும் குழம்பு நிலையில் நிறைய இரும்பும் நிக்கலும் உள்ளன. பூமியில் நடுப் பகுதியின் எடையானது பூமியின் மொத்த எடையில் 30 சதவிகித அளவுக்கு உள்ளது. வேடிக்கையாகச் சொன்னால் பூமி இரும்பு இதயம் கொண்டது.

ஆனால் சந்திரனின் உட்புறத்தில் இரும்பு அளவு மிகக் குறைவாக - மொத்த எடையில் 2 சதவிகித அளவில்தான் உள்ளது. தவிர, சந்திரனின் சுற்றுப் பாதைத் தளம் பூமியின் சுற்றுப் பாதைத் தளத்துக்கு இணையாக இல்லை. இப்படியான பல காரணங்களால் பூமியும் சந்திரனும் ஒன்றாக உருவானவை என்ற கருத்து நிராகரிக்கப்படுகிறது.

பூமி உண்டான பிறகு ஏதோ நிகழ்ந்து பூமியின் ஒரு பகுதி பிய்த்துக் கொண்டுபோய் சந்திரனாக உருவெடுத்திருக்கலாம் என்பது இரண்டாவது கொள்கையாகும். பசிபிக் கடலின் அகலமும் சந்திரனின் குறுக்களவும் சமமாக உள்ளதை இதற்கு சான்றாகக் கூறப்படுகிறது. பசிபிக் கடல் உள்ள இடத்திலிருந்து கணிசமான பகுதி வானில் தூக்கி எறியப்பட்டு அதுவே பின்னர் சந்திரனாக உருவெடுத்திருக்கலாம் என்று கூறப்படுகிறது. இப்படிப் பார்த்தால் சந்திரன், பூமியின் புதல்வன்.

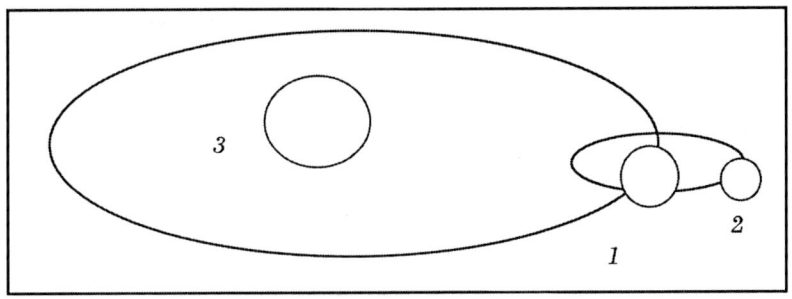

இப் படத்தில் 1 பூமி 2. சந்திரன் 3. சூரியன்

ஆனால் பசிபிக் கடல் இப்போது மிக அகலமாக இருக்கலாம். ஆனால் என்றுமே இப்படி இருந்து வந்ததாகக் கருத இடமில்லை. உலகில் உள்ள கடல்கள் சுருங்குவதும் பின்னர் விரிவடைவதும் தொடர்ந்து நிகழ்ந்து வந்துள்ளதாகும். பசிபிக்கின் அகலமும் சந்திரனின் குறுக்களவும் ஒரே அளவில் இருப்பது தற்செயல் பொருத்தமே. ஆகவே சந்திரன், பூமியிலிருந்து பிய்த்துக்கொண்டுபோய் உருவானது அல்ல என்று நிபுணர்கள் குறிப்பிட்டு இக் கொள்கையை நிராகரிக்கின்றனர்.

சூரிய மண்டலம் தோன்றியபோது எங்கோ உருவான சந்திரன் பிறகு பூமிக்கு அருகாமையில் வந்திருக்கலாம் என்றும் அப்போது அது பூமியின் ஈர்ப்புப் பிடியில் சிக்கி பூமியைச் சுற்ற ஆரம்பித்திருக்கலாம் என்றும் ஒரு கொள்கை உள்ளது. இது மூன்றாவதான கொள்கை. அப்படிப் பார்த்தால் சந்திரன், பூமியின் அடிமை. ஆனால் இதற்கும் வாய்ப்பில்லை என இக் கருத்து நிராகரிக்கப்படுகிறது.

எனினும் அண்மைக் காலமாக புதிய கொள்கை கூறப்பட்டுள்ளது. அதாவது செவ்வாய் கிரகம் அளவிலான ஒரு கிரகம் பூமியின் மீது வந்து மோதியிருக்க வேண்டும். அப்போது அக் கிரகம் உடைந்து

போயிருக்க வேண்டும். அக் கிரகம் மோதியபோது பூமியின் மேற்புறத்திலிருந்து ஏராளமான பாறைகள் தூக்கி எறியப் பட்டிருக்க வேண்டும். எல்லா மாகச் சேர்ந்து பிறகு உருண்டை யாகி சந்திரனாக மாறியிருக்க வேண்டும். இக் கொள்கைக்குத் தான் இப்போது அதிக ஆதரவு உள்ளது.

பௌர்ணமியன்று சந்திரன்

கடந்த காலத்தில் ரஷியா தானியங்கி விண்கலங்களை சந்திரனுக்கு அனுப்பி அங்கிருந்து கற்களை எடுத்துவரச் செய்து ஆராய்ந்துள்ளது. அமெரிக்காவோ 1969ல் தொடங்கி 6 தடவை விண்வெளி வீரர்களை அனுப்பி சந்திரனிலிருந்து கல்லையும் மண்ணையும் கொண்டு வந்து ஆராய்ந்துள்ளது.

எனினும் சந்திரன் எப்படித் தோன்றியது என்பது இன்னும் திட்ட வட்டமாகத் தெரியவில்லை. எது எப்படியோ, அண்டை வீட்டு மாடத்தில் நிற்கும் அழகியின் முகம்போல சந்திரன் நம்மைக் கவர்ந்து இழுக்கிறது.

- 18 -
வெளிச்சம் ஒரு பகை

இருட்டைக் கண்டால் பொதுவில் யாருக்கும் பிடிக்காது. 'இருளிலிருந்து ஒளியைக் கொடு' என நாம் பிரார்த்திக்கிறோம். ஜோதியைப் போற்றுகிறோம். ஆனால் வெளிச்சத்தைப் பகையாகக் கருதி இருட்டை நேசிக்கிற நிபுணர்கள் இருக்கிறார்கள். இருட்டில் தான் தங்களால் நன்கு பணியாற்ற முடியும் என்று அவர்கள் கூறுகிறார்கள். அவர்கள்தான் வானை ஆராய்கிற வானவியல் நிபுணர்கள். அவர்கள் இருட்டை நேசிக்கக் காரணம் உள்ளது.

நீங்கள் ஒரு பெரிய நகரில் வசிப்பவராக இருந்தால் இரவில் மொட்டை மாடியில் நின்று வானை அண்ணாந்து பாருங்கள். அமாவாசை நாளாக இருந்தாலும் சரி, கொஞ்ச நட்சத்திரங்கள்தான் வானில் தென்படும். மாறாக அமாவாசையன்று ஒரு குக்கிராமத்தில் ஊருக்கு ஒதுக்குப்புற மாக உள்ள இடத்தில் இருந்தபடி வானை நோக்கினால் எண்ணற்ற நட்சத்திரங்கள் தெரியும். கரு நீலப் பட்டுத்துணியில் கொட்டிய வைரங்கள்போல வானம் காட்சி அளிக்கும்.

ஆகவே வான் ஆராய்ச்சிக்கு நகர்ப்புறம் ஏற்றதல்ல. நகரங்களில் திறந்த வெளிகளில் பிரகாசமான விளக்குகள் அதிகம். விளம்பரப் பலகைகளின் வெளிச்சம் மிக அதிகமாகவே இருக்கும். வானிலிருந்து ஒரு பெரிய நகரைப் பார்த்தால் ஒரே ஒளி வெள்ளமாகத் தெரியும். இந்த ஒளியில் கணிசமான பகுதி வானை நோக்கிச் செல்கிறது. நகரங்களுக்கு மேலாகக் காற்று மண்டலத்தில் தூசும் அதிகம். நகரிலிருந்து உயரே செல்லும் ஒளியானது இந்த தூசு மண்டலத்தில் படும்போது அது வான் காட்சியை மறைக்கிறது. வானில் உள்ள நட்சத்திரங்களைத் தெளிவாகப் பார்க்க முடிவதில்லை. இது வான் ஆராய்ச்சிக்கு இடையூறாக இருக்கிறது.

நீங்கள் செல்லும் ரயில் வண்டி பின்னிரவில் ஒரு பெரிய நகரை நெருங்குகிற வேளையில் ஜன்னல் வழியே பார்த்தால், ஏதோ சூரிய உதயத்துக்கு முன்னர் கிழக்கு வானம் வெளுப்பதுபோல குறிப்பிட்ட திசையில் அடிவானில் வெளிச்சம் தெரியும். அது நீங்கள் நெருங்குகிற நகரிலிருந்து வானில் பிரதிபலிக்கிற வெளிச்சமே ஆகும். இதிலிருந்து நகர்ப்புறங்களின் வெளிச்சம் வானில் எந்த அளவுக்குப் பரவி நிற்கிறது என்பது புரியும்.

காவலூர் வான் ஆராய்ச்சிக்கூடம்

வான ஆராய்ச்சிக்கு வானம் தெளிவாகத் தெரிய வேண்டும் என்பதற்காகத்தான் வான் ஆராய்வுக் கூடங்கள் நகர்ப்புறங்களி லிருந்து மிக அப்பால் முடிந்த மட்டில் காட்டுப் பகுதியில் அதுவும் உயரமான இடத்தில் அமைக்கப்படுகின்றன. தமிழகத்தில் காவலூரில் உள்ள வான் ஆய்வுக்கூடம் இவ்விதம் மிக ஒதுக்குப் புறமான மலைப் பகுதியில் அமைக்கப்பட்டுள்ளது.

எனினும் ஒரு காலத்தில் ஒதுக்குப்புறமாக இருந்து பின்னர் நகர்ப்புறம் விரிவடைவதால் பிரச்னைகளை எதிர்கொள்கிற வான் ஆய்வுக் கூடங்கள் உண்டு. அமெரிக்காவில் அரிசோனாவில் டூசான் நகருக்கு அருகே உள்ள கிட் பீக் வான் ஆய்வுக்கூடம், அதே மாநிலத்தில் பிளாக்ஸ்டாப் நகருக்கு அருகே உள்ள இரு வான் ஆய்வுக்கூடங்கள், கலிபோர்னியாவில் உள்ள மவுண்ட் வில்சன் வான் ஆய்வுக்கூடம், சாண்டியாகோ அருகே உள்ள பாலோமார் வான் ஆய்வுக்கூடம் முதலியவை இவ்விதம் ஒளிப்பிரச்னையால் பாதிக்கப்பட்டவை யாகும்.

அருகே உள்ள நகர்களின் நகராட்சிகளின் ஒத்துழைப்புடன் இந்த ஆய்வுக்கூடங்கள் ஒளிப் பிரச்னைக்குத் தீர்வு காண முற்பட்டுள்ளன. விஞ்ஞானிகளின் வேண்டுகோள்களுக்கு ஏற்ப இந்த நகரங்களில்

தெரு விளக்குகளில் அதிகப் பிரகாசம் இல்லாத குறிப்பிட்ட வகை பல்புகள் பயன்படுத்துகின்றன. தவிர, தெரு விளக்குகளின் ஒளி சிதறாதபடி இவற்றுக்குத் தகுந்த தொப்பி பொருத்தப்படுகிறது.

இரவில் குறிப்பிட்ட நேரத்துக்குமேல் விளையாட்டு ஸ்டேடியங்களில் ஒளி வெள்ள விளக்குகள் எரியலாகாது என கட்டுப்பாடு உள்ளது. அறிவியலின் வளர்ச்சிக்குக் குறுக்கே நிற்கலாகாது என்ற உணர்வுடன் பொதுமக்களும் இதற்கு ஒத்துழைப்பு அளித்து வருகின்றனர். சில நகரங்களில் ஒளி விளக்குகளைப் பயன்படுத்து வதைக் கட்டுப்படுத்தி விசேஷ சட்டங்கள் இயற்றப்பட்டுள்ளன.

சொல்லப் போனால் டூசான் நகரைத் தலைமையமாகக் கொண்டு 'சர்வதேச இருண்ட வான ஆர்வலர் சங்கம்' என்ற அமைப்பு உள்ளது. இது வான் ஆய்வுப் பணிகள் பாதிக்கப்படாத வகையில் ஒளி விளக்குகள் இருக்க வேண்டும் என்ற கருத்தை பிரசாரப்படுத்து வதற்காக அமைக்கப்பட்டுள்ளது. இது உலகெங்கிலும் பல இடங்களில் கருத்தரங்குகளையும் நடத்தி வருகிறது.

- 19 -
குறைந்த காற்றழுத்த மண்டலம்

'வங்கக் கடலில் உருவாகியுள்ள குறைந்த காற்றழுத்த மண்டலத்தின் விளைவாக....' என்று வானொலியிலும் தொலைக்காட்சியிலும் இப்போதெல்லாம் அடிக்கடி சொல்லக் கேட்டிருக்கலாம். பொதுவில் குறைந்த காற்றழுத்த மண்டலம் மழையைக் கொண்டு வருவதாகும். காற்றழுத்தத்துக்கும் மழைக்கும் தொடர்பு உண்டு.

குறைந்த காற்றழுத்த மண்டலம் என்பதைக் 'காற்றுப் பள்ளம்' என்றும் வர்ணிக்கலாம். சமதரையாக இருக்கிற ஒரு வெட்ட வெளியின் நடுவே பெரிய பள்ளம் இருப்பதாக வைத்துக் கொள்வோம். மழை பெய்தால் தண்ணீர் அந்தப் பள்ளத்தை நோக்கி ஓடி வரும்.

அது மாதிரியில் பிற பகுதிகளில் காற்று அழுத்தம் சாதாரண அளவில் இருக்க, குறிப்பிட்ட பகுதியில் காற்று அழுத்தம் குறைவாக இருக்குமானால் அது பள்ளம்போல ஆகிவிடுகிறது. காற்று அழுத்தம் அதிகமாக உள்ள இடங்களிலிருந்து குறைவான காற்று அழுத்தம் உள்ள இடத்தை நோக்கி காற்று வீச ஆரம்பிக்கிறது. குறிப்பிட்ட சூழ்நிலைகளில் காற்று அழுத்தம் குறைவாக உள்ள இடத்தில் காற்று சுழல ஆரம்பிக்கிறது. கடலில் இவ்விதம் 'காற்றுப் பள்ளம்' ஏற்படும் போது பிரச்னை எழுகிறது.

காற்றுக்கும் எடை உண்டு. இது எந்த அளவுக்கு நம்மை அழுத்துகிறது என்பதை வைத்து காற்றழுத்தம் 'மில்லிபார்' என்ற அளவு முறையில் கணக்கிடப்படுகிறது. கடல் மட்டத்தில் சாதாரண நிலைமைகளில் காற்றழுத்தம் 1013 மில்லி பார் அளவில் இருக்கும்.

குறைந்த காற்றழுத்த மண்டலம் உருவாகின்ற இடத்தின் நடுவே காற்று அழுத்தம் 960 மில்லி பார் என்ற அளவில் இருக்கலாம். ஒரு சமயம் பசிபிக்கில் கடும் புயல் உருவான இடத்தில் உலக சாதனையாக காற்றழுத்தம் மிகக் குறைவாக 877 மில்லி பார் என்ற

அளவில் இருந்தது. வெவ்வேறு இடங்களில் உள்ள காற்றழுத்த அளவு, மணிக்கு ஒருமுறை சேகரிக்கப்பட்டு வரை படங்கள் தயாரிக்கப்படுகின்றன. வானிலை பற்றித் தெரிவிக்க இத் தகவல்கள் மிக அவசியம்.

முதலில் குறைந்த காற்றழுத்த மண்டலமாக ஆரம்பித்து அது ஆழ்ந்த காற்றழுத்த மண்டலமாக வலுப் பெறலாம். அதுவே பின்னர் புயலாக உருவெடுக்கலாம். குறைந்த காற்றழுத்த மண்டலத்தை மெதுவான சுழற்சி என்று வர்ணித்தால் புயல் என்பது அதிவேக சுழற்சியாகும். இப்படிப்பட்ட வேகமான சுழற்சியின் போதுதான் புயலின் 'கண்' உருவாகிறது.

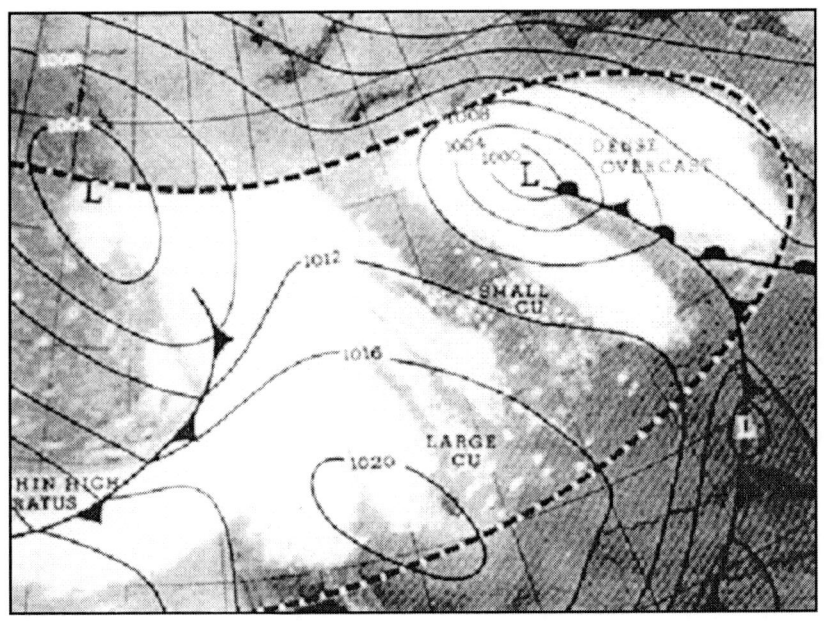

இப்படத்தில் L என்பது குறைந்த காற்றழுத்த மண்டலத்தைக் குறிக்கிறது

குறைந்த காற்றழுத்த மண்டலமானது தொலைவில் உள்ள மேகங்களை அதிக அளவில் ஈர்ப்பது கிடையாது. தவிர, அதன் மையத்தை சுற்றிச் சுழலும் மேகங்களும் அதிக வேகத்தில் சுழல்வது கிடையாது. ஆனால் புயலாக மாறும்போது அது தொலைவில் உள்ள மேகங்களையும் ஈர்க்கிறது. மையத்தைச் சுற்றி மேகங்கள் வட்ட வடிவில் செங்குத்தாக சுவர்களை எழுப்பியதுபோல அமைந்து வேகமாகச் சுழல்கின்றன.

கடலில் குறிப்பிட்ட இடத்தில் கடலின் மேற்பரப்பு வெப்பம் 26 அல்லது 27 டிகிரி சென்டிகிரேட் அளவுக்கு இருக்க, அங்கு ஈரப்பதமும் அதிகமாக இருக்குமானால் அங்கு காற்றழுத்த தாழ்வு மண்டலம் உருவாக வாய்ப்பு உள்ளதாகக் கூறப்படுகிறது.

தீவிர காற்றழுத்த மண்டலமாக இருந்தாலும் சரி, புயலாக இருந்தாலும் சரி, பொதுவில் அது வடமேற்குத் திசையை நோக்கி நகரும்.

காற்றழுத்த நிலைமைகளைக் காட்டும் வரைபடங்களைப் போடும் முறையை 1861ல் இங்கிலாந்தில் பிரான்சிஸ் கால்டன் ஆரம்பித்து வைத்தார். இவ்விதப் படங்களில் நிலப் பகுதியிலும் கடல் பகுதியிலும் காற்றழுத்தம் ஒரே அளவில் இருக்கிற இடங்களை எல்லாம் ஒன்று சேர்த்து கோடுகள் போடப்படும். இக் கோடுகள் Isobar எனப்படுகின்றன. மோசமான வானிலை இருக்கிற இடங்களைத் தவிர்க்க இப் படங்கள் விமானங்களுக்கும் கப்பல்களுக்கும் உதவியாக உள்ளன.

இப் படங்களில் வட்டத்துக்குள் வட்டமாக பல வட்டங்கள் மிக நெருக்கமாக இருக்குமானால் அது புயல் உருவான இடத்தைக் காட்டுவதாகும்.

- 20 -

மதுரையில் உங்கள் எடை என்ன?

இக் கேள்வி சற்று விசித்திரமானதாக இருக்கலாம். ஒருவரின் எடை உலகில் எந்த ஓர் இடத்திலும் ஒரே அளவில்தானே இருக்க முடியும் என்று நீங்கள் கேட்கலாம். ஆனால் உங்களது எடை மதுரையில் ஒரு விதமாகவும் தில்லியில் ஒருவிதமாகவும் இருக்கலாம். அதாவது ஒருவரின் எடை இடத்துக்கு இடம் வித்தியாசப்படலாம்.

எடை என்பது பூமியின் ஈர்ப்பு சக்தியால் விளைவது. ஈர்ப்பு சக்தி இடத்துக்கு இடம் சற்றே வித்தியாசப்படுகிறது. ஆகவே மிக அற்ப அளவுக்கு எடையும் இடத்துக்கு இடம் மாறுபடத்தான் செய்யும். பூமியின் மையத்திலிருந்து ஒருவர் மேலும் மேலும் விலகி இருந்தால் ஈர்ப்பு சக்தி அந்த அளவுக்குக் குறையும்.

ஆகவே ஒருவரின் எடை பூமியின் நடுக்கோட்டுப் பகுதியில் ஒரு விதமாகவும் வட துருவத்தில் வேறு விதமாகவும் இருக்கும். நடுக்கோட்டுப் பகுதியில் உள்ளதைவிட வட துருவத்தில் ஒருவரின் எடை சற்றே அதிகமாக இருக்கும். பூமியின் மையத்திலிருந்து வடதுருவத்துக்கு உள்ள தூரத்தைவிட நடுக்கோட்டுப் பகுதிக்கு உள்ள தூரம் சற்று அதிகம். பூமியின் வடிவமைப்பில் இவ்வித வித்தியாசம் உள்ளது.

இது போதாதென பூமிக்குள்ளாக சில இடங்களில் அடர்த்தி மிக்க பாறைகள் அதிகமாகவும் வேறிடங்களில் இவை குறைவாகவும் உள்ளன. இதுவும் ஓரிடத்தில் உள்ள ஈர்ப்பு சக்தியின் அளவைப் பாதிக்கிறது. ஓரிடத்துக்கு அருகே மலைகள் இருந்தால் அவையும் பாதிப்பை உண்டாக்குகின்றன. இவை அனைத்தின் விளைவாக பூமியில் ஈர்ப்பு சக்தியின் அளவு இடத்துக்கு இடம், ஊருக்கு ஊர் வித்தியாசப்படுகிறது.

பூமியின் மேற்பரப்பில் இவ்வித ஈர்ப்பு சக்தி அளவு மாறுபாடு எந்த அளவுக்கு உள்ளது என்பதை ஒவ்வொரு இடமாகச் சென்று இதை

அளந்து கொண்டிருக்க முடியாது. வானிலிருந்து இதைத் துல்லியமாகக் கணக்கிட முடியும் என்பதால் மிக நுட்பமான இரு செயற்கைக் கோள்கள் 2002 மார்ச் மாதம் உயரே செலுத்தப்பட்டன. அமெரிக்க நாஸா அமைப்பும், ஜெர்மன் விண்வெளி அமைப்பும் சேர்ந்து இத் திட்டத்தை மேற்கொண்டன. 500 கிலோ மீட்டர் உயரத்தில் 220 கிலோமீட்டர் இடைவெளியில் ஜோடியாகப் பறக்கும் இந்த செயற்கைக் கோள்கள் இரண்டும் பூமியை வடக்கு - தெற்காகச் சுற்றி வந்தன.

இவை இரண்டும் தொடர்ந்து பூமியின் மேற்பரப்பில் வெவ்வேறு இடங்களில் உள்ள ஈர்ப்பு சக்தியை மிகத் துல்லியமாக அளவிட்டுத் தெரிவித்து வந்தன. இந்த இரு செயற்கைக் கோள்களும் சுருக்கமாக 'GRACE (Gravity Recovery and Climate Experiment Mission)' என்று குறிப்பிடப்படுகின்றன. இந்த இரு செயற்கைக் கோள்களும் சுமார் 12 ஆண்டுகள் செயல்பட்டன.

இந்த இரு செயற்கைக்கோள்களும் இதுவரை அனுப்பிய தகவல் களிலிருந்து உலகில் இந்தியாவின் - தமிழகம் உட்பட்ட - தென்பகுதி யிலும் அதற்கு தெற்கே உள்ள கடல் பகுதியிலும் ஈர்ப்பு சக்தி மிகக் குறைவாக உள்ளது என்பது தெரியவந்துள்ளது. கனடாவின் வட பகுதியிலும் அதேபோலக் குறைவாக உள்ளது. இத்துடன் ஒப்பிட்டால் இந்தோனேசியாவில் ஈர்ப்பு சக்தி அதிகமாக உள்ளது. பசிபிக் கடலின் தென் பகுதியிலும் இது அதிகமாக உள்ளது.

நாம் பொதுவில் எடை பார்க்கும் மெஷின் நமது எடையை கிலோ கணக்கில் காட்டுகிறது. இதில் மில்லி கிராம் சுத்தமாக எடை பார்க்க முடியாது. இத்துடன் ஒப்பிட்டால் தங்கத்தை எடை போடும் நவீன தராசு மில்லி கிராம் சுத்தமாக எடை காட்டுகிறது. மில்லி கிராம் சுத்தமாக எடை காட்டும் மெஷின் இருக்குமானால் ஒருவரின் எடையானது ஈர்ப்பு சக்தியில் உள்ள வித்தியாசம் காரணமாக மதுரையில் ஒரு விதமாகவும் தில்லியில் வேறு விதமாகவும் இருக்கும்.

- 21 -

விண்வெளியில் பறக்கும் டெலஸ்கோப்

வானில் மிக மங்கலாக இருக்கின்ற ஒரு நட்சத்திரத்தை நீங்கள் எவ்வளவு நேரம் தொடர்ந்து உற்றுப் பார்த்துக்கொண்டிருந்தாலும் அது அதே அளவில் மங்கலாகத்தான் தெரியும். ஆனால் அந்த நட்சத்திரத்தைப் படமாக்க அதை நோக்கி நவீன கருவிகளை வைத்துவிட்டால் போதும். மணிக்கணக்கில் தொடர்ந்து அவை அதையே படமாக்கிக் கொண்டிருக்கும். பிறகு பார்த்தால் அந்த மங்கலான நட்சத்திரத்தின் தெளிவான படம் மட்டுமன்றி அருகில் அதுவரை தெரியாத ஒரு நட்சத்திரம் இருந்தால் அதுவும் சேர்த்து படமாக்கப்பட்டிருக்கும். இவ்வித காமிராக்களை 'ஒளி திரட்டிகள்' என்று கூறலாம்.

சிறு சொட்டாக நீர் கசிகிற இடத்தில் பல மணி நேரம் ஒரு பாத்திரத்தை வைத்திருந்தால் அதில் கணிசமான அளவு தண்ணீர் சேர்ந்திருக்கும். இக் காமிராக்கள் இம் மாதிரியில்தான் ஒளியைச் சேகரிப்பதன் மூலம் மிக மங்கலான நட்சத்திரத்தைப் படம் பிடிக்கின்றன.

இவ்விதம் நட்சத்திரங்களைப் படம் பிடிக்கிற கருவிகளுடன் கூடிய ஒரு பெரிய தொலைநோக்கியை வானில் மிக உயரத்துக்கு அனுப்பி படம் பிடித்து பூமிக்கு அனுப்பும்படிச் செய்தால் எங்கோ தொலைவில் உள்ள நட்சத்திர மண்டலங்களை அது தெளிவாகப் படம் பிடித்து அனுப்பும். அந்த நோக்கில்தான் ஹப்புள் தொலைநோக்கி 1990 ஆம் ஆண்டில் விண்வெளியில் செலுத்தப்பட்டது.

நட்சத்திரங்களையும் நட்சத்திர மண்டலங்களையும் படம் பிடிக்க எதற்கு விண்வெளிக்கு ஒரு தொலைநோக்கியை அனுப்பவேண்டும்?

அலுவலகங்களில் கண்ணாடியால் ஆன தடுப்புகள் இருப்பதை நீங்கள் பார்த்திருக்கலாம். அக் கண்ணாடி வழியே பார்த்தால் மறு புறம் இருப்பவர்களை நன்கு காண முடியும். ஆனால் இப்படியாக 20 அல்லது 30 கண்ணாடிகளை அடுத்தடுத்து நிறுத்துவதாக வைத்துக்கொண்டால்

அந்த 30 கண்ணாடிகளைத் தாண்டி நிற்பவர் தெளிவாகத் தெரியமாட்டார்.

காற்று மண்டலத்தில் உள்ள பல்வேறு வாயுக்கள், தூசு, காற்று மண்டலத்தில் ஏற்படுகிற கொந்தளிப்பு ஆகியவை காரணமாக நாம் தரையிலிருந்து தொலை நோக்கி மூலம் நட்சத்திரங்களைப் பார்த்தால் அவை நாம் விரும்புகிற அளவுக்குத் தெளிவாகத் தெரிவதில்லை. மிக மங்கலான நட்சத்திரங்கள் நன்கு தெரிய வேண்டும் என்பதற்காக பெரிய வடிவிலான லென்சுகளைப் பயன்படுத்தலாம். இதில் ஒரு பிரச்னை உள்ளது. இந்த லென்சுகள் காற்றில் உள்ள நுண்ணிய துணுக்குகளையும் அந்த அளவுக்குப் பெரிதாகக் காட்ட முற்படுகின்றன. ஓரளவுக்கு மேல் பெரிய லென்சுகளைப் பயன்படுத்த இயலாது என்ற பிரச்னையும் உள்ளது.

இந்த இடத்தில்தான் ஹப்புள் கைகொடுக்கிறது. உண்மையில் இது செயற்கைக்கோளாகும். இது சுமார் 570 கிலோ மீட்டர் உயரத்தில் இருந்தபடி பூமியைத் தொடந்து சுற்றிக்கொண்டிருக்கிறது. தொடர்ந்து விண்வெளியை ஆராய்ந்து அரிய படங்களை அனுப்பி வருகிறது. நமது பிரபஞ்சத்தின் தோற்றம் பற்றி மேலும் நன்கு புரிந்துகொள்ள ஹப்புள் தொலை நோக்கி உதவி வருகிறது.

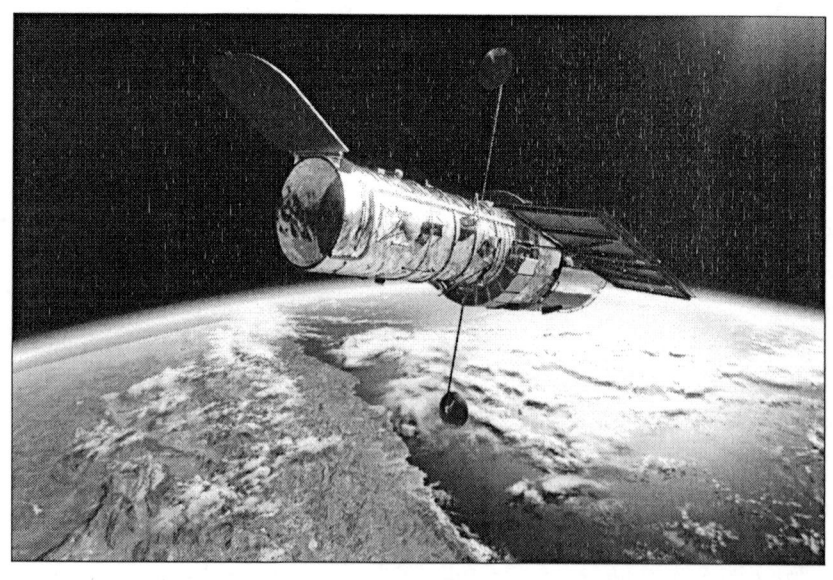

பூமிக்கு மேலே பறக்கும் ஹப்புள் டெலஸ்கோப்

ஆனால் ஹப்புளில் அவ்வப்போது சில பிரச்னைகள் முளைத்தன. அதன் சுற்றுப்பாதையை சற்று சரி செய்தாக வேண்டியிருந்தது. பழுதுபட்ட கருவிகள் பலவற்றுக்குப் பதிலாக புதிய கருவிகளைப் பொருத்த வேண்டியிருந்தது.

கடந்த காலத்தில் அமெரிக்க விண்வெளி வீரர்கள் நான்கு தடவை அமெரிக்க ஷட்டில் விண்வெளி வாகனம் மூலம் ஹப்புளுக்குச் சென்று அதை சரி செய்துவிட்டு வந்தார்கள்.

ஆனால் 2003ல் அமெரிக்காவின் கொலம்பியா ஷட்டில் வாகனம் விபத்துக்குள்ளாகி அழிந்ததற்குப் பிறகு ஹப்புளுக்கு ஷட்டிலை அனுப்புவதில்லை என முடிவு செய்யப்பட்டது. ஆகவே ஹப்புள் விரைவில் தனது சுற்றுப்பாதையில் நிலைகுலைந்து கீழே கடலில் விழுவதைத்தவிர வேறு வழியில்லை என்ற நிலை ஏற்பட்டது.

எனினும் உலகெங்கிலும் எழுந்த வேண்டுகோளைத் தொடர்ந்து 2009 ஆம் ஆண்டில் ஷட்டில் மூலம் 7 விண்வெளி வீரர்களை அனுப்பி ஹப்புளைப் பழுது பார்க்கும் வேலை மேற்கொள்ளப்பட்டது. இதன் பலனாக ஹப்புள் 2020 ஆம் ஆண்டு வரை தொடர்ந்து செயல்பட வாய்ப்பு ஏற்பட்டுள்ளது.

- 22 -
பேசுகின்ற அணுக்கள்

ஓரிடத்தில் ஆலை கட்டுவதற்காக ஆழமாகப் பள்ளம் தோண்டும்போது மிக பழைய எலும்புக்கூடு கிடைத்தால் அந்த எலும்புக்கூட்டுக்கு உரியவர் எப்போது வாழ்ந்தார் என்பதைக் கண்டுபிடிக்க முடியுமா? அந்த இடத்துக்கு அருகில் மக்கிப் போன மரத் துண்டு கிடைத்தால் அதன் வயதைக் கணக்கிட முடியுமா? இதற்கெல்லாம் வழி இருக்கிறது. இப் பொருள்களில் அடங்கிய அணுக்களைப் 'பேச வைத்தால்' வயது என்ன என்பதை அவை கூறிவிடும்.

மரத் துண்டு, தானிய மணிகள், எலும்புக்கூடு போன்றவற்றில் அடங்கிய கதிரியக்க கார்பன் அணுக்களை வைத்துத்தான் அவற்றின் வயது கண்டுபிடிக்கப்படுகிறது. கார்பன் - 14 என்ற அணுக்கள் கதிரியக்கத் தன்மை கொண்டவை. கார்பன் அணுக்களில் பெரும்பாலானவை கார்பன் -12 எனப்படும் அணுக்களே ஆகும். இவ்வகை கார்பன் அணுக்களில் 6 புரோட்டான்களும் 6 நியூட்ரான்களும் (கூட்டுத் தொகை 12 என்பதால்தான் அவற்றுக்கு கார்பன் - 12 என்று பெயர்) உள்ளன. இத்துடன் ஒப்பிட்டால் கார்பன் - 14 அணுக்களில் கூடுதலாக 2 நியூட்ரான்கள் இருக்கும். ஆகவே கார்பன் - 14 அணுக்கள் கதிரியக்கத் தன்மை பெற்றவையாகி விடுகின்றன. இவை காற்று மண்டலத்தில் உண்டாகின்றன.

விண்வெளியிலிருந்து வரும் காஸ்மிக் கதிர்கள் சுமார் 10 கிலோ மீட்டர் உயரே, ஓயாது காற்று மண்டலத்தைத் தாக்குகின்றன. இதன் விளைவாக காற்றில் உள்ள நைட்ரஜன் அணுக்கள் கார்பன்- 14 அணுக்களாக உருமாறுகின்றன.

தாவரங்கள் ஒளிச் சேர்க்கையின்போது காற்றில் உள்ள கார்பன் டையாக்சைடை (கரியமில வாயு) எடுத்துக்கொள்ளும்போது கார்பன் அணுக்களைப் பெறுகின்றன. இதில் கார்பன் -12 அணுக்களும் கார்பன் -14 அணுக்களும் அடங்கியிருக்கும். தாவரங்கள் உயிரோடு

இருக்கிற வரையில் அவற்றில் இந்த இரு கார்பன் அணுக்கள் இடையிலான விகிதாசாரம் குறிப்பிட்ட அளவில் இருக்கும்.

தாவரங்கள் மடிந்தவுடன் அவை கார்பன் அணுக்களை எடுத்துக் கொள்வது நின்றுவிடுகிறது. ஆனால் அதன் பிறகும் கார்பன் - 14 அணுக்கள் தொடர்ந்து கதிரியக்கத்தை வெளிப்படுத்தி அழிவது நீடிக்கிறது. ஆகவே மடிந்த தாவரங்களில் காலப்போக்கில் கார்பன்12 - அணுக்களுக்கும் கார்பன் - 14 அணுக்களுக்கும் இடையிலான விகிதம் மாறிக்கொண்டே இருக்கும். கார்பன் - 14 அணுக்களின் சிதையும் காலக்கணக்கு நமக்குத் தெரியும். இது 'அரை ஆயுள்' என்று குறிப்பிடப்படுகிறது.

கார்பன் - 14 அணுக்களின் அரை ஆயுள் 5730 ஆண்டுகள். அதாவது கதிரியக்க கார்பன் அணுக்களின் எண்ணிக்கை 5730 ஆண்டுகளில் பாதியாகும். மேலும் 5730 ஆண்டுகளில் மேலும் பாதியாகும். நிபுணர் களின் கணக்குப்படி 34,380 ஆண்டுகள் கழித்துப் பார்த்தால் ஆரம்பத்தில் இருந்ததில் 64 லில் ஒரு பங்கு கார்பன் - 14 அணுக்களே மிஞ்சி நிற்கும். ஆகவே மடிந்த தாவரத்தில் கார்பன் - 12 அணுக்களுக் கும் கார்பன் - 14 அணுக்களுக்கும் இடையிலான விகிதாசாரத்தை வைத்துக் கணக்கிட்டால் அது எவ்வளவு ஆண்டுகளுக்கு முன்னர் உயிரோடு இருந்தது என்பதைக் கண்டறிந்து விடலாம். இதுவே கார்பன் கணக்கீட்டு முறை (Carbon Dating) எனப்படுகிறது.

தாவரங்களில் மட்டுமன்றி, அவற்றை உண்டு வாழும் மனிதன் மற்றும் விலங்குகள், விலங்குகளை உண்ணும் பிற விலங்குகள் ஆகிய அனைத்தின் உடல்களிலும் கார்பன் - 14 அணுக்கள் இருக்கும். ஆகவே என்றோ வாழ்ந்த மனிதன் மற்றும் விலங்குகளின் எலும்பின் சிறிய சாம்பிள் கிடைத்தாலும் போதும். அதை வைத்து அவை வாழ்ந்தகாலத்தைக் கண்டுபிடித்துவிடலாம். சுமார் 40 ஆயிரம் ஆண்டுகளுக்கு முன்னர் வாழ்ந்த உயிரினத்தின் வயதையும் கணக்கிட்டு விட முடியும்.

அமெரிக்க கலிபோர்னியா பல்கலைக்கழகத்தைச் சேர்ந்த பேராசிரியர் வில்லார்ட் லிப்பி 1947ல் இந்த முறையைக் கண்டுபிடித்தார். எனினும் அவர் உருவாக்கிய முறையைக்கொண்டு 50 ஆயிரம் ஆண்டுகளுக்கு முன்பிருந்த உயிரின சாம்பிள்களின் வயதைக் கண்டறிய இயலாது. இப்போது கையாளப்படுகிற நவீன முறையைக்கொண்டு சுமார் ஒரு லட்சம் ஆண்டுகளுக்கு முன் வாழ்ந்த உயிரினங்களின் சாம்பிள்களின் வயதையும் கண்டுபிடித்துவிட முடியும்.

- 23 -

வியாழன் படுத்தும் பாடு

சூரிய மண்டலத்தில் உள்ள கிரகங்களில் வியாழன் மிகப் பெரியது. வியாழன் கிரகம் அதை நெருங்குகிற எதையும் ஆட்டிப் படைப்ப தாகும். காரணம் வடிவில் பெரியதான வியாழன் கிரகத்தின் ஈர்ப்பு சக்தி மிக அதிகம். பூமிக்கு ஒரு சந்திரன்தான் உள்ளது. வியாழனுக்கோ சமீபத்திய கணக்குப்படி 63 சந்திரன்கள். வியாழனுக்கு ஆங்கிலத்தில் ஜுபிட்டர் என்று பெயர். ரோமானியப் புராணங்களின்படி வியாழன், தேவலோகத்தின் ராஜா. இந்தியப் புராணங்களின்படி வியாழன் தேவர்களின் குரு.

வியாழன் கிரகத்தின் எடையானது சூரிய மண்டலத்தில் உள்ள இதர கிரகங்களின் மொத்த எடையைக் காட்டிலும் அதிகம். வியாழன் கிரகத்தை ஒரு பானையாகக் கருதிக்கொண்டால் அதனுள் 1300 பூமிகளைப் போட்டு நிரப்பலாம். வியாழன் அவ்வளவு பெரியது.

சூரியனிலிருந்து தொடங்கினால் வியாழன் ஐந்தாவது வட்டத்தில் உள்ளது. அந்த வகையில் அது சூரியனிலிருந்து 77 கோடி கிலோ மீட்டர் தொலைவில் உள்ளது. (சூரியனுக்கும் பூமிக்கும் உள்ள தூரம் சுமார் 15 கோடி கிலோ மீட்டர்). அதிக தூரத்தில் இருப்பதால் வியாழனிலிருந்து பார்த்தால் சூரியன், பட்டாணி அளவில் பிரகாசமான நட்சத்திரம்போலத் தான் இருக்கும். வியாழன்மீது சூரிய ஒளி பட்டால் உறைக்காது. ஆகவேதான் வியாழன் கிரகத்தில் வாயுக்கள் உறைந்து அக்கிரகம் பிரும்மாண்டமான வாயு உருண்டையாக உள்ளது.

வியாழன் கிரகம்

வியாழன் கிரகம் 'ராஜ தர்பார்' நடத்துவதாகச் சொல்லலாம். சூரிய மண்டலத்தில் வேறு எந்த கிரகத்துக்கும் இவ்வளவு சந்திரன்கள் கிடையாது. எனினும் இவற்றில் கானிமீட், காலிஸ்டோ, அயோ, யூரோப்பா ஆகிய நான்கும்தான் வடிவில் பெரியவை. வியாழனைச் சுற்றும் பெருத்த கும்பலில் 32 சந்திரன்கள் ஐந்து கிலோ மீட்டருக்கும் குறைவான குறுக்களவைக் கொண்டவையே. வியாழனின் சந்திரன்களில் பலவும் அக்கிரகத்தின் பெரும் ஈர்ப்பு சக்தியால் ஈர்க்கப்பட்டு வியாழனை சுற்றத் தொடங்கியவையாக இருக்கலாம் என்று கருதப்படுகிறது. வியாழனின் பெரும் பட்டாளத்தில் 43 சந்திரன்கள் 2000 முதல் 2003 ஆண்டு வரையிலான காலத்தில் கண்டுபிடிக்கப்பட்டவை. இவற்றில் பலவும் வியாழனை எதிர் திசையில் சுற்றுகின்றன.

வியாழனுக்கு இப் பெரும் படை போதாதென அந்தக் கிரகத்துக்குக் கட்டியம் கூறுவதுபோல வியாழனின் சுற்றுப்பாதையில் அக் கிரகத்துக்கு முன்னும் பின்னுமாக பல - அஸ்டிராய்டுகள் - குட்டிக் கிரகங்கள் உள்ளன. இவை வடிவில் மிகவும் சிறியவை. வியாழன் கிரகத்துக்கு முன்னால் அமைந்த பரிவாரத்தில் 1144 குட்டிக் கிரகங்களும் பின் தொடர்ந்து செல்கின்ற பரிவாரத்தில் 927 குட்டிக் கிரகங்களும் செல்கின்றன. வியாழனிலிருந்து அதன் முன்னே அமைந்த கூட்டதுக்கும் பின்னே அமைந்த கூட்டத்துக்கும் உள்ள தூரம் எப்போதும் மாறாமல் உள்ளது.

பல வால் நட்சத்திரங்கள் வியாழன் கிரகத்தால் அழிந்துள்ளன. அல்லது அவற்றின் சுற்றுப்பாதை மாறியுள்ளது. அடிக்கடி வந்து தலை காட்டுகிற வால் நட்சத்திரங்கள் இவ்விதம் வியாழன் கிரகத்தின் ஈர்ப்பு சக்தியால் பாதை மாறியவையே. சில வால் நட்சத்திரங்கள் இரண்டாக உடைந்து போனதுண்டு.

ஷூமேக்கர் லெவி-9 என்னும் பெயர் கொண்ட வால் நட்சத்திரம் 1994 ஆம் ஆண்டு ஜூலை மாதம் வியாழன் கிரகத்தில் மோதி அழிந்தது. இது படமாக்கப்பட்டு உலகெங்கிலும் தொலைக்காட்சி மூலம் காட்டப்பட்டது. இந்த வால் நட்சத்திரம் அதற்கு முன்னர் 1992 ஆம் ஆண்டில் வியாழனின் ஈர்ப்பு சக்தி காரணமாக பல துண்டுகளாக உடைந்தது என்றும் அந்தத் துண்டுகளே பின்னர் இவ்விதம் வியாழனில் விழுந்தது என்றும் நிபுணர்கள் கூறுகின்றனர்.

வியாழன் கிரகத்தை ஆராய்வதற்காக 1989ஆம் ஆண்டில் நாஸா அனுப்பிய கலிலியோ விண்கலம் 1995ல் வியாழனை அடைந்தது. பல ஆண்டுக்காலம் ஆராய்ந்தது 2003ல் கலிலியோவின் ஆயுள் முடிந்தது.

- 24 -
வித்தியாசமான ஒரு கிரகணம்

வானவியல் ஆர்வலர்கள் தவிர, மற்றபடி யாரும் பெரிதாக அக்கறை எடுத்துக்கொள்ளாத விசித்திரமான சூரிய கிரகணம் 2006 ஆம் ஆண்டு நவம்பர் 8ம் தேதி நிகழ்ந்தது. இந்த கிரகணத்தின்போது சூரியன் மறைக்கப்படவில்லைதான். ஆனால் திருஷ்டிப் பொட்டு வைத்தது போல சூரியனின் ஒளித்தட்டில் கரிய புள்ளி ஒன்று, ஒரு புறத்திலிருந்து மறு புறத்துக்கு நகர்ந்து சென்றது. இது இந்தியாவில் தெரியவில்லை. இது ஆஸ்திரேலியா, நியூசிலாந்து, வட அமெரிக்கா, தென் அமெரிக்கா முதலிய இடங்களில் தெரிந்தது.

சூரிய கிரகணம் நமக்குத் தெரியும். ஆனால் சூரிய கிரகணத்தில் மூன்று வகை உள்ளது என்பது பலருக்கும் தெரியாத விஷயம். நாம் அறிந்த வழக்கமான சூரிய கிரகணத்தின்போது பூமிக்கும் சூரியனுக்கும் நடுவே சந்திரன் வந்து நிற்கும். இதன் காரண மாக சூரியனின் ஒளித்தட்டு மறைக்கப்படுகிறது.

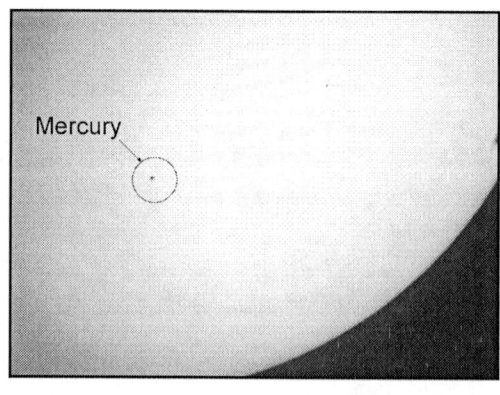

சூரிய ஒளித்தட்டில் சிறிய கரும்புள்ளியாகத் தெரியும் புதன் கிரகம்

அமாவாசையன்றுதான் சந்திரன் இவ்விதம் குறுக்கே நிற்கிறது. நம் பார்வையில் சூரியனின் ஒளித்தட்டும் சந்திர வட்டமும் ஒரே அளவில் இருப்பதால் சில சமயங்களில் சூரியன் முற்றிலுமாக மறைக்கப் பட்டு முழு சூரிய கிரகணம் நிகழும்.

இனி அடுத்ததாக, வேறு இரு சூரிய

[70]

கிரகணங்களை கவனிப்போம். சூரியனுக்கும் பூமிக்கும் நடுவே சந்திரன் ஒன்றுதான் குறுக்கே நிற்க வேண்டும் என்பதில்லை. புதன் கிரகமும் இவ்விதம் குறுக்கே வந்து நிற்கலாம். வெள்ளி (சுக்கிரன்) கிரகமும் இவ்விதம் குறுக்கே வந்து நிற்கலாம். ஆனாலும் இந்த இரண்டில் எது வந்து குறுக்கே நின்றாலும் அவை சூரிய ஒளித்தட்டை முழுமையாக மறைக்காது. அவை இரண்டும் வடிவில் சந்திரனை விடப் பெரியவைதான். ஆனாலும் சந்திரனுடன் ஒப்பிடுகையில் அந்த இரு கிரகங்களும் பூமியிலிருந்து தொலைவில் உள்ளன.

நீங்கள் டிவி பார்த்துக்கொண்டிருக்கும்போது கண் அருகே விரலை வைத்துக்கொண்டால் டிவி திரை முழுவதுமாக மறைக்கப்படும். ஆனால் ஒரு வண்டு டிவி திரைக்கு அருகே பறந்து சென்றால் டிவி திரை மறைக்கப்படமாட்டாது. அந்த வண்டு ஒரு கரும் புள்ளிபோலத் தெரியும் என்பதுபோலத்தான் இதுவும்.

புதன் கிரகமும் வெள்ளி கிரகமும் சூரியனுக்கும் பூமிக்கும் குறுக்கே வந்து நிற்பது ஒரு வகையில் கிரகணம்தான் என்றாலும் அதை கிரகணம் என்று சொல்வதில்லை. மாறாக வானவியலார் இதை புதன் கடப்பு அல்லது வெள்ளி கடப்பு (Transit of Mercury or Venus) என்றே வர்ணிக்கின்றனர்.

நவம்பர் 8ம் தேதியன்று இந்தியாவில் இரவாக இருந்த சமயத்தில் புதன் கிரகம் சூரிய ஒளித்தட்டைக் கடந்து சென்றது. புதனும் வெள்ளியும் எவ்விதம் இவ்விதம் குறுக்கே வருகின்றன என்று கேட்கலாம்.

சூரிய மண்டலத்தில் மற்ற எல்லா கிரகங்களைக் காட்டிலும் புதன் கிரகம்தான் சூரியனுக்கு மிக அருகாமையில் உள்ளது. புதனுக்கு அடுத்தபடியாக இரண்டாவது வட்டத்தில் வெள்ளி அமைந்துள்ளது. மூன்றாவது வட்டத்தில் பூமி உள்ளது. ஆகவே புதனும் வெள்ளியும் சூரியனுக்கும் பூமிக்கும் நடுவே அமைந்துள்ளன. ஆனால் சூரியன் - புதன் - பூமி ஆகிய மூன்றும் ஒரே நேர்கோட்டில் அமைந்திருந்தால் தான் சூரிய ஒளித்தட்டில் புதன் கருப்புப் புள்ளியாகத் தெரியும். நூறு ஆண்டுகளில் இவை மூன்றும் 13 தடவை இவ்விதம் நேர் கோட்டில் அமையும்.

சூரியன் - வெள்ளி - பூமி ஆகிய மூன்றும் இவ்விதம் ஒரே நேர்கோட்டில் இருக்கும்போது வெள்ளி கடப்பு நிகழ்கிறது. இது ஒரு நூற்றாண்டில் இருமுறை நிகழ்கிறது. இதற்கு முன்னர் வெள்ளி கடப்பு 2004 ஜூன் 8ம் தேதி நிகழ்ந்தது. அடுத்தபடியாக இது 2012 ஜூன் 6ம் தேதி நிகழ்ந்தது.

- 25 -
கடலுக்கு அடியில் ராக்கெட் தளம்

ஜூலஸ் வெர்ன் (1828—1905) பிரபல பிரெஞ்சு எழுத்தாளர். விஞ்ஞானக் கற்பனைக் கதைகளை எழுதுவதில் வல்லவர். அவர் எழுதிய நாவல்கள் உலகெங்கிலும் 148 மொழிகளில் மொழி பெயர்க்கப் பட்டுள்ளன. வெர்ன் எழுதிய பிரபல நாவல்களில் ஒன்று, 'கடலுக்கு அடியில் 60 ஆயிரம் மைல்' (Twenty Thousand Leagues Under the Sea) என்பதாகும்.

நாடிலஸ் என்னும் பெயர் கொண்ட கற்பனையான ஒரு நீர்மூழ்கிக் கப்பல் அதாவது சப்மரீன், கடலுக்கு அடியில் பயணம் செய்தபடி புரியும் சாகசங்களை எந்த நாவல் விவரிக்கிறது. பள்ளி மாணவர்கள் பலரும் இந்த நாவலின் சுருக்கமான கதையைப் படித்திருக்கலாம்.

ஜூலஸ் வெர்ன் 1870ஆம் ஆண்டில் இந்த நாவலைப் பிரசுரித்த சமயத்தில் உலகில் உருப்படியான சப்மரீன் எதுவும் இருக்கவில்லை. ஆனால் வெர்ன் எழுதிய நாவலில் இடம் பெற்ற நாடிலஸ் சப்மரீன் கடலில் 60 ஆயிரம் மைல் பயணம் செய்ததாக வர்ணிக்கப்பட்டது.

பல சமயங்களில் நாவலாசிரியர்களின் கற்பனைகள் பின்னர் நிஜமாவது உண்டு. அமெரிக்கா உருவாக்கிய அணுசக்தி நீர்மூழ்கிக் கப்பலான நாடிலஸ் அதற்கு உதாரணம். 1955 ஆம் ஆண்டில் செயலில் ஈடுபடுத்தப் பட்ட அமெரிக்க நாடிலஸ் அணுசக்தி சப்மரீன் 1979 ஆம் ஆண்டில் ஓய்வு பெற்றதுவரை கடலில் 3 லட்சம் மைல் பயணம் செய்து சாதனை படைத்தது.

அணுசக்தியால் இயங்கும் சப்மரீன்கள் உருவாக்கப்பட்டதற்கு ஒரு பின்னணி உண்டு. இரண்டாம் உலகப் போர் (1939 - 1945) முடிந்த உடனேயே அமெரிக்கா - ரஷியா (அப்போதைய சோவியத் யூனியன்) இடையே கடும் விரோதப் போக்கு உருவானது. ஒன்றை ஒன்று அழிப்பதற்கு அவை சக்தி மிக்க ஆயுதங்களை உருவாக்குவதில் ஈடுபட்டன. முதலில் அவை அணுகுண்டுகளையும் அவற்றைவிட

சக்திமிக்க ஹைட்ரஜன் குண்டுகளையும் தயாரித்தன. இவற்றைச் சுமந்து செல்ல முதலில் நீண்டதூர குண்டு வீச்சு விமானங்களை அவை தயாரித்தன. அடுத்து இக் குண்டுகளை சுமந்தபடி பல ஆயிரம் கிலோ மீட்டர் தூரம் பறந்து செல்கின்ற சக்தி மிக்க ஏவுகணைகளை உருவாக்கின.

அமெரிக்கா - ரஷியா இரண்டுமே விண்வெளியில் போட்டா போட்டியில் ஈடுபட்டு விண்ணிலிருந்து செயற்கைக்கோள்கள் மூலம் பரஸ்பரம் வேவு பார்க்க முற்பட்டன. இதைத் தொடர்ந்து அமெரிக்க ஏவுகணைத் தளங்களை ரஷியாவும், ரஷிய ஏவுகணைத் தளங்களை அமெரிக்காவும் உன்னிப்பாகக் கண்காணிக்கத் தொடங்கின.

அணு ஆயுத ஏவுகணைகள் நிரந்தரமாக ஓரிடத்தில் நிறுத்தப்படுபவை. எதிரி நாட்டுக்குத் தெரியாதபடி இருக்க அவற்றை வாரத்துக்கு ஒரு முறை இடம் மாற்றிக்கொண்டிருக்க முடியாது. எனினும் ஏவுகணைகள் இருக்கும் இடம் தெரியாமல் இருக்கும்படிச் செய்ய அணுசக்தி சப்மரீன்கள் கைகொடுத்தன,

பொதுவில் அணுசக்தி சப்மரீன்கள் அனைத்துமே அணுஆயுத ஏவுகணைகள் பொருத்தப்பட்டவை. இவை வெளியே தலை காட்டாமல் கடலுக்கு அடியில் பல ஆயிரம் கிலோ மீட்டர் செல்லக்கூடியவை. உலகின் எந்த மூலைக்கும் செல்லக்கூடியவை. ஒரு நாட்டிடம் இவ்வகை சப்மரீன்கள் இருக்குமானால் எதிரி நாடு அச்சப்படும்.

அணுசக்தியால் இயங்கும் சப்மரீனில் மட்டும் போதிய உணவு இருக்கு மானால் அது வெளியே தலை காட்டாமல் மாதக் கணக்கில் நீருக்கு அடியில் நடமாடிக் கொண்டிருக்க முடியும். குடி நீருக்குப் பிரச்னை இல்லை. அமெரிக்காவின் டிரைட்டான் என்ற அணுசக்தி சப்மரீன் 1960 ஆம் ஆண்டில் நீருக்குள் மூழ்கியபடி உலகை ஒருமுறை சுற்றி வந்தது. இவ்வித அணுசக்தி சப்மரீன்களில் பல ஆயிரம் கிலோ மீட்டர் தூரம் பறந்து சென்று எதிரி நாட்டைத் தாக்கும் திறன் கொண்ட ஏவுகணைகள் பொருத்தப்படுகின்றன.

அணுசக்தி சப்மரீன் ஒன்றில் 24 ஏவுகணைகள் இடம் பெற்றிருக்கலாம். இந்த ஏவுகணை ஒவ்வொன்றின் முகப்பிலும் குறைந்தது 8 அணுகுண்டு கள் இடம் பெற்றிருக்கும். ஏவுகணை ஒன்று உயரே சென்றதும் அதில் உள்ள 8 அணுகுண்டுகளும் தனித்தனியே பிரிந்து வெவ்வேறு இடங்களில் உள்ள இலக்குகளைத் தாக்கும்.

அணுசக்தி சப்மரீன் ஒன்றிலிருந்து அனேகமாக உலகில் உள்ள எந்த ஒரு நாட்டின் மீதும் அணுகுண்டு பொருத்தப்பட்ட ஏவுகணையைச்

செலுத்த முடியும். எட்ட முடியாத இலக்கு என எதுவுமே இல்லை என்று சொல்லலாம். அந்த வகையில் அணு ஆயுதங்களைக் கொண்ட அணுசக்தி சப்மரீனை சர்வ வல்லமை படைத்த போர்ச் சாதனம் என்று சொல்லலாம்.

அமெரிக்காவின் டிரைட்டான் அணுசக்தி சப்மரீன்

உலகில் அமெரிக்கா, ரஷியா, பிரிட்டன், பிரான்ஸ் ஆகிய நாடுகளிடம் இவ்வகை சப்மரீன்கள் உள்ளன. சீனாவிடம் ஓரளவு திறன் படைத்த அணுசக்தி சப்மரீன்கள் உள்ளன. இந்தியா இப்போது இவ்வித சப்மரீனை உருவாக்கிக் கொண்டுள்ளது.

- 26 -

கடல்கள் வற்றிப் போகுமா?

பூமியின் சராசரி வெப்பம் சில காரணங்களால் அதிகரித்து வருவதாகவும் இதன் விளைவாக அண்டார்டிகா உட்பட வட, தென் துருவங்களில் பனிக்கட்டிப் பாளங்கள் உருக ஆரம்பித்துக் கடல் மட்டம் உயருகிற ஆபத்து உள்ளதாகவும் அவ்வப்போது பயமுறுத்தும் எச்சரிக்கைகள் வெளியாகி வருகின்றன.

மாறாக, பூமியின் சராசரி வெப்பம் பல டிகிரி குறைந்தால் என்ன ஆகும்? வட, தென் துருவங்களில் பனிப் பாளங்கள் அதிகரிக்கும். வட அமெரிக்கக் கண்டத்தின் வட பகுதி - கனடா நாடு அமைந்துள்ள பிராந்தியம் - உறை பனியால் மூடப்படும். இங்கிலாந்தின் வட பகுதியும் இதேபோல பனிக்கட்டியால் மூடப்படும்.

நார்வே, ஸ்வீடன், டென்மார்க், லாட்வியா, லிதுவேனியா என ஐரோப்பாவின் வட பகுதியில் உள்ள நாடுகள் இராது. அவை அனைத்தும் பனிக்கட்டிப் பாறைகளின் அடியில் சிக்கியதாகிவிடும். தென் அமெரிக்கா வின் தென் பகுதியும் பனிக்கட்டியால் மூடப்பட்டதாகி விடும். இப்படியெல்லாம் நடக்க வாய்ப்பு உள்ளதா என்று நீங்கள் வியக்கத் தேவையில்லை. ஏற்கெனவே இப்படிப் பல தடவை நடந்துள்ளது.

கி.மு 8000 வாக்கில் மேற்சொன்ன நார்வே, ஸ்வீடன் முதலான நாடுகள் இருக்கவில்லை. கனடாவும் அப்படித்தான். அவை- யெல்லாம் மேலே விவரிக்கப்பட்ட வகையில் பனிக்கட்டியால் மூடப்பட்டவையாகத் தான் இருந்தன. இவ்விதம் உலகில் குறிப்பாக வட பகுதிகளில் பெரும்பாலானவை பனிக்கட்டியால் மூடப் பட்டிருந்த காலம் பனி யுகம் (Ice Age) என்று குறிப்பிடப்படுகிறது.

பூமியில் பனியுகம் கடந்த காலத்தில் அடிக்கடி ஏற்பட்டுள்ளது. பனியுகம் தோன்றும். பிறகு பெரும் பிராந்தியங்களில் பனிக்கட்டிகள்

பின்வாங்கி அவை மனித வாழ்க்கைக்கு ஏற்றவையாகிவிடும். கடைசி பனியுகம் அகன்று 10,000 ஆண்டுகள் ஆகின்றன. சுமார் 18 ஆயிரம் ஆண்டுகளுக்கு முன்னர் பனி யுகம் உச்ச கட்டத்தில் இருந்தபோது கடல் மட்டம் இப்போது உள்ளதைவிட 80 மீட்டர் குறைவாக இருந்தது. அதாவது பனியுகம் உச்ச கட்டத்தை எட்டும் போது கடல்கள் வற்றுகின்றன. இவ்விதம் கடல் மட்டம் குறையும் போது அதுவரை கடல் நீரில் மூழ்கியிருந்த பல பகுதிகள் வெளியே தலை நீட்டும். ஆங்காங்கு புதிய தீவுகள் முளைக்கும். சில இடங்களில் தீவுகள் அருகே உள்ள நிலப்பகுதியுடன் இணைந்தவையாகி விடும்.

சுமார் 230 கோடி ஆண்டுகளுக்கு முன்னர் தொடங்கி இதுவரை 6 தடவைகள் பனியுகங்கள் தோன்றி அகன்றுள்ளன. கடைசியாக ஏற்பட்ட பனியுகம் 80,000 ஆண்டுகள் நீடித்தது. ஆனாலும் இந்த நீண்ட காலத்தில் இடையிடையே நான்கு தடவை பனி யுகம் தணிந்த காலங்கள் உண்டு. இது 'பனி தணிந்த காலம்' என்று வர்ணிக்கப்படுகிறது.

கடைசி பனி யுகம் அகன்ற பிறகும் உலகில் வெப்ப - குளிர் நிலை ஒரே சீராக இருந்து வருவதாகச் சொல்ல முடியாது. ரோமானிய சாம்ராஜ்ய காலத்தில் உலகில் சராசரி வெப்ப நிலை இப்போது உள்ளதைவிட சற்றே அதிகமாகத்தான் இருந்தது.

அதன் பின்னர் கி.பி 400 முதல் 800 வரையிலான காலத்தில் பனி யுகம் சற்றே தலை காட்டியது. பிறகு வெப்ப உயர்வுக் காலம் தோன்றி அது

கி.பி. 1200வரை நீடித்தது. பிறகு குட்டிப் பனி யுகம் என்று சொல்லப் படுகிற கால கட்டத்தில் கிரீன்லாந்தில் இருந்த குடியேற்றங்கள் அழிந்தன. 1780 க்குப் பிறகு வெப்பம் அதிகரிக்கலாயிற்று.

கடந்த காலத்தில் கடும் பனி யுகம் நிலவிய காலத்திலும் சரி, பூமி முழுவதும் பனிக்கட்டியால் மூடப்பட்டிருந்ததாகச் சொல்ல முடியாது. பூமியின் மையக் கோட்டை ஒட்டிய பிராந்தியங்கள் பனிக்கட்டியால் மூடப்பட்டது கிடையாது.

இப்போது அண்டார்டிகா கண்டம் பல கிலோ மீட்டர் ஆழத்துக்கு பனிப் பாளங்களால் மூடப்பட்டுள்ளது. வடக்கே கிரீன்லாந்தும் அப்படித்தான். வட துருவத்தின் ஆர்ட்டிக் கடல் பனிக்கட்டியால் மூடப்பட்டிருந்தாலும் இது மிதக்கும் பனிக்கட்டிகளாக உள்ளதே தவிர கனத்த பனிக்கட்டிப் பாளங்களாக இல்லை.

சூரியனை பூமி சுற்றுகிற பாதையிலான சிறு மாற்றம், பூமியின் சாய்மானத்திலான மாற்றம், சூரியனிலிருந்து பூமி பெறுகிற வெப்ப அளவிலான மாற்றம் என பனி யுகம் அவ்வப்போது தலைகாட்டு வதற்குப் பல காரணங்கள் கூறப்பட்டாலும் திட்டவட்டமான காரணங்கள் தெரியவில்லை.

- 27 -

கலப்படமே சிறந்தது!

பொதுவில் கலப்படம் செய்யப்பட்ட பொருளை யாரும் விரும்ப மாட்டார்கள். ஆனால் உலோகத் துறையில் தெரிந்தே கலப்படம் - கலப்பு - செய்யப்படுகிறது. குறிப்பிட்ட உலோகத்துக்கு சிறந்த, விரும்பத்தக்க பண்புகளை அளிக்க விரும்புவதே இதற்குக் காரணம். ஓர் உலோகத்துடன் வேறு உலோகத்தைச் சேர்ப்பதைக் கலப்படம் என வர்ணிக்க முடியாது என்றாலும் அவ்விதம் உருவாக்கப்படுகிற உலோகம் கலப்புச் செய்யப்பட்டதேயாகும். இப்படியான உலோகம் கலப்பு உலோகம் (Alloy) என்றே வர்ணிக்கப்படுகிறது.

கடந்த பல ஆண்டுகளில் எண்ணற்ற கலப்பு உலோகங்கள் உருவாக்கப் பட்டுள்ளதன் பலனாக மனித வாழ்க்கை எவ்வளவோ முன்னேறியுள்ளது. இவ்விதக் கலப்பு உலோகங்கள் இன்றேல் செயற்கைக்கோள், நவீன ராக்கெட், அணு உலைகள், கம்ப்யூட்டர் ஆகியவை சாத்தியமாகி இருக்காது.

மனிதன் மிக நீண்டகாலமாக அறியப்பட்ட கலப்பு உலோகம் பித்தளையும், வெண்கலமும் ஆகும். பித்தளை என்பது தனி உலோகம் அல்ல. தாமிரத்துடன் துத்தநாகத்தைச் சேர்ப்பதன் மூலம் பித்தளை தயாரிக்கப்படுகிறது. பித்தளையில் ஒரு பித்தளை அல்ல, பல நூறு பித்தளைகள் உள்ளன.

வெண்கலம் என்ற கலப்பு உலோகமானது தாமிரத்துடன் ஈயத்தைச் சேர்ப்பதன் மூலம் உருவாக்கப்படுவதாகும். வெண்கலத்திலும் பல வகையான வெண்கலங்கள் உள்ளன. பீரங்கி வெண்கலம் என்பது தாமிரத்துடன் ஈயம் மட்டுமன்றி துத்தநாகம் போன்றவையும் சேர்க்கப் பட்டதாகும். ஆரம்ப நாட்களில் பீரங்கிகள் இவ்வித உலோகத்தான் செய்யப்பட்டதால் அதற்கு இப் பெயர்.

எவர்சில்வர் எனப்படும் ஸ்டெயின்லஸ் ஸ்டீல், பிரதானமாக உருக்கையும் குரோமியத்தையும் சேர்த்து தயாரிக்கப்படுவதாகும். நிக்கலும் சேர்க்கப்படுவது உண்டு. சில சமயங்களில் கலப்பு

எவ்வளவு என்று குறிப்பிடுவது உண்டு. உதாரணமாக 18/10 ஸ்டெயின்லஸ் ஸ்டீல் என்றால் இதில் 18 சதவிகித அளவுக்கு குரோமியமும் 10 சதவிகித அளவுக்கு நிக்கலும் கலந்துள்ளது என்று அர்த்தம். இன்று எண்ணற்ற வகைகளில் எவர்சில்வர் உள்ளது.

ஜெர்மன் சில்வர் என்று சொல்லக் கேள்விப்பட்டிருக்கலாம். இதில் வெள்ளியே கிடையாது. இந்த கலப்பு உலோகம் தாமிரம், நிக்கல், துத்தநாகம் ஆகிய மூன்று உலோகங்களையும் சேர்த்து தயாரிக்கப்படுவதாகும்.

உருக்கு (Steel) என்பதே ஒரு வகையில் கலப்பு உலோகமாகும். இது ஒருபுறம் இருக்க, உருக்கில் பலவகையான உருக்குகள் உள்ளன. இவை அனைத்தும் கலப்பு உலோகங்களே. இவற்றில் சிலவகை உருக்குகள் விண்வெளி யுகம் தோன்றிய பிறகு ராக்கெட்டுகளில் பயன்படுத்துவதற் காக உருவாக்கப்பட்டவை. மாராஜிங் ஸ்டீல் இவற்றில் ஒன்றாகும்.

அலுமினியத்திலும் பல வகை கலப்பு உலோகங்கள் உள்ளன. மற்ற பல கலப்பு உலோகங்களைப்போலவே அலுமினியக் கலப்பு உலோகங்கள், எண்களைக் கொண்டு குறிப்பிடப்படுகின்றன. விமானத்தின் உடல் பகுதியைத் தயாரிக்கப் பயன்படுத்தப்படும் கலப்பு அலுமினியமும் எண் கொண்டு குறிப்பிடப்படுகிறது. மிக சுத்தமான அலுமினியத்துடன் தாமிரம், சிலிக்கன், மக்னீஷியம், குரோமியம் ஆகியவற்றை சிறிதளவு சேர்த்து இந்த கலப்பு உலோகம் தயாரிக்கப்படுகிறது.

அதே சமயத்தில் மிகச் சுத்தமான உலோகங்களைத் தயாரிக்க வேண்டிய அவசியமும் ஏற்பட்டுள்ளது. உதாரணமாக ஜிர்கோனியம் என்ற உலோகத்தை முதலில் சிறிதுகூட பிற உலோகக் கலப்பு இல்லாத உலோகமாகத் தயாரித்து அதனுடன் குறிப்பிட்ட சில உலோகங்களை மிகச் சிறு அளவில் சேர்த்து குழல்களைத் தயாரிக்கின்றனர். அணுசக்திப் பொருள்கள் இக் குழல்களில் நிரப்பப்பட்டு அணு உலைகளுக்குள் இறக்கப்படுகின்றன. இந்த ஜிர்கோனியத்தில் சிறிதுகூட ஹாப்னியம் உலோகக் கலப்பு இல்லாதபடி பார்த்துக்கொள்ள வேண்டியுள்ளது. ஹாப்னியம் நியூட்ரான்களை விழுங்கக்கூடியதாகும். ஆகவே சிறிதளவு ஹாப்னியம் இருந்தாலும் தொடர் அணுப் பிளப்பு நிகழாது. அதாவது அணு உலை இயங்காது போய்விடும்.

உலோகங்களுடன் உலோகத்தை மட்டுமே சேர்ப்பதாகச் சொல்ல முடியாது. உலோகத்துடன் உலோகமல்லாத கார்பன் போன்ற பொருளும் சேர்ப்பது உண்டு. உருக்கு என்பதே சிறிதளவு கார்பன் கலந்ததாகும். டங்க்ஸ்டன் என்ற உலோகம் உண்டு. இந்த

உலோகத்துடன் கார்பனைச் சேர்த்து டங்க்ஸ்டன் கார்பைடுகள் தயாரிக்கப்படுகின்றன. இப்படித் தயாரிக்கப்படுகிற டங்க்ஸ்டன் கார்பைடு மிக உறுதியானதாகும்.

புதுப் புது தேவைகள் காரணமாக உலகில் கலப்பு உலோகங்களின் எண்ணிக்கை அதிகரித்துக்கொண்டே போகிறது. பல கலப்பு உலோகங்களின் தயாரிப்பு விவரம் இவற்றை உருவாக்கிய நாடுகளால் மிக ரகசியமாக வைத்துக்கொள்ளப்படுகின்றன. ராக்கெட் தயாரிப்பு, விண்கலத் தயாரிப்பு, விசேஷ வகை ஆயுதங்கள் ஆகியவற்றில் விசேஷ கலப்பு உலோகங்கள் பயன்படுத்தப்படுவதே இதற்குக் காரணம்.

- 28 -

அணுக்களின் 'அரை ஆயுள்'

சுமார் 4200 ஆண்டுகளுக்கு முந்தைய ஏராளமான தங்க நகைகள் ஐரோப்பாவில் பல்கேரியா நாட்டில் டபேனே என்னுமிடத்தில் கடந்த ஆண்டில் ஒரு கல்லறையில் கண்டுபிடிக்கப்பட்டன. இவை அழிவின்றி பளபள என்று இருந்தன. தங்கம் மட்டுமன்றி கார்பன், ஆக்சிஜன் ஆகியவையும் - அவை பிற பொருள்களுடன் அவ்வப்போது சேர்ந்து கொண்டாலும் சரி - அழிவற்றவையே. அவற்றுக்கு 'நித்திய ஆயுசு'. ஆனால் யுரேனியம், ரேடியம், தோரியம் போன்ற கதிரியக்கப் பொருள்களுக்கோ 'அரைஆயுசு'.

ரேடியக் கட்டி ஒன்றை பாதுகாப்பான பெட்டியில் போட்டு பூட்டி வைத்துவிட்டு 1620 ஆண்டுகள் கழித்துப் பார்த்தால் அதில் பாதிதான் ரேடியமாக இருக்கும். மீதிப் பாதி வேறு பொருள்களாக மாறிவிட்டிருக்கும். இப்படி இவை பாதிப் பாதியாக அழிவதால் இவை 'அரை ஆயுள்' கொண்டவை என வர்ணிக்கப்படுகின்றன. இங்கே குறிப்பிடப்படும் ரேடியத்தின் 'அரை ஆயுள்' 1620 ஆண்டுகளாகும்.

அணுவை ஆராய்ந்த மாபெரும் விஞ்ஞானி ரூதர்போர்ட் 1900 ஆம் ஆண்டு வாக்கில் முதன் முதலில் இதைக் கண்டுபிடித்துச் சொன்னார். அவர் ஆராய்ந்த ஒருகதிரியக்கப் பொருளின் அரை ஆயுள் 54 வினாடி.

இது ஒரு புறம் இருக்க, ரேடியக் கட்டி ஒன்றின் அரை ஆயுள் கணக்கு எப்படி செயல்படும்? 400 கிராம் சுத்த ரேடியம் கட்டி ஒன்று இருப்பதாக

கதிரியக்கப் பொருள்களுக்கு அரை ஆயுள் உள்ளது என்று கண்டுபிடித்த விஞ்ஞானி ரூதர்போர்ட்

வைத்துக்கொள்வோம். சுமார் 1620 ஆண்டுகள் கழித்து அக் கட்டியில் 200 கிராம் அளவுக்குத்தான் ரேடியம் இருக்கும். மீதிப் பாதி வேறு பொருள்களாக மாறிவிட்டிருக்கும். மேலும் 1620 ஆண்டுகள் கழித்து 100 கிராம் ரேடியம்தான் இருக்கும். இப்படியே கணக்கிட்டு போகலாம். பல்லாயிரம் ஆண்டுகளுக்குப் பிறகு ஒரு கட்டத்தில் ஒரு கிராம் ரேடியம் தான் இருக்கும். பிறகு அரை கிராம், கால் கிராம். அதன் பின்னர் நாம், மைக்ரோ கிராம் அல்லது நானோ கிராமில் (ஒரு கிராமில் நூறு கோடியில் ஒரு பங்கு) கணக்கிட வேண்டியிருக்கும். அதாவது குறிப்பிட்ட கட்டத்தில் 200 ரேடியம் அணுக்கள் மிஞ்சி இருக்கலாம். இதில் பாதி அழிய, 1620 ஆண்டுகள் ஆகும். பிறகு ஒரு கட்டத்தில் எட்டு ரேடிய அணுக்கள் மிஞ்சி நின்றால் அதில் நான்கு அணுக்கள்அழிய, மேலும் 1620 ஆண்டுகள் ஆகும். இதற்குள் பல ஆயிரம் ஆண்டுகள் ஓடிவிடும். ஆகவே ரேடியம் ஓயாது 'செத்து' கொண்டிருக்கும். ஆனாலும் அது 'உயிருடனும்' இருக்கும்.

எனினும் நாம் இதுவரை கவனித்த ரேடியம் 450 கோடி ஆண்டுகளுக்கு முன்னர் பூமி தோன்றியபோது உண்டானது அல்ல. இந்த ரேடியம், யுரேனியம் 238 எனப்படும் யுரேனிய அணுக்கள் (ரேடியம்போலவே) சிதையும்போது உண்டாவதாகும்.

கதிரியக்க அணுக்கள் ஓயாது சிதையும்போது ஒவ்வொரு கட்டத்திலும் அவை உருமாறுகின்றன. இந்த உருமாற்றத்தின்போது அவை வெவ்வேறு மூலகங்களாக வடிவெடுக்கின்றன. எந்த ஒரு யுரேனியக் கட்டியிலும் யுரேனியம் 235 என்ற வகை அணுக்களும் இருக்கின்றன. இவையும் கதிரியக்கத் தன்மை கொண்டவை என்பதால் இவையும் அழிகின்றன. இந்த அணுக்கள் இவ்விதம் சிதையும்போது அதன் சந்ததியிலும் ரேடியும் உண்டாகிறது. ரேடியம் - 223 எனப்படும் அதன் அரை ஆயுள் 11 நாட்களே.

ரேடியத்தைப்போலவே யுரேனியம் - 238 மற்றும் யுரேனியம் - 235 அணுக்களுக்கும் 'அரை ஆயுள்' உண்டு. யுரேனியம் - 238 அணுக்களின் அரை ஆயுள் 446 கோடி ஆண்டுகள். யுரேனியம் - 235 அணுக்களின் அரை ஆயுள் 70 கோடி ஆண்டுகள். நீண்ட ஆயுளைக் கொண்டுள்ள காரணத்தால் யுரேனியம் இன்னமும் பூமியில் கணிசமான அளவில் கிடைக்கிறது.

பல்வேறு பணிகளுக்காக விஞ்ஞானிகள், அணு உலைகளில் பல்வேறான 'அரை ஆயுள்' கொண்ட செயற்கை கதிரியக்கப் பொருள்களை உண்டாக்கிக் கொண்டிருக்கிறார்கள்.

- 29 -

காணாமல் போன மூலகங்கள்

பள்ளிக்கூட, அல்லது அலுவலக ஆஜர் பட்டியல்போல மூலகங்களுக்கும் (Elements) ஒரு பட்டியல் இருக்கிறது. பள்ளிப் பாடப் புத்தகங்களில் இப் பட்டியலைக் (Periodic Table) காணலாம். அதில் பார்த்தால் 100 க்கும் மேற்பட்ட மூலகங்கள் காணப்படும். மையக் கருவில் உள்ள புரோட்டான்களின் எண்ணிக்கையின்படி மூலகங்கள் இப் பட்டியலில் இடமிருந்து வலமாக வரிசைப்படுத்தப்பட்டிருக்கும்.

அதே நேரத்தில் பண்புகளுக்கு ஏற்ப இவை மேலிருந்து கீழாக வரிசைப் படுத்தப்பட்டிருக்கும். ஏதோ தாயக்கட்டம் போன்று காணப்படுகிற இப் பட்டியலில் தாமிரம், இரும்பு, தங்கம், வெள்ளி என ஒவ்வொரு மூலகத்துக்கும் தனி இடம் உண்டு. இந்தப் பட்டியலைப் பார்த்து எந்தெந்த மூலகம் எந்த வர்க்கத்தைச் சேர்ந்தது என்று கூறிவிடலாம். அந்த அளவில் அதை வர்க்கப் பட்டியல் என்றும் குறிப்பிடலாம்.

ரஷியாவில் பள்ளிக்கூட வாத்தியாராக இருந்து பின்னர் மேதையாகிய விஞ்ஞானி மெண்டலீவ்தான் முதன் முதலில் மூலகங்களின் பட்டியலை முறையாக உருவாக்கினார். அவர் அத்துடன் நில்லாமல் அதுவரை கண்டுபிடிக்கப்படாத மூலகங்களைக் குறிப்பிட்டு அவை ஒவ்வொன்றும் குறிப்பிட்ட பண்புகளைப் பெற்றதாக இருக்கும் என்று 'ஜோசியம்' கூறினார்.

பல ஆண்டுகளுக்குப் பின்னர் புதிதாகப் பல மூலகங்கள் கண்டு பிடிக்கப்பட்டபோது மெண்டலீவ் கூறியது சரியே என்பது நிரூபண மாகியது. அவர் தயாரித்த பட்டியல் பின்னர் மேலும் செம்மையாக்கப் பட்டது. இந்தப் பட்டியலில் ஒவ்வொரு மூலகத்திலும் மையக் கருவில் உள்ள புரோட்டான்களின் எண்ணிக்கை (அணு எண்) குறிப்பிடப்பட்டிருக்கும். மூலகத்தின் சுருக்கப் பெயரும் அடங்கியிருக்கும்.

ஆனால் மூலகங்களின் பட்டியலில் குறிப்பாக நான்கு மூலகங்களுக்கு உரிய கட்டங்கள் நீண்டகாலம் காலியாக இருந்தன. அவை பிரான்சியம், புரோமிதியம், அஸ்டாடைன், டெக்னீஷியம் ஆகியவையாகும். 'காண வில்லை. இவற்றைக் கண்டுபிடித்துக் கொடுப்போருக்கு சன்மானம் வழங்கப்படும்' என 1930 ஆம் ஆண்டுவாக்கில் விளம்பரம் வெளியிடப்பட்டிருந்தால் பொருத்த மாகவே இருந்திருக்கும். ஏனெனில் விஞ்ஞானிகள் எவ்வளவோ சிரமப்பட்டுத் தேடியும் இவை கிடைக்கவில்லை.

மெண்டலீவ்

இந்த நான்குமே மிகக் குறைந்த 'அரை ஆயுளை' கொண்ட கதிரியக்க மூலகங்கள் என்பதால் இவை எங்கும் கிடைக்கவில்லை. எனினும் 1937ல் இரு விஞ்ஞானிகள் செயற்கையாக 43வது மூலகத்தை உண்டாக்கினார். உலகில் முதன் முதலில் மனிதனால் சிருஷ்டிக்கப்பட்ட மூலகம் என்பதால் அதற்கு 'டெக்னீஷியம்' என்று பெயர் வைக்கப்பட்டது.

ஒரு காலத்தில் எங்குமே கிடைக்காமல் இருந்த இந்த மூலகம் இன்று அணு உலைகளில் யுரேனியக் 'கழிவுப்' பொருள்களிலிருந்து நிறையவே கிடைக்கிறது. இப்போது டெக்னீஷியத்தின் குறிப்பிட்ட ஐசடோப்பு நோயறிவுப் பணிகளுக்குப் பயன்படுத்தப்படுகிறது.

61 வது மூலகமாக புரோமிதியம் யுரேனியம் - 235 அணுக்கள் சிதையும் போது தோன்றும் பல மூலகங்களில் ஒன்று என்பது தெரிய வந்த பிறகு 1945 ஆம் ஆண்டில் பிரித்தெடுக்கப்பட்டது. இப்போது புரோமிதியம் அணுசக்தியால் இயங்குகிற பாட்டரிகள் வடிவில் கைகடிகாரங்களி லும், ரேடியோக்களிலும், ஏவுகணைக்கான கருவிகளிலும் பயன் படுத்தப்படுகிறது.

85 வது மூலகமான அஸ்டாடைன் 1940 ஆம் ஆண்டில் பொலோனியம் என்ற கதிரியக்க மூலகத்தின் சிதைவிலிருந்து பிரித்தெடுப்பதன்மூலம் கண்டுபிடிக்கப்பட்டது. யுரேனியச் சிதைவிலும் இது தோன்றுகிறது.

எனினும் உலகில் எந்த ஒரு நேரத்திலும் அஸ்டாடைன் இருக்கிற மொத்த அளவு வெறும் 30 கிராம்தான். இது மிக அற்ப ஆயுளைக் கொண்டது. அஸ்டாடைன் எதற்கும் பயன்படுத்தப்படுவது கிடையாது.

87வதான மூலகம் பிரான்சியம் ஆகும். பூமியிலிருந்து என்றோ மறைந்துவிட்ட பிரான்சியத்தை 1939 ஆம் ஆண்டில் பெண் விஞ்ஞானி மார்குரைட் பெரே கண்டுபிடித்தார். அவர் பிரான்ஸ் நாட்டைச் சேர்ந்த வர். எனவே அந்த மூலகத்துக்கு பிரான்ஸ் நாட்டின் பெயர் வைக்கப் பட்டது. ஆக்டினியம் என்ற கதிரியக்க மூலகத்தின் சிதைவிலிருந்து இது கண்டுபிடிக்கப்பட்டது. இந்த மூலகம் ஆராய்ச்சிக்கூடங்களில் ஆராய்ச்சிப் பணிக்குத் தேவைப்படும்போதுதான் உண்டாக்கப்படு கிறது.

பிரான்சியத்தை நீங்கள் ஆராய்ச்சிக்கூடத்தில் பார்க்க வேண்டுமானால் சொல்லி வைத்துவிட்டு உடனே போயாக வேண்டும். ஏனெனில் இதன் அரை ஆயுள் 21 நிமிஷங்களே. ‘எனக்கும் ஓர் இடம் இருக்கிறது’ என்று சொல்லிக்கொள்வதுபோல இது மூலகங்களின் பட்டியலில் இடம் பெற்றிருக்கிறது. அவ்வளவுதான்.

- 30 -

நீரில்லாத தொட்டிக்குள் கப்பல்

கட்டுமரங்களைக் கடல் நீரிலிருந்து பலர் சேர்ந்து மேலே இழுத்து வந்து விடலாம். சிறிய மீன்பிடிப் படகுகளையும் கரைக்குக் கொண்டு வந்துவிட முடியும். ஆனால் கப்பல் கட்டும் தளங்களில் - தரையில் வைத்துக் கட்டப்படுகிற பெரிய கப்பல்களை சறுக்குப் பாதை மூலம் கடலில் இறக்கிவிட்ட பின்னர் அவற்றை மறுபடி கரை ஏற்ற இயலாது.

ஆனாலும் கார்களையும் லாரிகளையும் பழுது பார்ப்பதுபோல கப்பல் களையும் அவ்வப்போது பழுது பார்க்க வேண்டியுள்ளது. கப்பல்கள் எப்போதும் நீரில் - அதுவும், உப்பு நீரில் இருப்பவை. உப்பு நீரினால் ஏற்படக்கூடிய அரிமானத்தைத் தாங்கி நிற்கிற வகையில் பெயிண்ட் அடிக்கப்பட்டாலும் கப்பலின் அடிப்புறங்கள் பாதிக்கப்படுகின்றன.

பல்வேறான கடற் பூச்சிகள் அடிப்புறத்தில் ஒட்டிக்கொள்கின்றன. ஆகவே கப்பலின் வெளிப்புறத்தை நன்கு சுத்தம் செய்து புதிதாகப் பெயிண்ட் அடிக்க வேண்டியுள்ளது. ஒட்டிக்கொண்டிருக்கிற கடல் பூச்சிகளை அகற்ற வேண்டும். கப்பல் இயங்குவதற்கென கப்பலின் அடிப்புறத்தில் அமைந்த சுழலிகளையும் சுத்தம் செய்தாக வேண்டும்.

கார்களை சுத்தம் செய்வதானால் உயரே தூக்கி நிறுத்தி விட முடியும். கப்பல்களை அப்படித் தூக்கி நிறுத்த முடியாதுதான். ஆனால் தண்ணீரில் மிதக்கிற கப்பலை தண்ணீர் இல்லாத இடத்தில் கொண்டுவந்து நிறுத்த முடியும். இவ்விதம் கப்பலைக் கொண்டு வந்து நிறுத்துகிற இடம் உலர் துறை (Dry Dock) என்று குறிப்பிடப்படுகிறது. பொதுவில் உலர் துறைகள் துறைமுகத்தில் அமைக்கப்படுகின்றன. உலர் துறை என்பது பெயருக்கு ஏற்ற மாதிரி தண்ணீர் இல்லாத தொட்டியே. இது சிறியதாகவும் இருக்கலாம். பெரிய கப்பலுக்கு ஏற்ற வகையில் பெரியதாகவும் இருக்கலாம்.

உலர் துறையானது நீச்சல் குளத்தைவிடப் பல மடங்கு பெரிய தொட்டியாக இருக்கும். நீர் உள்ளே பாய்வதற்கென இதன் ஒரு புறத்தில் பெரிய கதவு இருக்கும். இக் கதவைத் திறந்து கடல் நீர் உள்ளே பாயும்படி செய்யப்படும். பின்னர் கப்பலானது மிதந்த நிலையில் இத் தொட்டிக்குள் இழுத்து வரப்படும். பிறகு கதவு மூடப்பட்டுவிடும்.

அந்த நிலையில் கப்பல் பெரிய நீர்த் தொட்டிக்குள் மிதப்பது போலாகிவிடும். பின்னர் அத் தொட்டியிலிருந்து ஓரளவு தண்ணீரை வெளியேற்றுவர். அடுத்து கப்பலின் அடிப்புறத்தில் கப்பல் 'உட்காருகிற' வகையில் உறுதியான முட்டுகளை அமைப்பர். கப்பல் உறுதியாக 'உட்கார்ந்த' பின் அத் தொட்டியிலிருந்து முற்றிலுமாக நீரை வெளியே இறைத்துவிடுவர். இதன் பிறகு ஊழியர்கள் கப்பலின் அடிப்புறத்தில் எந்தவிதமான பழுது வேலைகளையும் மேற்கொள்ள இயலும்.

உலர் துறையில் ஒரு சப்மரீன்

எங்கு வேண்டுமானாலும் கொண்டுசென்று பயன்படுத்துகிற வகையிலான மிதக்கும் உலர் துறைகளும் உண்டு. இவை மிதக்கும் உலர் துறை (Floating Dry Dock) எனப்படுகிறது.

சில சமயங்களில் நடுக்கடலில் செயலற்றுப்போன கப்பல்களையும் - போர்க்கப்பல்களும் இதில் அடங்கும் - மற்றும் சப்மரீன் எனப்படும் நீர்மூழ்கிக் கப்பல்களையும் பழுது பார்க்க துறைமுகங்களுக்குக் கொண்டு வர முடியாத நிலைமை ஏற்படுவது உண்டு. அவ்வித

நிலைமைகளில் மிதக்கும் உலர் துறை பயன்படுத்தப்படுகிறது. மிதக்கும் உலர் துறையை எங்கு வேண்டுமானாலும் கொண்டுசெல்லமுடியும்.

பொதுவில் இது மிதக்கிற நிலையில் இருக்கும். இதில் நான்கு புறங்களிலும் கனத்த, அகன்ற சுவர்கள் இருக்கும். இச் சுவர்களுக்குள் வேண்டிய அளவுக்கு நீர் பாயும்படி செய்யவும், தேவையானபோது நீரை வெளியேற்றவும் வசதி இருக்கும். மிதக்கும் உலர் துறையைக் கடலில் குறிப்பிட்ட இடத்துக்குக் கொண்டு சென்ற பிறகு சுவர் பகுதிகளுக்குள் நீர் பாயும்படிச் செய்யப்படும்.

அது நீருக்குள் அமிழ்ந்த பின்னர் பழுது பார்க்க வேண்டிய கப்பல் அல்லது சப்மரீன் உலர் துறையின் ஒரு புறத்தில் உள்ள திறப்பு வழியே மிதந்தபடி உள்ளே இழுத்து வரப்படும். சுவர்களின் உட்புறத்தில் உள்ள நீர் வெளியேற்றப்பட்டதும் உலர் துறை மேலே எழும்பும். பிறகு கப்பலின் அல்லது நீர்மூழ்கியின்அடிப்புறத்தில்தேவையான பழுது வேலை மேற்கொள்ளப்படும்.

மிதக்கும் உலர் துறைகளில் இரண்டு வகை உண்டு. ஒருவகை உலர் துறையை குறிப்பிட்ட இடத்துக்கு இழுத்து வர வேண்டும். மற்றொரு வகை உலர் துறை, குறிப்பிட்ட இடத்துக்கு ஓட்டிச் செல்கின்ற வகையில் எஞ்சின் பொருத்தப்பட்டதாக இருக்கும்.

- 31 -
விண்வெளியில் ஆராய்ச்சிக்கூடம்

திரிசங்கு மகாராஜா பூத உடலோடு சொர்க்கத்துக்குச் செல்ல விரும்பி விசுவாமித்திர முனிவரை அணுகுகிறார். விசுவாமித்திரர் தமது தவ வலிமையால் திரிசங்குவை மேலே அனுப்புகிறார். பூத உடலுடன் சொர்க்கத்துக்கு யாரும் வர முடியாது என்று கூறி இந்திரன், திரிசங்குவை கீழே தள்ளிவிடுகிறார். உடனே திரிசங்கு விசுவாமித்திர முனிவரை நினைத்து தமது கதியைக் கூறுகிறார். விசுவாமித்திர முனிவர் தமது தவ வலிமையால் திரிசங்கு மன்னருக்கென வானில் தனி சொர்க்கத்தை உண்டாக்கினார்; அதுவே திரிசங்கு சொர்க்கம் என்பது புராணக் கதை.

இப்போது அமெரிக்கா, ரஷியா மற்றும் பல ஐரோப்பிய நாடுகள் ஒன்று சேர்ந்து தமது தொழில் நுட்ப வலிமையால் வானில் தனி உலகத்தை உண்டாக்கின. அதுவே 'சர்வதேச விண்வெளி நிலையம்' என்று அழைக்கப்படுகிறது. ஆனால் ஒன்று. சர்வதேச விண்வெளி நிலையத்தில் தங்கிப் பணிபுரிவது என்பது சொர்க்க வாசம் அல்ல.

சுமார் 360 கிலோ மீட்டர் உயரத்தில் அமைந்தபடி பூமியைச் சுற்றி வருகின்ற சர்வதேச விண்வெளி நிலையத்துக்கு 'அஸ்திவாரம்' போடப்பட்டு சில பகுதிகள் கட்டப்பட்டு விட்டன. கட்டுமானங்கள் கொஞ்சம் கொஞ்சமாக உயரே எடுத்துச் செல்லப்பட்டு வருகின்றன. இது முழுமையாக உருப்பெற இன்னும் நான்கு ஆண்டுகள் பிடிக்கலாம். விண்வெளியில் முக்கியமான ஆராய்ச்சி நடத்தவே இந்த விண்வெளி நிலையம் உருவாக்கப்பட்டு வருகிறது.

அமெரிக்கா 1973ல் ஸ்கைலாப் என்னும் பெயரிலான சிறிய விண்வெளி நிலையத்தை உயரே செலுத்தியது. அதன் ஆயுள் ஓராண்டில் முடிவுற்றது. ஆனால் ரஷியா 1986ல் செலுத்திய எடை மிக்க மிர் (Mir) என்ற விண்வெளி நிலையம் 15 ஆண்டுகள் செயல்பட்டு பல சாதனைகளைப் படைத்தது.

சர்வதேச விண்வெளி நிலையம்

சோவியத் யூனியன் உடைந்து ரஷியா - அமெரிக்கா இடையே சுமுக உறவு ஏற்பட்டதைத் தொடர்ந்து, பல நாடுகளும் சேர்ந்து சர்வதேச விண்வெளி நிலையத்தை அமைக்க முடிவு எடுக்கப்பட்டது. இதன்படி 1998ல் இந்த விண்வெளி நிலையத்தின் சில பகுதிகள் உயரே ரஷிய ராக்கெட் மூலம் செலுத்தப்பட்டன. 2000 ஆம் ஆண்டில் முதலாவது விண்வெளி வீரர் அந்த விண்வெளி நிலையத்துக்குப் போய்ச்சேர்ந்தார். இதன் கட்டுமானத்தை 2005க்குள்ளாக முடிக்கத் திட்டமிட்ட போதிலும் சில பிரச்னைகளால் காலதாமதம் ஏற்பட்டது.

விண்வெளி நிலையத்துக்கான மீதிப் பகுதிகளை அமெரிக்க ஷட்டில் விண்கலமும் ரஷிய சோயுஸ் வாகனமும் மாறி மாறி எடுத்துச் செல்கின்றன. 2003ல் அமெரிக்க கொலம்பியா ஷட்டில் விபத்துக்குள்ளாகி அழிந்ததால் விண்வெளி ஷட்டில்களை அனுப்புவதை அமெரிக்கா இரண்டரை ஆண்டுகள் நிறுத்தி வைத்தது. ரஷியாவின் பட்ஜெட் பிரச்னையும் சேர்ந்துகொண்டது.

சரி, விண்வெளி நிலையம் எதற்கு?

மனிதன் எதிர்காலத்தில் செவ்வாய்கிரகத்துக்கு செல்லக்கூடும். அது பல மாதங்கள் பிடிக்கிற மிக நீண்ட பயணமாக இருக்கலாம். விண்வெளியில் நீண்ட காலம் தங்கினால் மனிதன் எதிர்ப்படுகிற பிரச்னைகளை எப்படி சமாளிப்பது என்று அறிந்துகொள்ள முடியும். செவ்வாய்க்குச் செல்கிற விண்கலத்திலேயே தேவையான காய்கறி, பழம் போன்ற விளைவித்துக்கொள்ள விண்வெளி நிலையத்தின் மூலமான அனுபவம் உதவலாம்.

இவை ஒரு புறம் இருக்க விண்வெளி நிலையத்தில் ஈர்ப்பு சக்தி இல்லாத நிலையில் பல்வேறான புதிய உலோகங்களை உருவாக்கிக்கொள்ள முடியும்.

சர்வதேச விண்வெளி நிலையம் முழுவதுமாகக் கட்டி முடிக்கப்பட்ட நிலையில் சுமார் 100 மீட்டர் அகலமும் 88 மீட்டர் நீளமும் அத்துடன் 470 டன் எடை கொண்டதாகவும் இருக்கும். அவ்வப்போது நிபுணர்கள் சென்று இதில் தங்கி ஆராய்ச்சி நடத்துவர்.

இந்த விண்வெளி நிலையத்தால் பெரும் பலன் ஏதும் ஏற்படப் போவதில்லை என்று ஒரு சாரார் கருதுகின்றனர். இதில் நடத்தப்படுகிற ஆராய்ச்சிகளில் பலவும் ஏற்கெனவே விண்வெளியில் நடத்தப்பட்டுள்ளன. தவிர, பெரிய அளவிலான ஆராய்ச்சிக்குத் திட்டம் எதுவும் இல்லை என்றும் இதற்காகும் பணத்தை அமெரிக்க விண்வெளி அமைப்பு வேறு பயனுள்ள வகைகளில் செலவிட்டிருக்கலாம் என்றும் சுட்டிக்காட்டப்படுகிறது.

ஏற்கெனவே சர்வதேச விண்வெளி நிலையம் தொடர்பான சில திட்டங்கள் ரத்து செய்யப்பட்டுள்ளன. அமெரிக்க ஷட்டில் வருகிற ஆண்டுகளில் மேலும் 12 தடவை உயரே பொருள்களை எடுத்துச் சென்றால்தான் இந்த நிலையத்தைக் கட்டி முடிக்க முடியும். ஆனால் ஷட்டில் வாகனத்தைச் செலுத்துவதில் புது பிரச்னைகள் தோன்றினால் விண்வெளி நிலையத் திட்டம் கடுமையாகப் பாதிக்கப்படும் என்பதும் சுட்டிக்காட்டப்பட்டுள்ளது.

- 32 -

அம்மி மிதித்து அருந்ததி பார்த்து...

அம்மி மிதித்து அருந்ததி பார்ப்பது என்பது பல சமூகங்களில் திருமணத்தின் முக்கிய நிகழ்ச்சியாகும். அருந்ததி என்பது வானில் மிக மங்கலான ஒரு நட்சத்திரமாகும். அது வசிஷ்ட என்னும் நட்சத்திரத்துக்கு மிக அருகில் உள்ளது.

புராணங்களில் வரும் வசிஷ்ட முனிவரின் பெயர் அந்த நட்சத்திரத்துக்கு வைக்கப்பட்டுள்ளது. வசிஷ்ட முனிவரும் அவரது மனைவி அருந்ததியும் லட்சிய தம்பதிகளாகத் திகழ்ந்ததாகப் புராணங்கள் கூறுகின்றன. அவர்களைப்போல லட்சிய தம்பதிகளாகத் திகழ வேண்டும் என்பதற்காகத்தான் அந்த இரு நட்சத்திரங்களையும் புது மணத் தம்பதிகள் வானில் பார்க்க வேண்டும் என்று பெரியோர்கள் ஒரு பழக்கத்தை ஏற்படுத்தியதாகத் தோன்றுகிறது.

இந்த இரு நட்சத்திரங்களும் வானில் வடக்குப் பகுதியில் அடிவானத்துக்கு சற்று உயரே சப்தரிஷி மண்டலம் என்ற நட்சத்திரக் கூட்டத்தில் அமைந்துள்ளன. இந்த நட்சத்திரக் கூட்டத்தை அடையாளம் காண்பது கடினமல்ல. அசப்பில் பார்த்தால் இது பிடியுடன் கூடிய அரிவாள்போல - அல்லது பிடி வைத்த கிண்ணம் போலத் தெரியும். இந்த நட்சத்திரக் கூட்டத்தில் உள்ள ஏழு நட்சத்திரங்களுக்கும் ஏழு முனிவர்களின் பெயர்கள் வைக்கப் பட்டுள்ளன.

இந்த ஏழு நட்சத்திரங்களையும் எளிதில் வெறுங்கண்ணால் பார்க்க முடியும். இவற்றில் ஆறாவதாக உள்ளதுதான் வசிஷ்ட நட்சத்திரமாகும். இதற்கு மிக அருகில்தான் அருந்ததி நட்சத்திரம் உள்ளது. மிகக் கூர்ந்து பார்த்தால்தான் அருந்ததியைக் காண முடியும். இவற்றில் வசிஷ்ட நட்சத்திரத்தைவிட அருந்ததி சற்று மங்கலாக

இருக்கும். இந்த இரு நட்சத்திரங்களையும் பார்க்க முடிந்தால் அவருக்குப் பார்வை மிக நன்றாக உள்ளது என்று அர்த்தம்.

வான்வியலின்படி வசிஷ்ட - அருந்ததி ஆகியவை இரட்டை நட்சத்திரங்களாகும். அதாவது இரு நட்சத்திரங்கள் ஒரு பொது மையத்தைச் சுற்றி வரும். வான வெளியில் இரட்டை நட்சத்திரங்களே அதிகம். சூரியன் (அது ஒரு நட்சத்திரமே) ஒண்டிக்கட்டை நட்சத்திரம். நட்சத்திரங்கள் ஜோடி ஜோடியாக இருக்கும் என்பது நீண்ட காலம் அறியப்படாமல் இருந்தது. பின்னர்தான் இரட்டை நட்சத்திரங்கள் பற்றி அறியப்பட்டது. உலகில் முதல் முதலாகக் கண்டுபிடிக்கப்பட்ட இரட்டை நட்சத்திரம் வசிஷ்ட - அருந்ததி நட்சத்திரங்களாகும்.

சப்தரிஷி மண்டலத்துக்கு ஆங்கிலத்தில் Great Bear (பெரும் கரடி) என்று பெயர். Ursa Major என்பது வானவியல் பெயராகும். பல நூறு ஆண்டுகளுக்கு முன்னர் - தொலை நோக்கி இல்லாத நாட்களில் வானைக் கவனித்து வந்த ஆராய்ச்சியாளர்கள், வானில் குறிப்பிட்ட பகுதியில் இருந்த நட்சத்திரங்களை ஒன்று சேர்த்து கற்பனையாகக் கோடு வரைந்தபோது குறிப்பிட்ட உருவங்கள் மாதிரியில் ஒரு தோற்றம் ஏற்பட்டது. இப்படி கரடிபோலத் தோன்றியதால் அப் பகுதி நட்சத்திரங்களுக்கு 'பெருங் கரடி' என்று அவர்கள் பெயரிட்டனர்.

அந்த நாட்களில் அராபியர்கள் வான ஆராய்ச்சியில் மிக கெட்டிக்காரர்களாக விளங்கினர். சப்தரிஷி மண்டலத்தில் வசிஷ்ட -

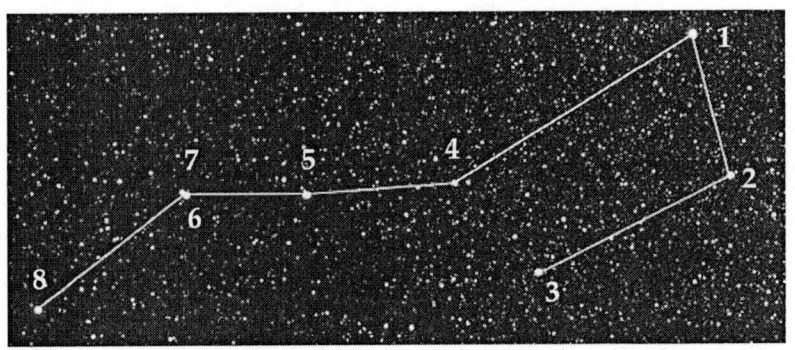

படத்தில் உள்ள எண்களின்படி நட்சத்திரங்களின் பெயர்கள் வருமாறு
1. கிரது, 2. புலக, 3. புலஸ்த்ய, 4. அத்ரி, 5. அங்கிரஸ, 6. வசிஷ்ட,
7. அருந்ததி 8. மரிசி ஆகும். (புராணப்படி அருந்ததி ரிஷி அல்ல.
ரிஷி பத்தினி. படத்தில் அருந்ததியையும் சேர்த்துக்கொண்டுள்ளதால்
கணக்கு எட்டு ஆக உள்ளது)

அருந்ததி நட்சத்திரங்களுக்கு அவர்கள் வைத்த பெயர் மிஸார், அல்கோர் என்பதாகும். மேலை நாட்டவரும் பின்னர் அதே பெயர்களைப் பயன்படுத்த ஆரம்பித்தனர். எனினும் இந்த இரு நட்சத்திரங்களுக்கும் வானவியல் பெயர்கள் (Astronomical Names) உண்டு. இதன்படி வசிஷ்ட நட்சத்திரத்தின் பெயர் Zeta Ursae Majoris ஆகும். அருந்ததி நட்சத்திரத்தின் பெயர் Ursa Majoris ஆகும்.

வானில் நம் தலைக்கு மேலே உள்ள நட்சத்திரங்களை சில சமயங்களில் மட்டுமே காண முடியும். சப்த ரிஷி மண்டல நட்சத்திரங்களை ஆண்டில் எந்தவொரு நாளிலும் காண முடியும். சப்தரிஷி மண்டலத்தைக் காட்டும் படத்தை மீண்டும் காணவும்.

பட்டப் பகலில் நட்சத்திரங்கள் தெரியாது. ஆகவே தாலி கட்டி முடித்ததும் அருந்ததியைப் பார்ப்பது தலைமுறை தலைமுறையாக இருந்து வருகிறது என்பதால் அந்த நாட்களில் திருமணங்கள் பொழுது விடிவதற்குள் - அதிகாலையில் நடந்திருக்க வேண்டும் என்று தோன்றுகிறது. ஒருவேளை அந்த நாட்களில் முகூர்த்தம் பார்க்கிற வழக்கம் இல்லையோ?

- 33 -

மேகங்கள் கருப்பாக இருப்பது ஏன்?

உங்களுக்கு நேரம் இருக்கும்போது பகலில் வானத்தைக் கவனித்துப் பாருங்கள். மேகங்கள் பல வடிவங்களில் தென்படும். மேகங்கள் இருக்கின்ற உயரத்தில் காற்று வீசுமானால் நீங்கள் பார்த்துக் கொண்டிருக்கும்போதே மேகங்களின் உருவம் மாறும். மேகங்கள் மிக உயரத்தில் இருக்குமானால் நீங்கள் எவ்வளவு நேரம் உற்றுக் கவனித்தாலும் அவற்றின் வடிவம் மாறாது. தவிர, எல்லா மேகங்களும் ஒரே உயரத்தில் இருப்பதில்லை. சில மேகங்கள் முற்றிலும் வெண்மையாக அல்லது மேற்புறம் மட்டும் வெண்மை யாகக் காட்சி அளிக்கலாம்.

சூரியன் அஸ்தமிக்கின்ற நேரமாக இருக்குமானால் மேகங்கள் வர்ண ஜாலம் காட்டும். உண்மையில் மேகங்களுக்கு சுயமான நிறம் என எதுவும் கிடையாது. பல சமயங்களிலும் மேகங்களின் அடிப்புறம் கருப்பாகத் தெரியும். ஆனால் எல்லா மேகங்களும் இப்படிக் கருப்பாகத் தெரிவதில்லை. மேகங்கள் அடர்த்தியாக இல்லாமல் இருந்தால் அவற்றின் வழியே சூரிய ஒளி நன்கு ஊடுருவும். இப்படியான மேகங்கள் வெண்மையாகக் காட்சி அளிக்கும். சூரியன் கிழக்கே அல்லது மேற்கே அடிவானில் இருக்க, எதிர்ப்புறத்தில் அடர்த்தியான மேகங்கள் இருக்குமானால் மேகங்கள் பெரிதும் வெண்மையாகவே காணப்படும். சூரியன் குறிப்பிட்ட கோணத்துக்கு மேலே வந்து விட்டால் மேகங்கள் வெண்மையும் கருப்புமாகக் காட்சியளிக்க ஆரம்பித்து விடுகின்றன.

மேகங்கள் மேலிருந்து கீழ்வரை மிக அடர்த்தியாக இருக்கலாம். அல்லது அதில் அடங்கிய நீர்த்துணுக்குகள் வடிவில் பெரியவையாக இருக்கலாம். அந்த நிலையில் சூரியன் அந்த மேகங்களுக்குப் பின்னால் இருக்குமானால் சூரிய ஒளியால் மேலிருந்து கீழ்வரை ஊடுருவ முடிவதில்லை. அவ்வித நிலையில் மேகங்களின் அடிப்புறப் பகுதி கருப்பாகத் தெரியும்.

ஒரு மேகத்தின் அருகில் வேறு மேகம் இருந்து அது சூரிய ஒளியைத் தடுத்தாலும் இவ்விதம் மேகங்களின் அடிப்புறம் கருத்துக் காணப்படும். அடர்த்தியான மேகத்தின் மேற்புறத்தில் உள்ள நீர்த்துளிகளின் நிழல் அதே மேகத்தின் கீழ்ப்புறத்தில் விழும்போதும் இவ்விதம் மேகங்கள் கருமையாகத் தெரியும்.

மழை மேகங்களில் மட்டுமே அடிப்புறம் கருப்பாகத் தெரிவதாக நினைக்கலாம். பொதுவில் மழை மேகங்கள் மேலிருந்து கீழ்வரை மிக உயர்ந்து அமையும். ஆகவே சூரிய ஒளி அதிகம் ஊடுருவ முடிவதில்லை. ஆகவேதான் மழை மேகங்கள் கரிய நிறத்தில் காணப்படுகின்றன. எனினும் அடர்ந்த மேகங்களின் அடிப்புறம் கரிய நிறத்தில் தெரியுமானால் அவை மழை மேகங்களாக இருந்தாக வேண்டிய அவசியமில்லை.

ஒரு மேகத்தில் பல கோடி நீர்த்துணுக்குகள் அல்லது ஐஸ் துணுக்குகள் அடங்கியிருக்கலாம். வானம் முழுவதும் மேகங்களால் மூடப்பட்டிருக்குமானால் அப்போது வானம் பெரிதும் சாம்பல் நிறத்தில் காணப்படும்.நீங்கள் தரையிலிருந்து பார்க்கும்போது ஒரு மேகக் கூட்டத்தின் அடிப்புறம் கருப்பாக இருக்கலாம். ஆனால் நீங்கள் அதே மேகக்கூட்டத்தின் மீதாக விமானத்தில் பறந்தபடி கீழே நோக்கினால் மேகங்கள் வெண்மையாகக் காணப்படும்.

இங்கே இன்னொன்றையும் கவனிக்க வேண்டும். மேகங்களில் பல வகைகள் உள்ளன. இவற்றில் குறிப்பிட்ட மேகங்கள் எப்போதும் வெண்மையாகத்தான் தெரியும். உதாரணமாக வானில் மிக உயரத்தில் அதாவது சுமார் 6000 மீட்டர் உயரத்தில் இருக்கின்ற மேகங்கள் தனி வகை. இவை அடர்த்தி இன்றி நீண்டவையாக, மெல்லியவையாக இருக்கும். இவ்வித மேகங்கள் வெண்மையாகவே காணப்படும்.

பஞ்சை சிறு சிறு உருண்டைகளாக உருட்டிப் போட்டவைபோல எண்ணற்ற சிறு திரள்களாகத் தெரிகிற மேகங்களும் உண்டு. இவை 2000 முதல் 6000 ஆயிரம் மீட்டர் உயரத்தில் இருப்பவை. இவையும் வெண்மையாகவே இருக்கும். 2000 மீட்டர் உயரத்துக்குக் கீழே இருக்கிற மேகங்கள் மற்றும் கீழிருந்து மேல்வரை செங்குத்தாக மிக உயரத்துக்கு அமைந்த மேகங்கள் விஷயத்தில்தான் அவை கருப்பாகவும் வெளுப்பாகவும் தெரிகிற பிரச்னை எழுகிறது.

பொதுவில் இரவில் மேகங்கள் வெண்மையாகத் தெரியாது. எனினும் நகரங்கள் உள்ள இடங்களில் விளம்பரப் பலகைகள், சாலை விளக்குகள் ஆகியவற்றிலிருந்து வெளிப்படும் வெளிச்சமானது ஓரளவில் வானை நோக்கிச் செல்லும். இந்த ஒளி மேகங்கள்மீது விழும் காரணத்தால் மேகங்கள் ஓரளவு வெண்மையாகத் தெரியும்.

- 34 -
உடலுக்கு ஏற்ற உலோகம்

காலில் குத்திய முள் வெளியே எடுக்கப்படாவிட்டால் அந்த இடத்தில் சீழ் பிடிக்க ஆரம்பித்துவிடும். நமது உடலானது அன்னியப் பொருள் எதையும் ஏற்காது. உடலின் பாதுகாப்புக்காக உடலில் இயற்கையாகவே இந்த எதிர்ப்புத் திறன் உள்ளது.

இப்போதெல்லாம் மாற்று இதயம் பொருத்துவது, மாற்று சிறு நீரகம் பொருத்துவது சாதாரணமாகிவிட்டது. இவ்விதம் பொருத்தப்பட்ட மாற்று உறுப்பை ஏற்க ஒருவரின் உடல் மறுக்கும். அன்னியப் பொருளை ஏற்க மறுப்பதில் உடலுக்கு உள்ள இயல்பான திறன் செயல்படாதபடி செய்வதற்கே தனி மருந்தை அளிக்க வேண்டியுள்ளது.

ஆகவே உடலில் கடும் எலும்பு முறிவு ஏற்பட்ட இடங்களில் எலும்பை ஒன்றுடன் ஒன்று சேர்ப்பதற்கு இஷ்டத்துக்கு எந்த உலோகத்தையும் அல்லது எந்தப் பொருளையும் பயன்படுத்திவிட முடியாது. குறிப்பிட்ட உலோகங்களைத்தான் உடல் ஏற்கிறது. இதில் டாண்டலம் (Tantalum) என்ற உலோகம் முதலிடம் வகிக்கிறது.

டாண்டலம் என்ற உலோகம் உள்ளது என 1802 ஆம் ஆண்டுதான் கண்டு பிடிக்கப்பட்டது. எனினும் இது தனியே பிரித்து தயாரிக்கப்பட்டது 1820 ஆண்டில்தான். எனினும் ஆரம்ப காலத்தில் தயாரிக்கப்பட்ட டாண்டலம் பிற உலோகக் கலப்புகளைக் கொண்டதாக இருந்தது. 1903 ஆம் ஆண்டில்தான் சுத்தமான டாண்டலம் உற்பத்தி செய்யப்பட்டது. உலோகம் அடங்கிய தாதுக்கள் (ores) பலவும் உருக்கப்பட்டு அவற்றில் இருந்து உலோகம் பிரிக்கப்படும். ஆனால் டாண்டலம் முதலில் பவுடர் வடிவில் தயாரிக்கப்பட்டு பின்னர் பாளங்களாகவும் தகடுகளாகவும், கம்பிகளாகவும் தயாரிக்கப் படுகிறது. ஏனெனில் இது லேசில் உருகக் கூடியது அல்ல.

குமிழ் மின்சார பல்புகளில் டங்க்ஸ்டன் இழைகளைப் பயன்படுத்தும் முறை அறிமுகமான வரையில் டாண்டலம் உலோகத்தால் ஆன இழைகளே பயன்படுத்தப்பட்டன. எனினும் 1941 ஆண்டிலிருந்து எலும்புக்கு வலுவேற்ற டாண்டலத்தால் ஆன பொருள்களைப் பயன்படுத்தும்முறை பின்பற்றப்படுகிறது.

டாண்டலம் வலுவானது. துருப் பிடிக்காதது. அது அனேகமாக எல்லா அமிலங்களையும் எதிர்த்து நிற்கக்கூடியது. உடலுக்குள் வைத்தால் அது தீங்கு செய்வதில்லை. உடலில் உள்ள திரவங்களால் டாண்டலம் பாதிக்கப்படுவது கிடையாது. டாண்டலத்தால் ஆன பொருள்களை உடல் நன்கு ஏற்கிறது. உடல் அதை நிராகரிப்பது கிடையாது.

உடலுக்குள் பொருத்துவதற்கு டாண்டலம் உலோகத்தால் ஆன தகடுகள், கம்பிகள், ஸ்குரூ, போல்ட், மெல்லிய இழைகள் என பல பொருள்கள் நீண்டகாலமாகப் தயாரிக்கப்பட்டு வருகின்றன. உதாரணமாக ஹெர்னியா அறுவை சிகிச்சையின்போது உடலில் பொருத்த, டாண்டலம் உலோகத்தால் ஆன வலை பயன்படுத்தப் படுகிறது. பல வைத்தியக் கருவிகளும் டாண்டலம் உலோகத்தால் தயாரிக்கப்படுகின்றன.

எனினும் 1995 வாக்கில் டாண்டலத்தைக் கொண்டு நுண்துளைகளைக் கொண்ட உலோகப் பொருள் உண்டாக்கப்பட்டது. அப்போதிலிருந்து பல லட்சம் அறுவை சிகிச்சைகளில் இப் பொருள் பயன்படுத்தப்பட்டுள்ளது. இப் பொருள் எலும்புபோலவே உள்ளது. இதை செயற்கை எலும்பு என்றும் சொல்லலாம். இயற்கை எலும்பில் நுண்ணிய துவாரங்கள் இருக்கும். டாண்டலத்தைக் கொண்டு தயாரிக்கப்படும் செயற்கை எலும்பிலும் இதேபோல நுண்ணிய துளைகள் உள்ளன. எலும்புகளை இணைக்க இது பயன்படுத்தப் படுகிறது. இதில் ஒரு பெரிய சாதகம் உள்ளது.

அதாவது எந்த வயதானாலும் சரி, எலும்பு முறிந்த பின் மறுபடி எலும்பு வளர ஆரம்பிக்கும். டாண்டலத்தால் ஆன செயற்கை எலும்பைப் பொருத்தினால் உடலில் இயற்கையாக வளரும் எலும்பின் திசுக்கள் டாண்டலத்தின் நுண்ணிய துவாரங்களுக்குள் ஊடுருவுகிறது. டாண்டலம் எலும்போடு எலும்பாகி விடுகிறது.

எலும்புகளை ஒன்றோடு ஒன்று இணைக்க இவ்விதம் பயன்படுத்தப் படுகிற டாண்டலம் உலோகம் இந்த நாட்களில் பாத்திரம் தேய்க்கப் பயன்படுத்தப்படுகிற உலோக நார்மாதிரியில் உள்ளது. அதே நேரத்தில் அது வலுவாகவும் வளையக்கூடியதாகவும் இயற்கை எலும்புபோலவே பளுவைத் தாங்கக்கூடியதாகவும் உள்ளது.

டாண்டலம் உலோகம் எலும்பு முறிவு சிகிச்சைகளுக்கு மட்டுமன்றி வேதியல் பொருள்களைத் தயாரிக்கும் ஆலைகள், மின்னணுத் துறை, அணுசக்தித் துறை போன்றவற்றிலும் டாண்டலம் பயன்படுத்தப்படுகிறது.

உடலுக்குள்ளாக வைப்பதற்கு டாண்டலம் ஏற்றது என்று கூறினோம். உடலில் தோல்மீது பாதிப்பை ஏற்படுத்தாத உலோகம் அல்லது உலோகங்கள் பற்றி மக்கள் நீண்ட நாட்களாக அறிந்து வைத்துள்ளனர். அவை தங்கம், வெள்ளியாகும்.

ஆகவேதான் பன்னெடுங்காலமாக உலகெங்கிலும் மக்கள் தங்கம் வெள்ளியால் ஆன நகைகளையே அணிந்து வருகின்றனர். அண்மைக் காலமாக பிளாட்டினம் நகைகள் வரத் தொடங்கியுள்ளன. வேடிக்கையான வகையில் டைட்டானியம், டாண்டலம், நியோபியம் ஆகிய உலோகங்களால் ஆன நகைகள் மேலை நாடுகளில் அறிமுகப்படுத்தப்பட்டுள்ளன.

- 35 -

வௌவால் எழுப்பும் கேளா ஒலி

பாழும் மண்டபங்களில், குறிப்பாக இரவு நேரங்களில் எண்ணற்ற வௌவால்கள் குறுக்கும் நெடுக்குமாகப் பறந்துகொண்டிருக்கும். அப்போது அவை அங்குமிங்கும் பறந்துகொண்டிருக்கிற பூச்சிகளைப் பிடித்து உண்ணவும் செய்யும். கும்மிருட்டில் அவை தற்செயலாகக்கூட எந்தக் கம்பத்திலும் மோதாது.

வௌவால்கள் பறந்தபடி ஒலி அலைகளை வெளியிடுகின்றன. அவை எழுப்பும் ஒலி எதிரே உள்ள கம்பம், பூச்சி, மரக் கிளை என எதுவாக இருந்தாலும் அதன்மீது பட்டு எதிரொலித்துத் திரும்புகின்றன. இதற்கு ஆகிற நேரத்தை வைத்து அவை அப் பொருள் எவ்வளவு தொலைவில், எங்கே உள்ளது என்பதைக் கண்டறிந்து கொள்கின்றன. வௌவால்கள் இதற்கு கேளா ஒலியைப் பயன்படுத்துகின்றன. ஒரு மனித முடி தொங்கினாலும் அது கண்டுகொண்டுவிடும். சுருங்கச் சொன்னால் அவை ‘காதுகளால்’ பார்க்கின்றன. இவை எழுப்பும் ஒலியின் அதிர்வெண்கள் மிக அதிகம். ஆகவே அவை எழுப்புகின்ற ஒலியை நம்மால் கேட்க இயலாது.

வௌவால்கள் கும்மிருட்டில் எவ்விதம் எதன்மீதும் மோதாமல் பறக்கின்றன என்பது குறித்து 1790 களில் லாசரோ ஸ்பல்லான்சானி என்ற இத்தாலியர் ஆராய்ந்தார். பறப்பதற்குக் காதுகள் ஏதோ ஒரு வகையில் வௌவால்களுக்கு உதவுகின்றன என்று மட்டுமே அவரால் கண்டறிய முடிந்தது. கடைசியில் 1938 ஆம் ஆண்டில் அமெரிக்காவில் ஹார்வார்ட் பல்கலைக்கழக மாணவரான டொனால்ட் கிரிபின் வௌவால்கள் கேளா ஒலியை பயன்படுத்தியே வழியறிந்து செல்கின்றன என்பதைக் கண்டுபிடித்தார்.

வௌவால்கள் கேளா ஒலி மூலம் எதிரே உள்ள பொருளின் அளவு, அதன் அடர்த்தி, அதன் இடப் பெயர்ச்சி என பல அம்சங்களையும் கண்டுபிடித்து விடுகின்றன. எனினும் வௌவால்கள் எப்போதும்

ஒரே விதமான வகையில் கேளா ஒலியை எழுப்புவது கிடையாது. திறந்த வெளியில் இருந்தால் ஒரு வகையிலும் குகை போன்ற இடமாக இருந்தால் வேறு வகையிலும் கேளா ஒலியை எழுப்புகிறது. தவிர, ஒரே சமயத்தில் விதவிதமாகவும் இந்த ஒலியை எழுப்புகின்றன. வௌவால் எழுப்பும் ஒலி அதன் காதுகளைப் பாதிக்காதவகையில் அதன் காதுகளின் உள் உறுப்புகள் செயல்படுவதாகவும் கண்டறியப் பட்டுள்ளது.

வௌவால்கள் எழுப்பும் ஒலியைக் கேட்கின்ற திறன் சில வகைப் பூச்சிகளுக்கு உள்ளதாகக் கண்டறியப்பட்டுள்ளது. சில பூச்சிகளுக்கு இத் திறன் உள்ளதை அறிந்து வௌவால்கள் பூச்சிகளுக்குக் கேட்காத அளவில் ஒலியை எழுப்புவதாகவும் கண்டறியப்பட்டுள்ளது.

எனினும் வௌவால்கள் அவற்றின் இடையே தகவல் பரிமாற்றத்துக்கு கீச்சிடும் ஒலியை எழுப்புகின்றன. இந்த ஒலியை நம்மால் கேட்க முடியும்.

வௌவால்களில் பல வகை உண்டு

வௌவால்களில் பூச்சி தின்னும் வௌவால், பழம் தின்னும் வௌவால், மகரந்தத்தூளைத் தின்னும் வௌவால் எனப் பல வகைகள் உள்ளன. இவற்றில் பூச்சி தின்னும் வௌவால்களே கேளா ஒலியை நன்கு பயன்படுத்துகின்றன. பழம் தின்னும் வௌவால் போன்றவை பார்வை, வாசனை ஆகியவற்றையே பெரிதும் பயன்படுத்துகின்றன.

பூச்சிகளை உண்ணும் வௌவால்களை விவசாயிகளின் நண்பன் எனலாம். பழம் தின்னும் வௌவால், மகரந்தம் தின்னும் வௌவால் ஆகியவை தங்களது எச்சம் மூலம் விதைகளைப் பரப்பி காடுகளில் புதிதாக மரங்கள் வளர உதவுகின்றன.

இந்தியா போன்ற நாடுகளில் வௌவால்கள்மீது வெறுப்பு எதுவும் கிடையாது. ஆனால் அமெரிக்கா போன்ற மேலை நாடுகளில் வௌவால் என்றாலே அவை 'ரத்தம் குடிக்கிறவை' என்ற தவறான கருத்து உண்டு. அந்த நாடுகளில் எழுதப்பட்ட கதைகள், படக் கதைகள், சினிமாக்கள் முதலியவை இதற்குக் காரணம்.

உலகில் சுமார் 900 வகையான வௌவால்கள் உள்ளன. இவற்றில் அபூர்வமாக சிலவகை வௌவால்களே - அதுவும் விலங்குகளின் ரத்தத்தைக் குடிப்பவை. அந்தவகை இனங்களும் தென் அமெரிக்க நாடுகளில்தான் உள்ளன. வௌவால்கள் பறவைபோலப் பறந்தாலும் அவை முட்டையிடுவதில்லை. அவை குட்டிப் போட்டுப் பால் கொடுக்கின்றன.

வௌவால்கள் பற்றிய தவறான எண்ணத்தைப் போக்க மேலை நாடுகளில் தீவிர இயக்கமே நடக்கிறது. உலகில் பல நாடுகளில் வௌவால்கள் பாதுகாக்கப்பட்ட உயிரினங்களாக அறிவிக்கப் பட்டுள்ளன. வௌவால்களைப் பாதுகாக்க உலக அளவிலான அமைப்பும் உள்ளது.

- 36 -

ஊட்டியில் குளிர் ஏன்?

கோடைக்காலத்தில் சென்னை, திருச்சி போன்ற இடங்களில் கடும் வெயில் வீசுகிற நேரத்தில் ஊட்டியில் சுகமாக குளுகுளு என்று இருக்கிறது. குளிர்காலத்தில் ஊட்டியில் நன்றாகவே குளிர் இருக்கிறது. ஊட்டி மட்டுமல்ல, குலு, மணாலி, சிம்லா, டார்ஜிலிங் போன்று மலை உச்சிகளில் உள்ள இடங்களில் எல்லாம் குளிர் வீசுகிறது.கடல் மட்டத்தில் உள்ள சென்னை நகருடன் ஒப்பிட்டால் ஊட்டியானது சூரியனுக்கு சற்றே அருகாமையில் உள்ளதாகவும் கூறலாம். அப்படியிருந்தும் ஊட்டியில் குளிர் வீசுவானேன்? மலை உச்சியில் உள்ளதால் ஊட்டி குளு குளு என்று இருப்பதாக விளக்கம் அளிக்கலாம். ஆனால் ஊட்டி போன்று மலை உச்சியில் உள்ள இடங்களில் கடும் வெப்பம் இல்லாதது ஏன்?

காற்று அழுத்தக் குறைவு இதற்குக் காரணம். கடல் மட்டத்தில் காற்று அழுத்தம் சுமார் 1000 மில்லி பார் அளவில் உள்ளது. தரையிலிருந்து உயரே செல்லச் செல்ல காற்று அழுத்தம் குறைகிறது. அதேபோல காற்று அடர்த்தியும் குறைகிறது.

சுமார் 400 பேர் அமரக்கூடிய மண்டபத்தில் நிற்கக்கூட இடமில்லாத வகையில் 700 பேர் கூடி இருந்தால், நடக்கும்போது ஒருவர் மீது ஒருவர் இடிக்காமல் செல்ல முடியாது. அதேபோலவே ஓரிடத்தில் காற்றுத் திரள்கள் (Molecules) அதிகமாக இருந்தால் அவை ஒன்றோடு ஒன்று முட்டி மோதுகின்றன. அவை இவ்விதம் வேகமாக முட்டி மோதுகிற நிலையில் தான் வெப்பம் அதிகமாக உணரப்படுகிறது.

எனினும் ஒரு பெரிய மண்டபத்தில், இங்கு ஒருவர் அங்கு ஒருவர் என்று உட்கார்ந்திருப்பபதுபோல தரையிலிருந்து உயரே செல்லச் செல்ல காற்றுத் திரள்கள் குறைகிறது. அவற்றின் இடையே மோதலும் குறைகிறது. ஆகவே வெப்பமும் குறைகிறது.

தரையிலிருந்து உயரே செல்லச் செல்ல 1000 அடிக்கு 3.6 டிகிரி பாரன் ஹைட் வீதம் வெப்பம் குறைவதாக நிபுணர்கள் கணக்கிட்டுள்ளனர். ஊட்டி சுமார் 2240 மீட்டர் (8031 அடி) உயரத்தில் உள்ளதால் அங்கு காற்று அழுத்தம் குறைவாகவும் அதன் விளைவாக வெப்பம் குறைவாக - அதாவது குளுகுளு என்று இருக்கிறது. ஊட்டி மட்டும் 18 ஆயிரம் அடி உயரம் கொண்டதாக இருக்குமானால் ஊட்டியில் உறைபனி காணப்படும்.

ஆப்பிரிக்காவில் கென்யா நாட்டில் மவுண்ட் கென்யா சிகரம் உறை பனியால் மூடப்பட்டதாகும். சொல்லப் போனால் அது பூமியின் நடுக்கோட்டுக்கு மிக அருகில் உள்ளது.

ஊட்டியில் குளிர் காலத்தில் குளிர் கடுமையாக உள்ளதற்கு இன்னொரு காரணமும் சேர்ந்துகொள்கிறது. அதாவது டிசம்பர் வாக்கில் சூரியன் பூமியின் நடுக்கோட்டுக்கு மிகவும் கீழே 23 1/2 டிகிரி தெற்கு அட்ச ரேகைக்கு மேலாக அதாவது மகர ரேகைக்கு மேலே உள்ளது. ஆகவே சூரிய கிரணங்கள் ஊட்டியில் மிகச் சாய்வாக விழுகின்றன. வட துருவ, மற்றும் தென் துருவப் பகுதிகளில் மாறி மாறி ஆறு மாதம் பகலாக இருந்தாலும் அங்கு உறைபனி உண்டு, கடும் குளிர் உண்டு. சூரியனின் ஒளிக் கதிர்கள் மிக மிகச் சாய்வாக விழுவதே அதற்குக் காரணம்

இதையே வேறு விதமாகச் சொல்வதானால் பூமியின் நடுக்கோட்டில் இருந்து ஓர் இடம் எந்த அளவுக்கு வடக்கே அல்லது தெற்கே தள்ளி இருக்கிறதோ அந்த அளவுக்கு அங்கு சூரியக் கதிர்கள் சாய்வாக விழும். சூரிய கதிர்கள் எந்த அளவுக்குச் சாய்வாக விழுகிறதோ அந்த அளவுக்கு அங்கு குளிர் அதிகமாக இருக்கும்.

ஆகவேதான் வடக்கே அல்லது தெற்கே செல்லச் செல்ல குளிர் கடுமையாக உள்ளது. அதன் விளைவாக விழுது பனிப் பொழிவு (Snowfall) உள்ளது. இமாசலப் பிரதேசம் வடக்கே மிகத் தள்ளி அமைந்துள்ளது. அத்துடன் அது உயரத்திலும் உள்ளது. ஆகவே அங்கு குளிர்காலத்தில் பனிப் பொழிவு உள்ளது.

இங்கே ஒன்றைக் கவனிக்க வேண்டும். சூரிய ஒளிக் கதிர்கள் காற்றை நேரடியாக சூடாக்குவதில்லை. சென்னை போன்ற இடங்களில் கோடையில் சூரிய வெப்பத்தின் விளைவாக தரை சூடு ஏற, அதன் விளைவாக தரைக்கு சற்று மேலே உள்ள காற்று சூடாகிறது. காற்றில் உள்ள சூடுதான் வெப்பமாகப் பதிவாகிறது.

- 37 -

ரத்தத்தில் நைட்ரஜன் வாயு கலக்குமா?

நம்மைச் சுற்றியுள்ள காற்றில் நைட்ரஜன் வாயு 78.08 சதவிகிதமும் ஆக்சிஜன் வாயு 20.95 சதவிகிதமும் உள்ளன. கார்பன் டையாக்சைட் 0.03 சதவிகிதம் உள்ளது. மேலும் சில வாயுக்களும் அடங்கியுள்ளன. நாம் பொதுவில் ஒரு நிமிஷத்தில் 15 முதல் 20 தடவை சுவாசிக்கிறோம். அப்படி சுவாசிக்கும்போது உள்ளே செல்கின்ற காற்றில் அடங்கிய ஆக்சிஜன் வாயு மட்டுமே நமது உடலில் கலக்கிறது. நுரையீரலுக்குள் செல்லும் காற்றில் நைட்ரஜன் பெரும் பங்கு இருந்தாலும் அந்த வாயு ரத்தத்துடன் கலப்பதில்லை. நமது வெளி மூச்சுடன் வெளியே வந்துவிடுகிறது.

எனினும் குறிப்பிட்ட சூழ்நிலைகளில் நைட்ரஜன் வாயு ரத்தத்தில் கலக்கிறது. அதாவது ஒருவர் நீருக்குள் குறிப்பிட்ட ஆழத்துக்குச் செல்லும்போது முதுகில் கட்டிக்கொண்டுள்ள சுவாசக் குப்பி மூலம் அவர் சுவாசிக்கும் காற்றில் அடங்கிய நைட்ரஜன் ரத்தத்தில் கலக்க ஆரம்பிக்கும். இப்படிக் கலப்பது அப்படி ஒன்றும் ஆபத்தானது அல்ல.

ஆனால் அந்த ஆழத்தில் அதிக நேரம் இருக்கின்ற நபர் ஒருவர் நீருக்குள்ளிருந்து உடனே மேலே வந்தால் அவருக்குக் குறிப்பாக மூட்டுப் பகுதிகளில் கடும் வலி ஏற்படும். உயிருக்கும் ஆபத்து ஏற்படலாம்.

சோடா பாட்டிலைத் திறந்ததும் அதிலிருந்து புஸ் என்று காற்றுக் கொப்புளங்கள் வருவதை நீங்கள் கவனித்திருக்கலாம். பாட்டிலுக்குள் அழுத்த நிலையில் கார்பன் டையாக்சைட் சோடா நீருடன் கலந்த நிலையில் இருக்கிறது. பாட்டிலைத் திறந்ததும் பாட்டிலில் உள்ள சோடா நீர் சாதாரண அழுத்த நிலைக்கு மீண்டும் வந்து விடுகிறது. அதுபோலவே நீருக்குள் ஆழத்தில் இருக்கும்போது ரத்தத்தில் கலக்கும் நைட்ரஜன் பின்னர் அந்த நபர் மேலே வந்ததும்

ரத்தத்திலிருந்து வெளிப்பட்டு திசுக்களில் தங்க ஆரம்பிக்கும். இதனால் பல பிரச்னைகள் ஏற்படும்.

ஆனால் நீருக்குள் ஆழத்தில் அதிக நேரம் இருப்பவர் சில மீட்டர் மேலே வந்து அங்கு சிறிது நேரம், இன்னும் கொஞ்சம் மேலே வந்துவிட்டு அங்கு கொஞ்ச நேரம் என கட்டம் கட்டமாக மேலே வருவாரேயானால் நைட்ரஜன் கொப்பளித்து வெளியே வருவதற்குப் பதில் கொஞ்சம் கொஞ்சமாக ரத்தத்திலிருந்து வெளிப்பட்டு வெளி சுவாசம் மூலம் உடலிலிருந்து வெளியேறி விடும்.

இதற்கு மாற்று ஏற்பாடும் உள்ளது. அவர் நீரிலிருந்து விரைவாக மேலே வந்ததும் அழுத்தக் குறைப்பு அறைக்குள் உட்கார்ந்து கொள்ள வேண்டும். இது அவர் படிப்படியாக நீரிலிருந்து வெளியே வருகின்ற நிலையை செயற்கையாக உண்டாக்கும். அதாவது இந்த அறைக்குள் படிப்படியாக அழுத்தம் குறைக்கப்படும். இப்படி அந்த அறைக்குள் நிர்ணயிக்கப்பட்ட நேரம் இருந்துவிட்டு வெளியே வந்தால் அந்த நபருக்கு ஆபத்து ஏற்படாது. நைட்ரஜன் கொஞ்சம் கொஞ்சமாக வெளியேற இந்த அறை உதவுவதே காரணம்.

ஒருவர் உட்காருவதற்கான அழுத்தக் குறைப்பு அறை

நீருக்குள் மேலும் மேலும் ஆழத்தில் செல்லும்போது அழுத்தம் அதிகரிக்கிறது. கடல் மட்டத்தில் நம் அனைவரையும் காற்று மண்டலம் - காற்றின் எடை - அழுத்துகிறது. பழக்கப்பட்டுவிட்டதால் நமக்குஇது தெரிவதில்லை. நீருக்குள் 10 மீட்டர் ஆழத்துக்கு இறங்கினால் நீரின் எடையும் சேர்ந்துகொள்கிறது. அந்த அளவு ஆழத்தில் அழுத்தம் இரண்டு மடங்காகிவிடும். 20 மீட்டர் ஆழத்தில் அழுத்தம் மூன்று மடங்கு. 30 மீட்டர் (99 அடி) ஆழத்தில் நான்கு மடங்கு. இப்படியாக ஆழத்தில் இறங்கும்போது சிலருக்கு மது அருந்தியது போன்ற பரவச நிலை உண்டாகலாம். நிதானிக்கிற சக்தி குறையலாம்.

நீருக்குள் சுவாசிக்க காற்று அடைக்கப்பட்ட ஸ்குபா (SCUBA) என்ற கருவியை முதுகில் கட்டிக்கொண்டுதான் உள்ளே இறங்க வேண்டும். அந்தந்த ஆழத்துக்கு ஏற்ப இக் கருவியுடன் சேர்ந்த சிலிண்டரிலிருந்து சுவாசிப்பதற்கான காற்று கிடைக்கும். ஆகவே சுவாசிப்பதற்கான காற்று அந்தந்த ஆழத்துக்கு ஏற்ற அளவில் அழுத்தத்தில் கிடைக்கும்.

இக் கருவியைப் பயன்படுத்தி நீருக்குள் இறங்குவதற்கு நன்கு பயிற்சி பெற்றாக வேண்டும். எந்த அளவு ஆழத்தில் அதிக பட்சம் எவ்வளவு நேரம் இருக்கலாம் என்பதற்கு அளவு முறைகள் உள்ளன. ஆகவே நீருக்குள் மிக ஆழத்தில் இறங்குவது என்பது சாதாரணமான விஷயம் அல்ல. கடலில் நீருக்குள் மூழ்குபவர் தன் இஷ்டத்துக்கு எவ்வளவு ஆழத்துக்கு வேண்டுமானாலும் இறங்க முடியும் என்று நினைத்தால் அது தவறு.

- 38 -
சனியின் அசல் பெயர்

சனி கிரகத்தின் (Saturn) பெயர் நீங்கள் நினைப்பதுபோல சனீஸ்வரன் அல்ல. அக் கிரகத்தின் அசல் பெயர் 'சனைச் சர' என்பதே. அப் பெயரைத் தமிழ்ப்படுத்திச் சொல்வதானால் 'மெதுவாகச் செல்பவன்' என்பதே ஆகும்.

பல ஆயிரம் ஆண்டுகளுக்கு முன்னர், இந்தியா உட்பட பல நாடுகளில் சிந்திக்கத் தெரிந்தவர்கள், இரவு நேரங்களில் வானை ஆராயத் தொடங்கினர். நட்சத்திரங்கள் இடம் பெயருவதில்லை என்பதையும் கிரகங்கள் இடம் பெயருகின்றன என்பதையும் அவர்கள் முதலில் கண்டறிந்தனர். வானில் இடம் பெயருகின்ற கிரகங்கள் ஒவ்வொன்றும் அதே இடத்துக்கு வந்து சேர - அதாவது சூரியனை அவை ஒரு முறை சுற்றி முடிக்க எவ்வளவு காலம் ஆகிறது என்பதை காலப் போக்கில் அவர்களால் துல்லியமாகக் கண்டறிய முடிந்தது. அக் காலகட்டத்தில் சூரிய மண்டலத்தின் கிரகங்களில் புதன், வெள்ளி, செவ்வாய், வியாழன், சனி ஆகிய கிரகங்கள் பற்றி மட்டுமே அறிய முடிந்தது. ஏனெனில் வெறும் கண்களால் அவற்றை மட்டுமே பார்க்க முடிந்தது.

சனி கிரகம்

இவ்வாறு அறியப்பட்ட ஐந்து கிரகங்களில் சனி கிரகம்தான் அதே இடத்துக்கு வந்து சேர அதிக காலத்தை எடுத்துக் கொள்கிறது என்பதை அவர்கள் கணக்கிட்டு அறிந்தனர். ஆகவே அதற்கு சம்ஸ்கிருத மொழியில் காரணப் பெயராக 'சனைச் சர' என்று பெயரிட்டனர்.

'சனை' என்றால் 'மெதுவாக' என்று பொருள். 'சர' என்றால் 'செல்பவன்' என்று பொருள். ஆனால் காலப்போக்கில் 'சனைச்சர' என்பது சனீஸ்வரன் என்று மாறிவிட்டது. நவீன கால கணக்குப்படி சனி கிரகம் சூரியனை ஒரு முறை சுற்றி வருவதற்கு 29. 5 ஆண்டுகள் ஆகின்றன. (இத்துடன் ஒப்பிட்டால் சூரியனை வியாழன் ஒருமுறை சுற்றி வர 12 ஆண்டுகள் ஆகின்றன).

சனி கிரகத்தின் பெயர்தான் அனேகமாக ஒவ்வொருவராலும் தினமும் பல தடவை உச்சரிக்கப்படுகிற பெயராக இருக்க வேண்டும். 'சனியன் பிடித்த பஸ் இன்னும் வரவில்லை'. 'சனியன் பிடித்த மானேஜர் தினமும் கழுத்தறுக்கிறார்'. 'சனியன் பிடித்த மழை இன்னும் நிற்கவில்லை' என்று எதற்கெடுத்தாலும் எங்கோ இருக்கின்ற சனியின் பெயரை இழுக்கிறோம். நமது எரிச்சல், ஏமாற்றம், வெறுப்பு, ஆத்திரம், சலிப்பு, பொறுமையின்மை, இகழ்ச்சி என பல்வேறு உணர்ச்சிகளுக்கும் இலக்காவது சனி கிரகமே. கிட்டத்தட்ட அக் கிரகத்தின் பெயரானது வசைமொழி ஆகிவிட்டது. பாவம், சனி.

சூரிய மண்டலத்து கிரகங்களில் வெறும் உருண்டையாக இன்றி மிக எடுப்பாகக் காட்சி அளிப்பது சனி கிரகமே. அதன் வளையங்கள் சனி கிரகத்துக்கு தனிச் சிறப்பை அளிக்கின்றன. வானில் சனி எங்கே இருக்கிறது, அதை நாம் எந்தக் கோணத்தில் பார்க்கிறோம் என்பதைப் பொருத்து அக் கிரகம் தொப்பி அணிந்த ஒருவரின் தலைபோலவும், வாஷருக்குள் வைக்கப்பட்ட கோலிக்குண்டுபோலவும், பிடி வைத்த கிண்ணம்போலவும் காட்சி அளிக்கிறது.

சனி கிரகத்தின் வளையங்கள் என்பது ஒரு தோற்றமே. பெரிய பாறைகளும், கற்களும், ஐஸ் கட்டிகளும் சனி கிரகத்தை அதன் வயிற்றுப் பகுதிக்கு மேலாக ரச மட்டம் வைத்து அடுக்கியதுபோல அடுத்தடுத்துச் சுற்றி வருகின்றன. இவற்றின் எண்ணிக்கை கோடிக்கணக்கில் இருக்கும். குடியரசுவிழா அணிவகுப்பில் செல்லும் ராணுவ வீரர்கள்போல இவை ஓர் ஒழுங்குடன் அணிவகுத்துச் செல்கின்றன. நாம் தொலைவிலிருந்து பார்க்கும்போது இவை வளையங்களாகத் தெரிகின்றன. இந்த வளையங்கள் அல்லாமல் சனி கிரகத்தை 46 சந்திரன்கள் சுற்றி வருகின்றன.

சூரிய மண்டலத்தில் இப்போது மெதுவாகச் செல்கின்ற கிரகம் நெப்டியூனே ஆகும். சனி கிரகத்துடன் ஒப்பிட்டால் சூரியனை ஒரு முறை சுற்றி வர நெப்டியூன் 164 ஆண்டுகளை எடுத்துக் கொள்கிறது. ஆகவே அக் கிரகத்தை 'மிக மெதுவாகச் செல்பவன்' என்று வர்ணிக்கலாம்.

- 39 -
கடலில் முளைக்கும் தீவுகள்

பசிபிக் கடலில் 2006 ஆம் ஆண்டு ஆகஸ்டில் திடீரென ஒரு தீவு முளைத்தது. கடலுக்குள்ளிருந்து வெளிப்பட்டது வெறும் தீவு அல்ல. சீறும் எரிமலை இவ்விதம் தீவாக உருவெடுத்துள்ளது.

'என் கண் முன்னே அங்கு ஒரு தீவு தோன்றியது' என்று தென் பசிபிக் கடலில் உள்ள டோங்கா தீவைச் சேர்ந்த ஹாக்கன் கூறினார். ஹாக்கனும் அவரது நண்பர்களும் உல்லாசப் படகில் சென்று கொண்டிருந்தனர். கடலில் நுரைக் கற்கள் மிதந்து வருவதை அவர்கள் கண்டனர். மறு நாள் அவர்கள் அத் தீவு தோன்றியதைக் கண்டனர். தொலைவில் கடலில் நான்கு சிகரங்கள் வெளியே தலைகாட்டின. அவற்றின் நடுவே அமைந்த பகுதியிலிருந்து நெருப்பும் புகையும் வெளிப்பட ஆரம்பித்தன. பின்னர் நெருப்புக் குழம்பும், சாம்பலும் உயரே தூக்கியடிக்கப்பட்டன.

கடலில் முளைத்த எரிமலையிலிருந்து பல ஆயிரம் டன் அளவுக்கு புரையோடிய கற்கள் (Pumice) தூக்கியெறியப்பட்டு அவை கடலில் மிதந்தன. கடலில் பெரும் பிராந்தியத்தில் பல சதுர கிலோ மீட்டர் அளவுக்கு இக் கற்கள் மிதந்தன.

ஹாக்கன் இக் காட்சிகளைத் தொடர்ந்து படங்களாக எடுத்தார். தீவு தோன்றியதை அக் குழுவினர் பார்த்த தகவல் பின்னர் மெல்ல உலகெங்கிலும் பரவ ஆரம்பித்தது. இப் படங்கள் இணைய தளத்தில் போடப்பட்டன. பசிபிக்கில் தோன்றிய அத் தீவின் அகலம் வெறும் ஒன்றரை கிலோ மீட்டர்.

இத் தீவு தோன்றிய கடல் பிராந்தியத்தில் சுமார் 12 ஆண்டுகளுக்கு இதேபோல ஒரு தீவு தோன்றியதாக சில தகவல்கள் கூறுகின்றன.

உலகில் ஒரு தீவு தோன்றியதை முதன் முதலாக நேரில் கண்டவர்கள் ஹாக்கன் குழுவினராக இருக்கலாம். ஆனால் உலகின் கடல்களில்

தீவுகள் தோன்றுவது இது முதல் தடவை அல்ல. எண்ணற்ற தீவுகள் இவ்விதம் கடல்களில் தோன்றியுள்ளன. காரணம் கடலுக்கு அடியில் உள்ள எரிமலைகளே.

கடலின் அடித்தரையில் தோன்றுகிற எரிமலைகள் பூமியின் உட்புறத்திலிருந்து தொடர்ந்து நெருப்பைக் கக்க ஆரம்பிக்கும்போது கடலடி எரிமலைகளின் உயரம் அதிகரிக்கிறது. பின்னர் ஒரு கட்டத்தில் அந்த எரிமலை நன்கு வளர்ந்து கடல் நீரிலிருந்து வெளிப்படுகிறது. மேலும் மேலும் நெருப்பைக் கக்கும்போது தீவின் பரப்பளவு அதிகரிக்கிறது.

பசிபிக் கடலில் உள்ள ஹவாய் தீவுகள் பல மில்லியன் ஆண்டுகளில் இப்படி எரிமலை மூலம் வளர்ந்தவையே. ஹவாய் தீவுகளில் மௌனா லோ என்ற எரிமலை உள்ளது. இதன் உயரம் 13,680 அடி (4170 மீட்டர்). அந்த எரிமலை கடலடித் தரையிலிருந்து எழும்பும் எரிமலையாக உள்ளது. ஆகவே கடலடித் தரையிலிருந்து கணக்கிட்டால் அதன் உயரம் 32,000 அடி. ஆகவே அந்த வகையில் அது எவரெஸ்ட் சிகரத்தையும்விட உயர்ந்ததாகும்.

ஜப்பானுக்கு வடகிழக்கே குரைல் தீவுகள் என்ற பெயரில் 20 தீவுகள் உள்ளன. இவற்றில் 45 எரிமலைகள் உள்ளன. இத் தீவுகள் எரிமலைகளால் உண்டானவையே.

உலகின் கடல்களுக்கு அடியில் நெருப்பைக் கக்குகிற எரிமலைகளின் எண்ணிக்கை 5000க்கு மேல் இருக்கலாம். இவற்றில் சிலவற்றின் சிகரங்கள் உயர்ந்து வந்தாலும் இன்னமும் இவை கடலுக்கு அடியில் தான் உள்ளன. இத்தாலிக்குத் தெற்கே உள்ள மார்சிலி எரிமலையின் சிகரம் கடல் மட்டத்திலிருந்து 500 மீட்டர் ஆழத்தில் உள்ளது.

கடலடி எரிமலைகள் புதிது புதிதாகக் கண்டுபிடிக்கப்பட்டு வருகின்றன. வட பசிபிக் கடலில் அலூஷன் தீவுகள் அருகே 2001ல் கண்டுபிடிக்கப்பட்ட கடலடி எரிமலையானது நீரிலிருந்து வெளியே தலை காட்ட இன்னும் சுமார் 300 அடிதான் உள்ளது. அதே பசிபிக் கடலில் சமோவா தீவுக்கூட்டத்தில் ஓர் எரிமலை கடலடித் தரையிலிருந்து 16,420 அடி எழும்பி நிற்கிறது. கடல் மட்டத்திலிருந்து அது 2000 அடி ஆழத்தில் உள்ளது.

இது தொடர்ந்து நெருப்பைக் கக்குகிறது என்பதால் என்றாவது ஒரு நாள் கடலுக்கு அடியிலிருந்து புதிய தீவாக முளைக்கலாம்.

- 40 -
12 ஆண்டு உழைக்கும் அணுசக்தி பாட்டரி

சுமார் 12 ஆண்டுக்காலம் உழைக்கக்கூடிய அணுசக்தி பாட்டரியை உருவாக்கத் தீவிர ஆராய்ச்சி நடந்துவருகிறது. இது இன்னும் சில ஆண்டுகளில் விற்பனைக்கு வரலாம். ஆனால் இது செல்போன்களில் பயன்படுத்தத்தக்க வகையில் இருக்கும் என்று தோன்றவில்லை. இதயம் சீராக இயங்குவதற்காக உடலுக்குள் பொருத்தப்படுகிற பேஸ்மேக்கர் கருவிக்கு இது ஏற்றதாக இருக்கலாம்.

கடலுக்கு அடியில் இயங்க வேண்டியுள்ள உணர் கருவிகள், விண்கலங்கள் ஆகியவற்றுக்கு இது பொருத்தமாக இருக்கலாம் என்றும் கருதப்படுகிறது. இந்த அணுசக்தி பாட்டரி அமெரிக்காவில் ரோசஸ்டர் பல்கலைக்கழக மாணவர்கள் உருவாக்கியதாகும். இதை தொழிற்சாலைகளில் உற்பத்தி செய்கின்றவகையில் வடிமைக்கும் பணிகள் இப்போது நடந்து வருகின்றன.

சூரிய ஒளியை மின்சாரமாக மாற்ற இயலும். சிலிக்கான் சில்லுகள்மீது சூரிய ஒளி படும்போது அது மின்சாரமாக மாற்றப்படுகிறது. அதே சிலிக்கான் சில்லுகள்மீது அணுசக்திப் பொருள் ஒன்றிலிருந்து வெளிப்படும் எலக்ட்ரான்கள் படும்படிச் செய்தால் மின்சாரம் உற்பத்தியாகிற வகையில் மேற்படி அணுசக்தி பாட்டரி உருவாக்கப் பட்டுள்ளது. அந்த சிலிக்கான் சில்லு வெறும் தட்டையாக இருந்தால் எலக்ட்ரான்கள் நாலாபுறங்களிலும் சிதறுகின்றன. ஆகவே சிலிக்கான் சில்லுகளில் நுண்ணிய குழிவுகளை ஏற்படுத்தினால் நல்ல பலன் இருப்பதாகக் கண்டறியப்பட்டுள்ளது.

டிரிஷியம் என்ற வாயு இதில் பயன்படுத்தப்படுகிறது. இதிலிருந்து எலக்ட்ரான்கள் ஓயாது வெளிப்பட்டுக்கொண்டிருக்கும். டிரிஷியம் என்பது ஹைட்ரஜன் வாயு மாதிரிதான். சாதாரண ஹைட்ரஜன் அணுவின் மையத்தில் ஒரே ஒரு புரோட்டான் இருக்கும். மையத்தில் இந்த புரோட்டானுடன் இரு நியூட்ரான்கள் இருக்குமானால் அது டிரிஷியம் ஆகும். சாதாரண ஹைட்ரஜனுக்கு கதிரியக்கத் தன்மை

இல்லை. ஆனால் டிரிஷியம் கதிரியக்கத் தன்மை கொண்டது. ஆகவே அது எலட்ரான்களை வெளியிட்டபடி இருக்கும்.

பொதுவில் கதிரியக்கத்தன்மை ஆபத்தை உண்டாக்கிற வாய்ப்பைக் கொண்டது. ஆனால் டிரிஷியம் வாயு காரணமாக பாட்டரியிலிருந்து வெளிப்படுகிற கதிரியக்கம் மிகக் குறைவாகவே இருக்கும் என்று தெரிவிக்கப்படுகிறது. இந்த கதிரியக்கத்தைத் தடுக்க வெறும் காகிதத் துண்டு போதுமானது என்று கூறப்படுகிறது.

இது ஒருபுறம் இருக்க, கடைகள், அலுவலகங்கள் ஆகியவற்றில் திடீரென மின்சார சப்ளை நின்றால் இப்போது ஜென்செட்டுகள் - ஜெனரேட்டர்கள் - பயன்படுத்தப்படுகின்றன. இவற்றை இயக்க எரிபொருள் தேவை. விண்கலன்களில் பயன்படுத்துவதற்கென அணுசக்தியால் செயல்படும் மின்சார ஜெனரேட்டர்கள் (R.T.G) நீண்ட காலத்துக்கு முன்பே உருவாக்கப்பட்டுப் பயன்படுத்தப்படுகின்றன. ஒருவகையில் இவையும் ஜென்செட்டுகளே. ஆனால் இவை கடும் கதிரியக்கத்தை வெளிப்படுத்துபவை. ஆகவே இவை கடைகள், அலுவலகங்களில் பயன்படுத்த லாயக்கற்றவை.

பூமியைச் சுற்றும் செயற்கைக்கோள்களில் உள்ள கருவிகள் செயல்பட மின்சாரம் தேவை. ஆகவே சூரிய ஒளியை மின்சாரமாக மாற்றி அளிக்க சோலார் பேனல் எனப்படும் பெரிய வடிவிலான மின் பலகைகள் செயற்கைக்கோளுடன் பொருத்தப்படுகின்றன. ஆனால் செவ்வாய்க்கு அப்பால் உள்ள கிரகங்களை ஆராய்வதற்கு அனுப்பப் படுகிற விண் கலங்களில் மின்பலகைகள் பொருத்தப்படுவதில்லை. வியாழனில் இருந்து பார்த்தால் சூரியன் பட்டாணி அளவுக்குத்தான் இருக்கும். ஆகவே மின்பலகைகள்மீது படும் சூரிய ஒளி அற்ப அளவில்தான் இருக்கும். மின் உற்பத்தி சாத்தியமாக இராது.

அமெரிக்கா மிக நீண்டகாலமாக அணுசக்தியால் இயங்கும் அணு மின்கலங்களை விண்கலங்களில் வைத்து அனுப்பி வருகிறது. ஆனாலும் சனி கிரகத்தை ஆராய்வதற்கான காசினி விண்கலம் 1997ல் செலுத்தப்பட்டபோதும், பின்னர் அந்த விண்கலம் 1999ல் பூமியை நெருங்கிச் சென்ற சமயத்திலும் அமெரிக்க விண்வெளி நிலையம் அருகே பல நூறு பேர் கூடி ஆர்ப்பாட்டம் நடத்தினர். விண்கலன்களில் அணுசக்தி ஜெனரேட்டர்களை வைத்து அனுப்புவதை எதிர்த்தே இந்த ஆர்ப்பாட்டங்கள் நடந்தன. ஏதோ கோளாறு ஏற்பட்டு விண்கலம் பூமியை நோக்கி விழுந்து தீப்பற்றினால் அதன் விளைவாகப் பூமியில் பல இடங்களில் அணுசக்திப் பொருள் வந்து விழலாம் என்பதே அந்த எதிர்ப்புக்குக் காரணம். ஆனால் அப்படி எதுவும் நிகழவில்லை. காசினி விண்கலம் பத்திரமாக சனி கிரகத்தை எட்டியது.

- 41 -
விண்வெளியில் சேரும் குப்பை

விண்வெளியில் எங்கிருந்து குப்பை வந்து சேருகிறது என்று நீங்கள் வியக்கலாம். எல்லாம் நாம் மேலே அனுப்பியவைதான். ரஷியா 1957 ஆம் ஆண்டில் ஸ்புட்னிக் என்ற சின்னஞ் சிறிய செயற்கைக்கோளை முதன் முதலாக விண்வெளிக்கு அனுப்பியபோதே இது தொடங்கி விட்டது. கடந்த பல ஆண்டுகளில் எண்ணற்ற செயற்கைக்கோள்கள் உயரே அனுப்பப்பட்டுள்ளன.

ஆரம்ப நாட்களில் ரஷியாவும் அமெரிக்காவுமே விண்வெளியில் ஈடுபட்டிருந்தது போக, இப்போது பல நாடுகளும் செயற்கைக்கோள்களை உயரே செலுத்துகின்றன. சொந்தமாக செயற்கைக்கோள்களை செலுத்த இயலாத நாடுகளுக்கென இப்போது பல தனிப்பட்ட நிறுவனங்கள் செயற்கைக்கோள்களை செலுத்தித் தருகின்றன. அதுமட்டுமன்றி டிவி ஒளிபரப்பு முதல் கடல்களை ஆராய்வதுவரை ஆண்டொன்றுக்கு 200 வீதம் வகை வகையான செயற்கைக்கோள்கள் உயரே செலுத்தப்படுகின்றன.

பல செயற்கைக்கோள்களின் ஆயுள் மிஞ்சிப் போனால் 10 ஆண்டுகள். அவை செயலற்றுப் போனதும் அருவமாக உயரே சுற்றிக்கொண்டிருக் கின்றன. செலுத்தியபிறகு அல்பாயுசாக செயலற்றுப் போகிற செயற்கைக்கோள்களையும் இந்தக் கணக்கில் சேர்த்துக்கொள்ள வேண்டும். இவை அல்லாமல் செயற்கைக்கோள்களிலிருந்து கழன்று போன திருகுகள், ஆணிகள், போன்ற எண்ணற்ற சிறு உறுப்புகள், பெயிண்ட் துணுக்குகள்வேறு. தவிர, செயற்கைக்கோள்களைச் செலுத்தும் ராக்கெட்டுகளின் கடைசிப் பகுதிகளும் உயரே உண்டு. பெகாசஸ் ராக்கெட் 1996ல் வெடித்தபோது அது சுமார் 3 லட்சம் துண்டுகளாகச் சிதறியது.

இப்படியாக பல லட்சம் பொருள்கள் விண்வெளியில் குப்பைபோல உள்ளன. இவை எல்லாம் ஏதோ வானில் அந்தரத்தில் நிலையாக மிதப்பவை அல்ல. சிறு திருகாணி உட்பட எல்லாமே மணிக்கு 28

ஆயிரம் கிலோ மீட்டர் வேகத்தில் அந்தரத்தில் அசுர வேகத்தில் பறந்து கொண்டிருக்கின்றன.

எனினும் இவற்றின் வேகம் குறையக் குறைய, பூமியின் ஈர்ப்பு சக்தி மேலோங்க செயற்கைக்கோள்களின் உறுப்புகள் மெல்ல மெல்லக் கீழே இறங்க ஆரம்பிக்கின்றன. இவை கீழே இறங்குகையில் காற்று மண்டலத்தில் நுழைந்ததும் காற்று மண்டல உராய்வு காரணமாக பயங்கரமான அளவுக்கு சூடேறி தீப்பிடித்து எரிந்து சாம்பலாகக் கீழே வந்து சேருகின்றன. சில சமயங்களில் விண்வெளியிலிருந்து கீழே இறங்கும் பொருள்கள் எரிந்து முற்றிலும் நாசமாகாமல் அப்படியே வந்து விழுவதுண்டு. 2001ல் அமெரிக்க ராக்கெட் ஒன்றின் உடைந்த பகுதி சவூதி அரேபியாவில் ஆள் நடமாட்டமற்ற பகுதியில் வந்து விழுந்தது.

ஆனால் கீழே வருவதைவிட நாம் மேலே அனுப்புவதுதான் அதிகம். ஆகவே விண்வெளியில் படிப்படியாக 'குப்பை' - வேண்டாத பொருள்கள் - சேர்ந்துகொண்டே போகின்றன.

சவூதி அரேபியாவில் வந்து விழுந்த செயற்கைக்கோள் பகுதி

விண்வெளி வீரர்கள் ஏறிச் சென்ற அமெரிக்க ஷட்டில் வாகனம், ரஷிய சோயுஸ் வாகனம் ஆகியவற்றின் மீது இதுவரை எதுவும் ஆபத்தான வகையில் மோதவில்லைதான். எனினும் அமெரிக்க ஷட்டில் வாகனங்கள்மீது பெயிண்ட் துணுக்குகள் மோதி அவற்றின் ஜன்னல் கண்ணாடிகளில் குழிவுகள் ஏற்பட்டதால் கடந்த காலத்தில் 80க்கும் மேற்பட்ட ஜன்னல்கள் மாற்றப்பட்டுள்ளன. 15 மில்லி மீட்டர் வரை குறுக்களவு கொண்ட பொருள்கள் மோதினால் பெரும் பாதிப்பு இராது என்ற அளவுக்கு ஷட்டில் போன்ற விண்கலங்களின் வெளிப்புறம் வலுவாக வடிவமைக்கப்பட்டிருந்தது.

செயற்கைக்கோள் ஒன்றின்மீது விண்வெளியில் பறக்கும் உடைந்த துண்டு மோதுவது ஒருபுறம் இருக்க, இரு செயற்கைக்கோள்கள் ஒன்றோடு ஒன்று மோதும் ஆபத்தும் உள்ளது என்பதை 2009ல் நடந்த ஒரு சம்பவம் காட்டியது. அந்த ஆண்டு பிப்ரவரி 10ம் தேதியன்று 950

கிலோ எடை கொண்ட ரஷிய காஸ்மாஸ் செயற்கைக்கோளும் 560 கிலோ எடை கொண்ட இருடியம் - 33 செயற்கைக்கோளும் 800 கிலோ மீட்டர் உயரத்தில் ஒன்றோடு ஒன்று மோதிக்கொண்டன. இந்த விபத்தில் இரண்டு செயற்கைக்கோள்களும் அழிந்து போயின.

ஆனால் ரஷிய காஸ்மாஸ் ஏற்கெனவே செயலிழந்து போனதாகும். அமெரிக்கத் தனியார் நிறுவனத்துக்குச் சொந்தமான இருடியம் - 33 செயற்கைக்கோள் செயலில் இருந்ததாகும். ரஷியாவின் சைபீரியா பிராந்தியத்துக்கு மேலாக இந்த மோதல் நிகழ்ந்தது. மோதல் நிகழ்ந்த போது இரு செயற்கைக்கோள்களும் மணிக்கு 42 ஆயிரம் கிலோ மீட்டர் வேகத்தில் பறந்துகொண்டிருந்தன.

விண்வெளியில் எந்த அளவுக்கு ஓட்டை, உடைசல்கள் உள்ளன என்பதைக் கீழிருந்து கண்டுபிடித்துக் கூறுவதற்குப் பல வழிகள் பின்பற்றப்படுகின்றன. கால்பந்து அளவுக்குமேல் உள்ளவற்றை இந்த முறையின் கீழ் கண்டுபிடித்துவிட முடிகிறது. தவிர, லேசர் ஒளிக் கற்றைகளைச் செலுத்தி இவற்றை அழிக்கும் முறையும் உருவாக்கப்பட்டுள்ளது.

விண்வெளியில் அண்மைச் சுற்றுப்பாதையில்தான் (பூமியிலிருந்து 300 கிலோமீட்டர் முதல் 1000 கிலோமீட்டர் உயரம் வரை), விண்வெளிக் குப்பை அதிகம் உள்ளது. பல நாடுகளும் சேர்ந்து விண்வெளியில் நிறுவியுள்ள வரும் சர்வதேச விண்வெளி நிலையம் அண்மை சுற்றுப் பாதையில்தான் பூமியைச் சுற்றி வருகிறது.

இந்த விண்வெளி நிலையம் ஆராய்ச்சியாளர்கள் தங்கிப் பணியாற்று வதற்கானது. இதன் சுற்றுப்பாதையில் உள்ள மற்ற செயற்கைக்கோள் கள் ஆளில்லாதவை. மற்ற செயற்கைக்கோள்களுடன் ஒப்பிடுகையில் சர்வதேச விண்வெளி நிலையம் வடிவில் பெரியது. ஆகவே எதிர்காலத்தில் சிறிய பொருள் மோதினால் விண்வெளி நிலையத்துக்கு சேதம் ஏற்படலாம் என்ற ஆபத்துஅம்சம் இருக்கத்தான் உள்ளது.

- 42 -

கடலுக்கடியில் நதிகள்

உலகின் கடல்களில் சில இடங்களில் கடல் நீரானது ஓரிடத்திலிருந்து வேறு இடத்துக்குச் சென்றுகொண்டே இருக்கின்றது. நதிகள் ஓடுவதுபோல கடலுக்கு அடியில் நீர்ப் பிரவாகம் பெருக்கெடுத்துச் செல்கிறது. இப்படி ஓடும் கடலடி நீரானது பல ஆயிரம் கிலோ மீட்டர் தொலைவுக்குச் செல்கிறது. இதை கடலடி நீரோட்டம் (Ocean Current) என்று சொல்கிறார்கள்.

உதாரணமாக பூமியின் நடுக்கோட்டுப் பகுதியில் அமைந்த மேற்கு இந்தியத் தீவுகளுக்கு அருகிலிருந்து கிளம்பும் ஒரு கடலடி நீரோட்டம் வட அமெரிக்கக் கண்டத்தின் கிழக்குக் கரையோரமாக வடக்கு நோக்கி ஓடி பிரிட்டிஷ் தீவுகளுக்கு அருகே போய் முடிகிறது.

இது நடுக்கோட்டுப் பகுதிலிருந்து அதாவது வெப்ப மண்டலப் பகுதியிலிருந்து செல்வதால் ஒப்பு நோக்குகையில் வெப்ப நீராக உள்ளது. இந்த நீரோட்டமானது 'கல்ப் ஸ்டிரீம்' (Gulf Stream) எனப்படுகிறது. இந்த நீரோட்டத்தில் தினமும் ஓடும் நீரின் அளவு உலகின் 20 பெரிய நதிகளில் ஓடுகின்ற மொத்த நீருக்கு இணையானது.

இந்த வெப்ப நீரானது கடும் குளிர் காலத்தில் பிரிட்டிஷ் தீவுகளிலும் ஐரோப்பாவின் கிழக்குக் கரை நாடுகளிலும் கடும் குளிர் வீசாமல் தடுக்கிறது. அதாவது இந்த நாடுகளில் குளிர் உண்டு என்றாலும் அது அவ்வளவாகக் கடும் குளிராக இருப்பதில்லை. தவிர குளிர் காலத்தில் இந்த நாடுகளின் துறைமுகங்களில் நீர் உறைந்து போகாமல் இது தடுக்கிறது.

பிரிட்டன், நார்வே நாடுகள் போன்று உலகில் அதே அட்சரேகைகளில் அமைந்த பிற இடங்களில் - கனடாவின் கிழக்குப் பகுதியில் - நிலவுகின்ற குளிருடன் ஒப்பிட்டால் பிரிட்டன் முதலான

நாடுகளில் குளிர் நிலைமை குறைவாக உள்ளதற்கு 'கல்ப் ஸ்டிரீம்' நீரோட்டமே காரணம்.

கரீபியன் பகுதியிலிருந்து இது கிளம்பும்போது இதன் அகலம் சுமார் 80 கிலோ மீட்டர். வேகம் மணிக்கு சுமார் 6.5 கிலோ மீட்டர். வடக்கே செல்லச் செல்ல இதன் வேகம் குறைகிறது. தொடக்கத்தில் 27 டிகிரி அளவுக்கு உள்ள வெப்பம் பின்னர் படிப்படியாகக் குறைகிறது.

இது ஒரு புறம் இருக்க, கடல் நீரோட்டங்களிலேயே இரண்டு வகைகள் உள்ளன. ஒன்று கடலின் மேல் மட்ட நீரோட்டம், மற்றொன்று ஆழ் கடல் நீரோட்டம். மேலே குறிப்பிட்ட கல்ப் ஸ்டிரீம் நீரோட்டம் மேல் மட்ட நீரோட்டம் ஆகும். மேல் மட்ட நீரோட்டம் கடல் மட்டத்திலிருந்து 400 மீட்டர் ஆழத்துக்குள்ளாக நிகழ்வதாகும்.

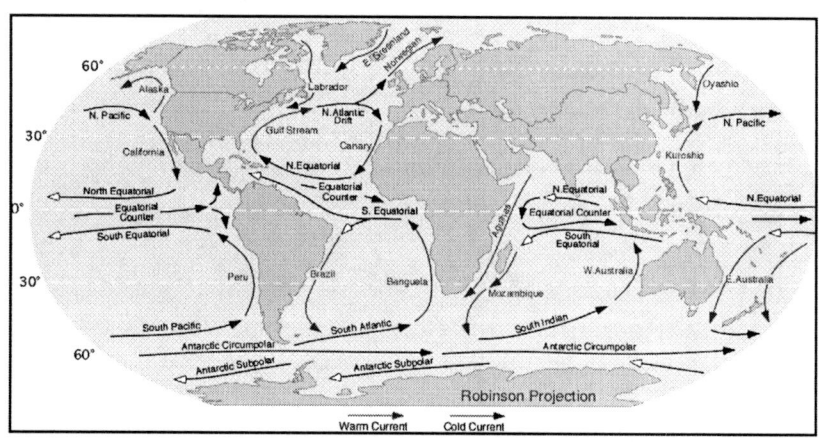

உலகின் கடல் நீரோட்டங்கள்

மேல் மட்ட நீரோட்டத்துக்கு முக்கிய காரணம், பூமியின் நடுக் கோட்டுக்கு இருபுறங்களிலும் கடல் நீரானது சூரிய வெப்பத்தால் சூடேறுவதாகும். இதனால் நீர் விரிவடைகிறது. அப்போது நடுக் கோட்டுக்கு அருகே கடல்களின் நீர் மட்டம் மித வெப்ப மண்டலத்து கடல்களை விட 8 சென்டி மீட்டர் உயரம் கொண்டதாகிறது. அதாவது கடல்களில் ஒரு பகுதி 'மேடு' போலாகிறது.

ஆகவே அங்கிருந்து 'சரிவை' நோக்கி கடல் நீர் பாய ஆரம்பிக்கிறது. காற்றும் சேர்ந்து கடல் நீரைத் தள்ளுகிறது. பூமி மேற்கிலிருந்து கிழக்கு நோக்கிச் சுழல்வதால் ஏற்படும் விளைவும் சேர்ந்து கொள்கிறது. இவை அனைத்தும் சேர்ந்து பல ஆயிரம் கிலோ மீட்டர்

விட்டம் கொண்ட ஒரு நீர்ச் சுழலை உண்டாக்குகிறது. இந்த நீர் வட்டம் பூமியின் நடுக்கோட்டுக்கு வடக்கே வலமிருந்து இடமாகச் சுழல்கிறது. நடுக்கோட்டுக்குத் தெற்கே இது இடமிருந்து வலமாகச் சுழல்கிறது.

இந்துமாக் கடல் உட்பட உலகின் பல கடல்களிலும் நீரோட்டங்கள் உள்ளன. இவை எல்லாமே வெப்பத்தைக் கொண்டு செல்பவை அல்ல. உலகில் சில இடங்களில் மிகக் குளிர்ந்ததாகவும் உப்பு அளவு அதிகமாகவும் உள்ள கடல் நீர் அதிக அடர்த்தி காரணமாக உள்ளே இறங்கும். அட்லாண்டிக் கடலின் வட கோடியில் இப்படி உள்ளே இறங்குகின்ற கடல் நீரானது நல்ல ஆழத்தில் குளிர் நீரோட்டமாகத் தெற்கு நோக்கிப் பாய்கிறது.

தென் கோடியில் அண்டார்டிக் கடல் பகுதியில் இவ்வாறு உள்ளே இறங்குகின்ற கடல் நீரானது வடக்கு நோக்கி தென் அமெரிக்காவின் மேற்கு கரை ஓரமாகப் பாய்கிறது. இதுவும் குளிர் நீரோட்டமே. உலகின் கடல்களில் பல நீரோட்டங்கள் உள்ளன.

- 43 -
படுத்த நிலையில் சூரியனைச் சுற்றும் கிரகம்

சூரிய மண்டலத்தில் ஒரு கிரகம் 'படுத்த நிலையில்' உருண்டு செல்கிறது. அதன் பெயர் யுரேனஸ். முதன் முதலில் தொலை நோக்கி மூலம் கண்டுபிடிக்கப்பட்ட கிரகம் யுரேனஸ்தான். பூமியானது பம்பரம்போல நெட்டுக்குத்தாக நின்ற நிலையில் தனது அச்சில் சுழல்கிறது. பம்பரம் சுழன்று முடித்தபின் தலைசாய்ந்து கீழே விழும். அப்படி கீழே விழுந்த பம்பரம் போன்ற நிலையில் யுரேனஸ்

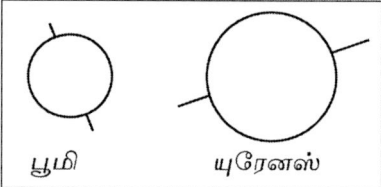

சுழல்கிறது. அதாவது அது படுத்த நிலையில் உள்ளது. ஆகவே அதன் வட துருவம் சூரியனைப் பார்த்தபடி உள்ளது. பல கோடி ஆண்டுகளுக்கு முன்னர் யுரேனஸும் மற்ற கிரகங்களைப் போல செங்குத்து நிலையில் இருந்திருக்க வேண்டும் என்றும் பின்னர் பூமி அளவுள்ள ஒரு கிரகம் மோதியதால் அது தலை சாய்ந்திருக்க வேண்டும் என்றும் நிபுணர்கள் கருதுகின்றனர்.

சனி கிரகத்துக்கு அப்பால் ஒரு கிரகம் இருக்கலாம் என்று மிக நீண்டகாலம் யாருக்குமே தோன்றவில்லை. சக்திமிக்க தொலை நோக்கி வந்தபிறகுதான் யுரேனஸ் கண்டுபிடிக்கப்பட்டது. அதைக் கண்டுபிடித்தவர் ஜெர்மனியிலிருந்து இங்கிலாந்தில் வந்து குடியேறியவரான வில்லியம் ஹெர்ஷல். அவர் பாண்ட் வாத்தியக் கலைஞர். சில காலம் ஜெர்மன் ராணுவத்தில் பாண்ட் வாத்தியக் குழுவில் பணியாற்றினார். இங்கிலாந்துக்கு வந்ததும் கிறிஸ்தவ தேவாலயத்தில் ஆர்கன் என்னும் இசைக் கருவியை வாசிக்கும் நிரந்தர வேலை கிடைத்தது.

எனினும் ஹெர்ஷலுக்கு அறிவை வளர்த்துக்கொள்வதில் அடங்கா ஆர்வம் இருந்தது. அவர் தற்செயலாக வானவியல் பற்றிய ஒரு

நூலைப் படித்த போது அது அவரது வாழ்க்கையில் ஒரு திருப்பு முனையாக அமைந்தது. 35வது வயதை எட்டிய நிலையில் அவர் ஒரு தொலை நோக்கியை வாடகைக்கு எடுத்து வானை ஆராய ஆரம்பித்தார். பிறகு தொலை நோக்கிகளை எப்படிச் செய்வது என்பதைக் கற்றுக்கொண்டு தாமே தொலை நோக்கிகளைத் தயாரிக்கலானார். தமது வாழ்நாளில் அவர் ஏராளமான தொலை நோக்கிகளை உருவாக்கினார். எனினும் வானவியல் ஆராய்ச்சியே அவரது பிரதான குறியாக இருந்தது.

குளிர்ப் பிரதேசமான இங்கிலாந்தில் ஹெர்ஷல் கடும் குளிரையும் பொருட்படுத்தாமல் இரவெல்லாம் வானை ஆராய்வார். எல்லாவற்றுக்கும் குறிப்புகளை எடுத்து வைத்துக்கொண்டார். அவர் முக்கியமாக நட்சத்திரங்களை ஆராயலானார். நட்சத்திரங்கள் இடம் பெயருபவை அல்ல. நட்சத்திர மண்டலங்கள் அவருக்கு அத்துபடியாக இருந்ததால் 1781 மார்ச் 31ம் தேதி நட்சத்திரங்கள் இடையே ஓர் ஒளிப்புள்ளி இடம் பெயருவதைக் கண்டுபிடித்தார். அதுபற்றி அவர் இங்கிலாந்தின் உயர் அறிவியல் அமைப்பான ராயல் சொசைடிக்குத் தெரிவித்தார். பல வானவியல் நிபுணர்களும் அதை ஆராய்ந்தனர். இறுதியில் அந்த ஒளிப்புள்ளி அதுவரை அறியப்படாத புதிய கிரகம் என்பது புலனாகியது.

ஹெர்ஷல் புதிய கிரகத்தைக் கண்டுபிடித்தவர் என்ற பெருமையைப் பெற்றார். அதற்கு யுரேனஸ் என்று பெயரிடப்பட்டது.

சூரிய மண்டலத்திலேயே மிகப் பெரியதான வியாழனைவிட யுரேனஸ் கிரகம் சிறியதுதான். ஆனால் யுரேனஸ் கிரகம் பூமியைவிட 67 மடங்கு பெரியது. அது வியாழன், சனி ஆகியவற்றைப்போலவே வாயு உருண்டைதான். யுரேனஸை 15 சந்திரன்கள் சுற்றுகின்றன. யுரேனஸ் படுத்த நிலையில் இருப்பதால் அதன் சந்திரன்கள் அக் கிரகத்தை மேலும் கீழுமாகச் சுற்றுகின்றன. நாம் யுரேனஸ் அருகே சென்று பார்க்க முடியுமானால் அது பெரிய ஜெயண்ட் வீல் மாதிரியில் காட்சி அளிக்கும்.

ஹெர்ஷல் புதிய கிரகத்தைக் கண்டுபிடித்தார் என்றாலும் அவரது பிரதான ஆராய்ச்சி நட்சத்திரங்களைப் பற்றியதாகவே இருந்தது. நட்சத்திர ஆய்வு என்ற புதிய துறையை அவர் தோற்றுவித்ததால் ‘நட்சத்திர வானவியலின் தந்தை’ என்று போற்றப்படுகிறார்.

- 44 -

செறிவேற்றப்பட்ட யுரேனியம் என்பது என்ன?

இந்தியாவில் இப்போது பெரும்பாலான அணுமின் நிலையங்கள் சாதாரண யுரேனியத்தைப் பயன்படுத்துபவையே. மும்பை அருகே தாராப்பூரில் உள்ள அணுமின் நிலையத்தின் முதல் இரண்டு யூனிட்டுகள் (அமெரிக்க உதவியுடன் நிறுவப்பட்டவை) மட்டுமே செறிவேற்றப்பட்ட யுரேனியத்தைப் பயன்படுத்தி மின்சாரத்தை உற்பத்தி செய்பவையாகும்.

அணுசக்தி தொடர்பாக அமெரிக்காவுடன் இந்தியா செய்துகொண்டுள்ள உடன்பாட்டைத் தொடர்ந்து இந்தியாவில் செறிவேற்றப்பட்ட அணுமின் நிலையங்கள் நிறையவே நிறுவப்படலாம். தமிழகத்தில் ஏற்கெனவே ரஷிய உதவியுடன் கூடங்குளத்தில் நிறுவப்பட்டுள்ள அணுமின் நிலையங்களும் செறிவேற்றப்பட்ட யுரேனியத்தைப் பயன்படுத்துபவையாகும்.

சொல்லப் போனால் சாதாரண யுரேனியத்துக்கும் செறிவேற்றப்பட்ட யுரேனியத்துக்கும் (Enriched Uranium) அற்ப அளவில்தான் வித்தியாசம் உள்ளது. ஆனால் இந்த அற்ப வித்தியாசம் பெருத்த விளைவை உண்டாக்கக்கூடியது.

எந்த அணுவாக இருந்தாலும் அதன் மையக்கருவில் புரோட்டான்களும் நியூட்ரான்களும் உண்டு. யுரேனிய அணுவிலும் இப்படித்தான். யுரேனிய அணுக்கள் அனைத்திலும் சொல்லி வைத்தாற் போல 92 புரோட்டான்களே இருக்கும். ஆனால் யுரேனியக் கட்டி ஒன்றில் பெரும்பாலான அணுக்கள் ஒவ்வொன்றிலும் 146 நியூட்ரான்கள் இருக்கும். அபூர்வமாக சில யுரேனிய அணுக்களில் 143 நியூட்ரான்கள் இருக்கும். வேறு சிலவற்றில் 142 நியூட்ரான்கள் இருக்கலாம்.

எல்லாமே யுரேனிய அணுக்கள் என்றாலும் வெவ்வேறான யுரேனிய அணுக்களை தனிப்படுத்திக் கூற ஒரு முறை கையாளப்படுகிறது. அதாவது புரோட்டான்களின் எண்ணிக்கை, நியூட்ரான்களின் எண்ணிக்கை ஆகியவற்றின் கூட்டுத் தொகையை வைத்து வேறுபடுத்திக் கூறுவது இந்த முறையாகும். இதன்படி பார்க்கும்போது யுரேனியம் - 238 (92ஐயும் 146யும் சேர்த்து) யுரேனியம் - 235, யுரேனியம் - 234 என மூன்று வகை யுரேனிய அணுக்கள் உள்ளன.

செறிவேற்றப்பட்ட யுரேனியத்தைப் பயன்படுத்தும் அமெரிக்க அணுமின் நிலையம்

இவற்றை நோக்கி ஒரு நியூட்ரானைச் செலுத்தினால் வெவ்வேறு விளைவுகள் உண்டாகும். யுரேனியம் - 238மீது நியூட்ரானைச் செலுத்தினால் அனேமாக அது அந்த நியூட்ரானை விழுங்கிவிடும். யுரேனியம் - 235 மீது நியூட்ரானைச் செலுத்தினால் அந்த அணு பல கூறுகளாக உடைந்து அதே சமயத்தில் பல நியூட்ரான்கள் வெளிப்படும். இவை ஒவ்வொன்றும் அண்டையிலுள்ள வேறு யுரேனியம் – 235 அணுக்களைத் தாக்கும்.

இப்படியே தொடர்ந்து கோடிக்கணக்கான அணுக்கள் பிளவுபட்டால் அது மாபெரும் வெடிப்பாக இருக்கும். அதுதான் அணுகுண்டு. அதாவது யுரேனியக் கட்டியிலிருந்து யுரேனியம் – 235 அணுக்களை மட்டும் பிரித்து அணுகுண்டு செய்கிறார்கள்.

சுரங்கத்திலிருந்து எடுக்கப்படுகிற யுரேனியத்தில் மிக அற்ப அளவுக்கு - 0.72 சதவிகித அளவுக்கே யுரேனியம் – 235 அணுக்கள்

உள்ளன. ஆகவே யுரேனியக் கட்டி ஒன்றிலிருந்து யுரேனியம் – 235 அணுக்களை மட்டும் தனியே பிரித்தெடுப்பது என்பது மிகக் கடினமான பணியாகும்.

எல்லா யுரேனிய அணுக்களும் ஒரே தன்மை கொண்டவை. ஆனால் யுரேனியம் – 238 அணுவுக்கும் யுரேனியம் – 235 அணுவுக்கும் உள்ள ஒரே வித்தியாசம் கூடுதலாக 3 நியூட்ரான்கள் உள்ளன என்பது மட்டுமே. கண்ணுக்கே தெரியாத இந்த மிகநுண்ணிய துகள்கள் மூன்றின் எடை என்பது மிக மிக அற்பமே.

எனினும் இந்த எடை வித்தியாச அடிப்படையில் குறைந்தது இரு முறைகளை உருவாக்கி இவற்றைத் தனித் தனியே பிரிக்கிறார்கள். ஒரு கட்டியில் 90 சதவிகித அளவுக்கு யுரேனியம் – 235 அணுக்கள் இருந்தால் அது அணுகுண்டு ரக (Weapon grade) யுரேனியமாகும்.

ஆனால் அணுமின் நிலையங்களில் பயன்படுத்த அவ்வளவு சுத்தமான யுரேனியம் தேவை இல்லை. யுரேனியக் கட்டியில் 2.5 முதல் 3.5 சதவிகித அளவுக்கு யுரேனியம் - 235 அணுக்கள் இருந்தால் அதுவே போதுமானது. அதுவே செறிவேற்றப்பட்ட யுரேனியம் என்று குறிப்பிடப்படுகிறது. இந்த யுரேனியம்தான் அமெரிக்க அணுமின் நிலையங்களிலும் அமெரிக்க உதவியுடன் பிற நாடுகளில் நிறுவப்பட்ட அணுமின் நிலையங்களிலும் மின் உற்பத்திக்குப் பயன்படுத்தப்படு கிறது.

ஏற்கெனவே கூறியபடி இந்தியாவின் பெரும்பாலான அணுமின் நிலையங்களில் சாதாரண யுரேனியமே பயன்படுத்தப்படுகிறது. இந்த வகை அணுமின் நிலையங்கள் ஒருவித டிசைனில் அமைக்கப் பட்டவை. இத்துடன் ஒப்பிட்டால் அமெரிக்கப் பாணி அணுமின் நிலையங்கள் வேறு டிசைனில் அமைக்கப்பட்டவை. இந்த இரண்டிலும் வெவ்வேறான சாதக பாதகங்கள் உள்ளன.

- 45 -

இமயமலையில் பனிமனிதன்?

இமயமலையில் மிகுந்த உயரத்தில், எப்போதும் உறைபனி படிந்த பகுதியில், கடும் குளிரிலிருந்து பாதுகாப்பு அளிக்கின்ற ஆடை இல்லை என்றால் ஒருவர் குளிர் தாக்கி விரைவில் மரணமடைந்து விடுவார். உறை பனி படிந்த, அத்துடன் கடும் குளிர் வீசுகின்ற பகுதிகளில் கால்களை சரிவரப் பாதுகாக்கவில்லை என்றால் கால் விரல்கள் 'செத்து' விடும். அவற்றை துண்டிப்பதைத் தவிர வேறு வழி கிடையாது.

ஆனாலும் இமயமலைப் பிராந்தியத்தில் உயரமான இடங்களில் உடல் முழுவதும் ரோமம் வளர்ந்த 'பனிமனிதன்' அல்லது 'பனிமனிதர்கள்' வாழ்வதாக அவ்வப்போது செய்திகள் வந்துகொண்டிருக்கின்றன. கடந்த காலத்தில் பலரும் இமயமலையில் மிக உயர்ந்த பகுதிகளில் பனிமனிதனின் காலடித் தடங்களைத் தாங்கள் கண்டதாகக் கூறியிருக்கிறார்கள். அபூர்வமாக சிலர் பனிமனிதனைத் தாங்கள் பார்த்ததாகவும் கூறியுள்ளனர். இந்த பனிமனிதனுக்கு 'யேதி' (Yeti) என்று பெயரிட்டுள்ளனர்.

அமெரிக்காவைச் சேர்ந்த கிரேய்க் கலோனிகா என்ற மலையேறும் நிபுணர் தாம் ஒன்றல்ல இரண்டு யேதிகளைக் கண்டதாக 1998ல் கூறினார். அவர் எவரெஸ்ட் சிகரம்மீது ஏறிவிட்டு வழக்கத்துக்கு மாறாக மறுபுறம் வழியே கீழே இறங்குகையில் அவற்றைக் கண்டதாகத் தெரிவித்தார்.

'சாதாரண மனிதனைப்போல அது சுமார் 6 அடி உயரம் இருந்தது. நிமிர்ந்து நின்றது. உடல் முழுவதும் கரு கருவென ரோமம். சற்றே கூன் போட்டதாக இருந்தது. நீண்ட புஜங்கள். கைகள் அகன்று பருத்துக் காணப்பட்டன. சற்று நேரத்தில் சற்றே சிறிய உருவம் கொண்ட இன்னொரு யேதி வந்து நின்றது' என்று அவர் வர்ணித்தார்.

இமயமலைப் பிராந்தியத்தில் கடந்த காலத்தில் நிபுணர்கள் சிலர் உறை பனியில் பதிந்த காலடித் தடங்களைப் போட்டோ எடுத்து

வந்துள்ளனர். இவை யேதியின் காலடித் தடங்களாக இருக்கலாம் என்று வர்ணிக்கப் பட்டுள்ளது. அவற்றில் ஒன்று 33 சென்டி மீட்டர் அகலமும் 45 சென்டி மீட்டர் நீளமும் கொண்டதாகக் காணப்பட்டது. இது சாதாரண மனிதனின் காலடித் தடத்தைவிடப் பெரியது.

யேதியைத் தேடிக் கண்டுபிடிப்பதற்கென்றே பல மலையேற்றக் குழுக்கள் இமயமலைப் பிராந்தியத்துக்கு வந்து சென்றுள்ளன. யேதி குறித்து பல கட்டுரைகளும் ஆய்வு நூல்களும் வெளியாகியுள்ளன.

ஆனால் இமயமலை போன்று மிக உயரமான இடங்களில் சிலருக்கு மனப் பிரமை ஏற்பட வாய்ப்பு உண்டு. கண் முன்னே விசித்திரமான தோற்றங்கள் தெரியலாம். ஆகவே மேற்படி அமெரிக்கர் கூறியது எந்த அளவுக்கு உண்மை என்பது தெரியவில்லை. ஆனால் அந்த அமெரிக்கரோ அது பிரமை அல்ல என்கிறார்.

ரஷிய சைபீரியா பிராந்தியத்தில் ஆல்டாய் மலைகளில் சுமார் 3500 மீட்டர் உயரத்தில் 2003 ஆம் ஆண்டில் ஓர் உறுப்பு கண்டுபிடிக்கப் பட்டதானது யேதி பற்றிய விவாதத்தை மீண்டும் கிளப்பியது. அதை மலையேறி ஒருவர் கண்டெடுத்தார். அது பல ஆயிரம் ஆண்டுகளுக்கு முன் வாழ்ந்த மனிதன் போன்ற விலங்கின் உறுப்பாக இருக்கலாம் என்று கருதப்படு கிறது.

நிரந்தர உறைபனிப் பிராந்தியத்தில் புதைந்து கிடந்ததால் அது அழுகிப் போகவில்லை. அதை நிபுணர்கள் எக்ஸ்ரே எடுத்தும் வேறு வகைகளிலும் சோதித்துப் பார்த்தனர். அந்த உறுப்பு எந்த ஒரு விலங்கின் உறுப்பாக இருக்கலாம் என்று யாராலும் உறுதியாகச் சொல்ல முடியவில்லை. இது மனிதனின் கால் போன்று உள்ளது என்று ஒரு நிபுணர் கூறினார். சைபீரியா வாழ் மக்களோ இது யேதியின் காலாகத் தான் இருக்க வேண்டும் என்று கருதுகின்றனர்.

இமயமலையின் உயர்ந்த சிகரங்களில் மனிதன் வாழ முடியாதுதான். ஆனால் அதே போன்று கடும் குளிர் நிலைமை உள்ள ஆர்டிக் பிராந்தியத்தில் அடர்ந்த ரோமம் கொண்ட வெள்ளைக் கரடிகள் வாழத்தான் செய்கின்றன. அந்த ரோமமும், கொழுப்பு நிறைந்த தடித்த தோலும் அவற்றைக் கடும் குளிரிலிருந்து பாதுகாக்கின்றன. ஆகவே இமயமலையின் உச்சிப் பகுதிகளில் மனிதனையொத்த யேதி வாழ முடியலாம் என்றும் வாதிக்கப்படுகிறது. எனினும் யேதி இருப்பதாக இதுவரை திட்டவட்டமாக நிரூபிக்கப்படவில்லை.

யேதி இருக்கிறதோ இல்லையோ யேதியை வைத்து பல நூல்கள், நாவல்கள் எழுதப்பட்டுள்ளன. டி.வி. சீரியல்கள், சினிமாப் படங்களும் எடுக்கப்பட்டுள்ளன. கம்ப்யூட்டர் கேம்ஸிலும் யேதி இடம் பெற்றுள்ளது.

- 46 -

நிலா, நிலா ஓடிப் போ!

'நிலா நிலா ஓடி வா, நில்லாமல் ஓடி வா...' என குழந்தைகளுக்கான பாட்டு ஒன்று உண்டு. சந்திரனை நெருங்கி வருமாறு இப் பாட்டு அழைப்பதாகச் சொல்லலாம். ஆனால் உண்மையில் சந்திரன் பூமியை விட்டு விலகிப் போய்க்கொண்டிருக்கிறது. இது ஆண்டொன்றுக்கு 3.8 சென்டி மீட்டர் அளவில் உள்ளது. சந்திரன் விலகுவதை இவ்வளவு துல்லியமாகக் கண்டுபிடிக்க வழி இருக்கிறது.

1969ல் சந்திரனுக்குச் சென்ற அமெரிக்க விண்வெளிவீரர்கள் அங்கு செங்குத்துக் கோண வடிவிலான கண்ணாடியை (Mirror) வைத்து விட்டு வந்தனர். அதை நோக்கி லேசர் ஒளியைச் பாய்ச்சினால் அந்த ஒளி பிரதிபலிக்கப்பட்டு மறுபடி பூமிக்கே வந்துசேரும். இந்த ஒளி திரும்பி வந்து சேர எவ்வளவு நேரம் ஆகிறது என்பதை வைத்து சந்திரன் எவ்வளவு தொலைவில் உள்ளது என்பதை மிகத் துல்லியமாகக் கண்டறிய முடிகிறது. (கீழே படம் காண்க)

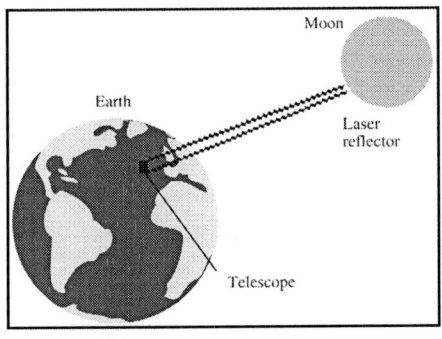

சந்திரன் ஏதோ இப்போது தான் விலக ஆரம்பித்துள்ளதாக நினைத்தால் தவறு. சந்திரன் பல கோடி ஆண்டுகளுக்கு முன்னர் உருவான போது அது பூமியிலிருந்து 22, 530 கிலோ மீட்டர் தொலைவில் இருந்ததாகக் கணக்கிடப்பட்டுள்ளது. 250 கோடி ஆண்டுகளுக்கு முன்பிருந்தே அது விலகி வருகிறது. அக் காலகட்டத்தில் அது ஆண்டொன்றுக்கு 1.27 சென்டி மீட்டர் வீதம் விலகி வந்தது. பின்னர் இது 1.95 சென்டி மீட்டராக அதிகரித்தது. சுமார் 61 கோடி ஆண்டுகளுக்கு முன்னர் இது 2.16 சென்டி மீட்டராக இருந்தது.

சந்திரன் இப்போது பூமியிலிருந்து சராசரியாக 3, 84, 000 கிலோ மீட்டர் தொலைவில் உள்ளது. பூமியை சந்திரன் சுற்றுகிற பாதை மிகச்சரியான வட்டம் இல்லை என்பதால் ஒரு சமயம் அது பூமியிலிருந்து 3, 63, 000 கிலோ மீட்டர் தொலைவிலும் வேறு சமயங்களில் 4, 06, 000 கிலோ மீட்டர் தொலைவிலும் உள்ளது. அதாவது சந்திரனின் சுற்றுப்பாதை சற்றே நீள் வட்டமாக உள்ளது.

பூமியிலிருந்து சந்திரன் விலகிச் செல்வதால் நமக்கு சில வகைகளில் பாதிப்புகள் ஏற்படலாம். முதலாவதாக பூமியின் சுழற்சி வேகம் சற்றே குறையலாம். அப்படி சுழற்சி வேகம் குறையும்போது பூமி தனது அச்சில் தன்னைத் தானே ஒருமுறை சுற்றிக்கொள்வதற்கு இப்போதுள்ளதைவிட அதிக நேரத்தை எடுத்துக்கொள்ளும். அதாவது ஒருநாள் என்பது நூற்றாண்டுக்கு 0.0018 வினாடி வீதம் அதிகரித்து வருகிறது. தவிர, பூமியில் கடல்களில் அலையேற்றம் ஏற்படுவது இப்போதுள்ளதைவிட சற்றே குறையலாம்.

சந்திரனிலும் சில பாதிப்புகள் ஏற்படும். சந்திரனைவிட பூமி வடிவில் பெரியது. ஆகவே பூமியின் ஈர்ப்பு சக்தி அதிகம். சந்திரன்மீது பூமியின் ஈர்ப்பு பிடி வலுவாக இருப்பதன் காரணமாக சந்திரனின் சுழற்சி வேகம் இப்போது கடுமையாகப் பாதிக்கப்பட்டுள்ளது. ஆகவேதான் அது தனது அச்சில் ஒருமுறை சுழல (சூரியனை வைத்துக் கணக்கிட்டால்) சுமார் 29.5 நாட்கள் ஆகின்றன. சந்திரன் தனது சுற்றுப்பாதையில் பூமியை ஒருமுறை சுற்றி முடிக்கவும் (சூரியனை வைத்துக் கணக்கிட்டால்) அதே 29.5 நாட்கள் ஆகின்றன. இதன் விளைவாக சந்திரன் எப்போதும் பூமிக்குத் தனது ஒரு புறத்தையே காட்டிக்கொண்டிருக்கிற நிலை உள்ளது.

சந்திரன் கணிசமான தொலைவு விலகிச் செல்லும்போது அதன்மீது பூமியின் ஈர்ப்புப் பிடி அந்த அளவுக்கு குறையத்தான் செய்யும். ஆகவே சந்திரன் தனது அச்சில் இப்போது உள்ளதைவிட வேகமாகச் சுழல ஆரம்பிக்கும். அதே நேரத்தில் பூமியை ஒரு தடவை சுற்றி முடிக்க இப்போதுள்ளதைவிட அதிக காலத்தை எடுத்துக்கொள்ளும்.

சூரிய கிரகண விஷயத்திலும் மாறுதல் இருக்கும். சந்திரன் குறுக்கே வந்து நிற்பதால் இப்போது பூரண சூரிய கிரகணத்தின்போது சூரியனின் ஒளி வட்டம் முற்றிலுமாக மறைக்கப்படுகிறது. பூமியிடமிருந்து சந்திரன் மேலும் மேலும் விலகிச் செல்லும்போது எப்போதும்போல சாதாரண சூரிய கிரகணம் இருக்கும். ஆனால் பூரண சூரிய கிரகணத்துக்கே வாய்ப்பு இராது.

- 47 -
ரோபாட்டுகள் பல வகை

இப்போது வகைவகையான ரோபாட்டுகள் வந்துள்ளன.

சிலர் சொல்வதுபோல இவற்றின் பெயர் ரோபோக்கள் அல்ல. ரோபாட்டுகளே. ஏதோ ஒரு விஞ்ஞானக் கதையில் இடம் பெற்ற ரோபாட்டின் பெயர் ரோபோ என வைக்கப்பட்டது என்பது என்னவோ உண்மை. ஆனால் எல்லா ரோபாட்டுகளையும் ரோபோ என்று சொல்வது தவறு.

அமெரிக்க நிபுணர் ஒருவர் அண்மையில் உருவாக்கியுள்ள மனிதன் போன்ற ரோபாட்டின் பெயர் ஆல்பர்ட் ஐன்ஸ்டீன். அந்த ரோபாட்டின் முகம் அனேகமாக ஐன்ஸ்டீன் முகம் போலவே உள்ளது. எல்லாம் கழுத்து வரைதான். அதற்குக் கீழே அது யந்திரம்.

இன்னொரு நிறுவனம் உருவாக்கியுள்ள ரோபாட்டின் பெயர் லியனார்டோ டாவின்சி. பிரபல இத்தாலிய விஞ்ஞானியின் பெயரைத் தாங்கிய அதன் உருவம் என்னவோ விலங்கு வடிவில் உள்ளது. அதுவும் கூட அது கற்பனை விலங்குதான். இது முகத்தில் பல முகபாவங்களைக் காட்ட வல்லது.

ரோபாட்டுகளைத் தயாரிக்கும் துறையில் மிக வேகமான முன்னேற்றம் ஏற்பட்டு வருகிறது. ஆரம்ப காலத்தில் ரோபாட்டுகள் முக்கியமாக ஆலைகளில் பயன்படுத்தப்பட்டன. இவை ஒரு சமயம் மனித யந்திரங்கள் என்று வர்ணிக்கப்பட்ட போதிலும் ஆரம்ப காலத்து ரோபாட்டுகளுக்கும் மனித உருவத்துக்கும் எவ்வித சம்பந்தமும் இல்லாமல் இருந்தது.

இன்றும் ஆலைகளில் பயன்படுத்தப்படுகிற ரோபாட்டுகளைப் பார்த்தால் யாரும் அதை மனித யந்திரம் என்று சொல்லத் துணிய மாட்டார். தூண்களில் நிலையாகப் பொருத்தப்பட்ட நீண்ட 'கை' போன்ற யந்திரக் கருவி அது. நட்டு, போல்ட் அல்லது அதுபோன்ற

உறுப்புகளை ஒரு யந்திரத்தில் பொருத்த வேண்டியதுதான் அதன் பணி. அது ஓயாது அதே பணியைச் செய்துகொண்டிருக்கும்.

வெல்டிங் வேலைக்கான ரோபாட்

அலுப்பு சலிப்பின்றி மூன்று ஷிப்டுகளிலும் ஒரே மாதிரி வேலையை செய்வதற்கு மிகவும் ஏற்றது என்ற அளவில் தான் ஆலைகளுக்கான ரோபாட்டுகள் உண்டாக்கப்பட்டன. அவை 24 மணி நேரமும் செயல்படக் கூடியவை. அவை வேலைக்கு வராமல் மட்டம் போடாது. அடிக்கடி காண்டீனுக்குப் போகாது. வேலையின்போது அரட்டை அடிக்காது. போனஸ் கேட்காது, கொடி பிடிக்காது. தொழிலாளர் பற்றாக்குறை உள்ள நாடுகளுக்கு ஆலைகளில் ஒரேவிதமான வேலைகளைச் செய்ய ரோபாட்டுகள் பொருத்தமே.

கதிரியக்கம் இருக்கின்ற அணு உலைகள், ஆலைகளில் எளிதில் செல்ல முடியாத இடங்கள் முதலியவற்றை ஆராய்ந்து தகவல் பெறவும் ரோபாட்டுகள் உகந்தவை.

இப்போது மேலை நாடுகளில் வசதியைக் கருதியும், கூடுதல் ஊழியர்களை அமர்த்துவதற்கு ஆகும் செலவைக் கருதியும் மருத்துவமனைகளில் ரோபாட்டுகள் பயன்படுத்தப்படுகின்றன. அமெரிக்காவில் டெட்ராய்ட் நகர மருத்துவமனையில் 'ரோசி' என்ற ரோபாட் நர்ஸ் பணியில் ஈடுபடுத்தப்பட்டுள்ளது. இது நோயாளிகளின் அறைகளுக்கு நகர்ந்து செல்லக்கூடியது.

அதன் தலை இருக்கவேண்டிய இடத்தில் ஒரு கம்யூட்டர் ஸ்கிரீன். அதில் டாக்டர் முகம் தெரியும். ரோபாட்டில் காமிரா உண்டு. டாக்டர் இதன்மூலம் வீட்டில் இருந்தபடி அல்லது வெளிநாட்டில் இருந்தபடி நோயாளியைக் காணமுடியும். நோயாளியுடன் பேச முடியும். அமெரிக்காவில் பல மருத்துவ மனைகளில் இப்படியான ரோபாட்டுகள் ஈடுபடுத்தப்பட்டுள்ளன.

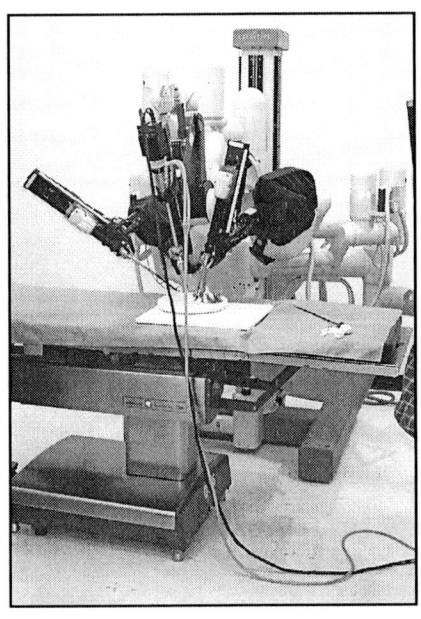

லாப்ரோஸ்கோபி அறுவை சிகிச்சை செய்யக்கூடிய ரோபாட்

பிரிட்டனில் ஒரு ரோபாட் நோயாளிகளுக்குத் தேவையான மருந்துகளை எடுத்துக்கொடுப்பதில் ஈடுபடுத்தப்பட்டுள்ளது.

நியூயார்க் மருத்துவமனையில் ஒரு ரோபாட் அறுவை சிகிச்சையின் போது டாக்டர் அருகே நின்றபடி அவருக்குத் தேவையான கருவிகளை வழங்கியுள்ளது.

பொழுது போக்கு மற்றும் காட்சிப் பொருள்களான ரோபாட்டுகள் நிறையவே வந்துள்ளன. சீனாவில் பெண் வடிவில் உருவாக்கப் பட்டுள்ள ஒரு ரோபாட் பாடுகிறது. ஆடுகிறது.

புதுப் புது ரோபாட்டுகளை உருவாக்குவதில் உலகில் ஜப்பான் முதலிடம் வகிக்கிறது. அந்த நாட்டில் எண்ணற்ற வகையிலான ரோபாட்டுகள் உருவாக்கப் பட்டுள்ளன. முகத்தில் பல வித உணர்ச்சி களைக் காட்டும் மனித வடிவிலான ரோபாட்டுகளும் இவற்றில் அடங்கும்.

டோக்கியோ பல்கலைக் கழகத்தில் நுழைவாயிலில் அசல் பெண் போன்ற ஒரு ரோபாட். அதன் பெயர் சாயா. உள்ளே நுழைபவர்களை வரவேற்பது அதன் பணி. ஊழியர் ஒருவர் நுழைந்தபோது அது அவரை வரவேற்கத் தவறியது. இந்த ரோபாட்டை உருவாக்கிய பேராசிரியர் அதைக் கவனித்து சாயாவிடம் சென்று 'முட்டாள்' என்று கூறி கடிந்து கொண்டார். உடனே அந்த பெண் ரோபாட் முகத்தை சுளித்துக்கொண்டு 'நானா? நான் ஒன்றும் முட்டாள் அல்ல' என்று பதிலளித்தது.

- 48 -
மலை மீது 'மரண மண்டலம்'

இமயமலை மீதுள்ள எவரெஸ்ட் சிகரம் உலகிலேயே மிக உயரமானது. 1953 ஆம் ஆண்டில் மே 29ம் தேதி டென்சிங்கும், ஹில்லேரியும் முதன் முதலாக இச் சிகரத்தின்மீது ஏறி சாதனை புரிந்தபிறகு பல நூறு மலையேற்ற வீரர்கள் அச் சிகரத்தை வென்றுள்ளனர். எவரெஸ்ட்மீது ஏறுவது என்பது இன்னமும் ஒரு சாதனையாகவே கருதப்படுகிறது.

எவரெஸ்ட் போன்ற சிகரங்கள்மீது ஏறும்போது பயன்படுத்துவதற்கென புதுப் புது கருவிகள் கண்டுபிடிக்கப்பட்டிருக்கலாம். ஆபத்து என்றால் உடனே உதவிக்கு அழைக்க நவீன தகவல் தொடர்பு கருவிகள் உருவாக்கப்பட்டிருக்கலாம். ஆனாலும் இமயமலை, ஆல்ப்ஸ் மலை, ஆண்டீஸ் மலை ஆகியவற்றின் மிக உயரமான மலைச் சிகரங்கள்மீது ஏறுவதில் உள்ள ஆபத்துகள் எந்த வகையிலும் குறைந்துவிடவில்லை.

3000 மீட்டருக்கும் அதிகமான சிகரங்களை ஒரே மூச்சில் ஏற முற்பட்டால் ஒருவரை 'உயர்மலை நோய்' தாக்கும் ஆபத்து உள்ளது. இந்த நோய் தாக்கினால் உயிருக்கே ஆபத்து ஏற்படலாம். இந்த நோய் தாக்காமல் தடுத்துக்கொள்ள வழி இருக்கிறது.

இதன்படி உயர்ந்த சிகரங்களில் ஏறுவோர் குறிப்பிட்ட உயரம்வரை ஏறுகின்றனர். பிறகு அங்கு முகாம் அமைத்து ஓரிரு நாட்கள் தங்குகின்றனர். பிறகு மேலும் சற்று உயரம் ஏறுவர். அங்கு முகாம் அமைக்கின்றனர். ஆனால் கீழ் முகாமுக்கு வந்து உறங்குகின்றனர். இப்படியாக வெவ்வேறு உயரங்களில் முகாம்களை அமைத்துக் கொண்டு படிப்படியாக ஏறுவர். மலைகளில் அந்தந்த உயரங்களில் உள்ள நிலைமைகளுக்கு உடல் பழகிக் கொள்வதற்கே இந்த ஏற்பாடு.

அடிவாரத்திலிருந்து மேலும் மேலும் உயரே செல்லும்போது காற்று அடர்த்தி குறைகிறது. மலைகளில் மிக உயரத்தில் நீங்கள் என்னதான் இழுத்து மூச்சுவிட்டாலும் உள்ளே செல்லும் காற்றில் ஆக்சிஜன் அளவு குறைவாகத்தான் இருக்கும். ஆகவே உடலுக்குப் போதுமான ஆக்சிஜன் கிடைக்காது. ஆகவே மூச்சுவிடுவதில் சிரமம் இருக்கும். தலைவலி ஏற்படும். வயிற்றுக் குமட்டல் இருக்கும். பசி இராது.

உடலில் மிகுந்த சோர்வு ஏற்படும். இரவில் சரியான உறக்கம் இராது. கால் பதித்து நான்கு அடி நேராக நடக்க இயலாது. நாடித் துடிப்பு அதிகரிக்கும். உட்கார்ந்துவிட்டு எழுந்தாலே நீண்ட தூரம் ஓடிவிட்டு வந்ததுபோல மூச்சு வாங்கும். மன நிலை பாதிக்கப்படுகிற ஆபத்தும் உள்ளது. ஒருவர் தானாகப் பேச ஆரம்பிப்பார். எதிரே யாரோ இருப்பதுபோலத் தோன்றும். ஒரு சிலர் தாம் என்ன செய்கிறோம் என்பது தெரியாமல் அணிந்துள்ள கம்பளி ஆடைகளைக் கழற்றி எறிய முற்படுவார். கடுமையான நிலைமைகளில் மூளையில் திரவம் சேரும். நுரையீரல்களில் திரவம் சேரும். அப்போது ரத்தத்தில் ஆக்சிஜன் அளவு குறையும். இறுதியில் மரணம் ஏற்படலாம்.

இக் காரணங்களால் மிக உயரமான, பனி மூடிய மலைகளில் 7600 மீட்டருக்கு மேல் உள்ள பிராந்தியம் ‘மரண மண்டலம்’ என்று அழைக்கப்படுகிறது.

உயர் மலை நோய் யாருக்கு வேண்டுமானாலும் ஏற்படலாம். இளைஞர்கள் பொறுமையின்றி அவசரப்பட்டு உயரே ஏற முற்படுவர். அதனால் அவர்களில் பலருக்கு இப்படி ஏற்படலாம் என்பது சுட்டிக் காட்டப்படுகிறது. தவிர, மலையேற்ற வீரர்களில் சிலருக்கு பாதிப்பு மிகக் குறைவாக உள்ளது. சிலர் கடுமையாகப் பாதிக்கப்படுகின்றனர்.

ஆனால் ஒரு நாளில் 300 மீட்டருக்கு மேல் ஏற முற்படாமல் ஆங்காங்கு முகாமிட்டு குறைந்தது மூன்று நாட்கள் தங்குவது என்ற ஏற்பாட்டைப் பின்பற்றினால் உடல் படிப்படியாக பழகிக்கொள்கிறது. புதிய நிலைமைகளைச் சமாளிக்கின்றவகையில் உடலில் மாற்றங்கள் நிகழ்கின்றன.

அப்படியும் பாதிப்பு ஏற்படுவதற்கான அறிகுறிகள் தென்பட்டால் உடனே கீழ் முகாமுக்கு வந்து ஓரிரு நாட்கள் தங்கிவிட்டுச் சென்றால் அந்த அறிகுறிகள் மறைந்து விடுகின்றன. ஆனால் சிகரத்தை வென்ற பிறகு எவ்வளவு வேகமாகக் கீழே இறங்கினாலும் பாதிப்பு எதுவும் ஏற்படுவதில்லை.

- 49 -

பனிக்கட்டிக்கு அடியில் பாதாள ஏரிகள்

தென் துருவத்தில் அமைந்த அண்டார்டிகா கண்டத்தில் கண்ணுக் கெட்டிய தூரம்வரை எங்கு பார்த்தாலும் ஒரே உறை பனியாக இருக்கும். குடிப்பதற்குத் தண்ணீர் வேண்டுமானால் பனிக்கட்டியை உருக்கிக்கொள்ள வேண்டியதுதான். ஆனால் வியப்பான வகையில் அண்டார்டிகாவில் உறைந்த பனிக்கட்டிக்கு அடியில் மிக ஆழத்தில் ஒன்றல்ல, பல பாதாள ஏரிகள் உள்ளன என்பது கண்டறியப் பட்டுள்ளது.

அண்டார்டிகா ஒரு பெரிய கண்டம். ஆனால் பிற கண்டங்களில் உள்ளது போன்று அங்கு காடுகளோ, நதிகளோ, ஏரிகளோ கிடையாது. அங்கு மழை பெய்வதே கிடையாது. எங்கும் பனித் திடலாக உள்ளதால் அது 'குளிர் பாலைவனம்' என்று வகைப் படுத்தப்பட்டுள்ளது.

கடந்த பல ஆண்டுகளில் அண்டார்டிகாவில் இந்தியா, ரஷியா, அமெரிக்கா முதலான பல நாடுகள் ஆராய்ச்சி நிலையங்களை அமைத்துள்ளன. அண்டார்டிகாவின் பனி மூடிய தரைக்குள் பல நூறு மீட்டர் ஆழத்துக்கு நீண்ட குழாய்கள் இறக்கப்பட்டு அக் குழாய்கள் வழியே மிக ஆழத்திலிருந்து பனிக்கட்டி சாம்பிள்கள் எடுக்கப்பட்டு அவை ஆராயப்படுகின்றன. பார்வைக்கு வாழைத் தண்டு போன்று காட்சியளிக்கும் இந்த பனிக்கட்டித் தண்டுகள் குடைவுத் தண்டுகள் என்று குறிப்பிடப்படுகின்றன.

ஆண்டு தோறும் படியும் பனி உறைந்து மேலும் மேலும் பனிக்கட்டி சேர்ந்து வருவதால் மிக ஆழத்திலிருந்து எடுக்கப்படுகிற பனிக் கட்டித் தண்டுகளை ஆராய்ச்சிக்கூடத்தில் வைத்து ஆராய்ந்தால் பல மில்லியன் ஆண்டுகளுக்கு முன் அண்டார்டிகாவில் இருந்த நிலைமைகளை அவை காட்டி விடும்.

ரஷிய நிபுணர்கள் 1998 ஆம் ஆண்டில் ஓரிடத்தில் சுமார் 3 ஆயிரம் மீட்டர் ஆழத்துக்குக் குழாய்களை இறக்கியபோது அங்கு மேலும் ஆழத்தில் பனிக்கட்டிக்குப் பதில் தண்ணீர் இருப்பது தெரியவந்தது. குழாயை இறக்குவது உடனே நிறுத்தப்பட்டு வேறு கருவிகளைப் பயன்படுத்தி ஆராய்ந்தனர். குடைவு நிறுத்தப்பட்ட இடத்துக்கு கீழே 120 அடி ஆழத்தில் பெரிய பாதாள ஏரி இருப்பது கண்டுபிடிக்கப் பட்டது. ரஷிய விஞ்ஞானிகள் அந்த பாதாள ஏரிக்கு 'வோஸ்டாக் ஏரி' என்று பெயரிட்டனர். அந்த ஏரி 14,000 சதுர கிலோ மீட்டர் பரப்பு கொண்டது. அதன் ஆழம் சுமார் 800 மீட்டர்.

வோஸ்டாக் ஏரியின் நடுவே ஒரு முகடு உள்ளதால் அது இரண்டு பகுதிகளைக் கொண்டதாக உள்ளது என்பது அண்மையில் கண்டு பிடிக்கப்பட்டுள்ளது. அது சுமார் 35 மில்லியன் ஆண்டுகளாக இருந்து வரவேண்டும் என்று கருதப்படுகிறது. அந்த ஏரியில் நுண்ணுயிரிகள் இருக்கலாம் என்றும் கருதப்படுகிறது. வோஸ்டாக் ஏரியின் நீர் இதுவரை வெளியே எடுத்துப் பரிசோதிக்கப்படவில்லை. அந்த ஏரியில் நீர் மிகுந்த அழுத்தத்தில் இருக்கலாம். ஆகவே ஏரிவரை குழாயை இறக்கினால் தண்ணீர் மேலே பீச்சியடிக்கப்படலாம். தவிர, பூமியின் மேற்பரப்பில் உள்ள கிருமிகள் உட்பட நுண்ணுயிரிகள் குழாய்கள் வழியே உள்ளே சென்று ஏரியின் பரிசுத்த நீரைக் கெடுத்துவிடலாம் என்று அஞ்சப்படுகிறது.

அண்டார்டிகாவில் உறைந்த பனிக்கட்டிக்கு அடியில் 145க்கும் அதிகமான ஏரிகள் உள்ளதாக இப்போது கண்டுபிடிக்கப்பட்டுள்ளது. இவை பொதுவில் 2 முதல் 5 கிலோ மீட்டர் ஆழத்தில் அமைந் துள்ளன. ஆனால் இவை வோஸ்டாக் ஏரியை விடச் சிறியவையே. இவற்றில் ஓரளவு பெரியவையாக உள்ள ஏரிக்கு '90 E' என்றும் மற்றொன்றுக்கு 'சோவெட்ஸ்காயா' என்றும் பெயரிடப்பட்டுள்ளது. இவற்றில் சோவெட்ஸ்காயா ஏரியானது அண்டார்டிகாவில் உள்ள ரஷிய ஆராய்ச்சி நிலையத்துக்கு அடியில் அமைந்துள்ளது.

இந்த பாதாள ஏரிகள் குறித்து வேறு வகையிலும் அக்கறை காட்டப்படுகிறது. பூமியிலிருந்து மிக அப்பால் உள்ள வியாழன் கிரகத்தை யூரோப்பா எனப்படும் ஒரு துணைக்கோள் சுற்றுகிறது. அத் துணைக்கோள் உறை பனியால் மூடப்பட்டதாகும். அங்கு உறைபனிக்கு அடியில் ஏராளமான தண்ணீர் இருப்பதாகக் கருதப் படுகிறது. அண்டார்டிகாவின் பாதாள ஏரிகளில் நுண்ணுயிரிகள் இருக்குமானால் யூரோப்பாவில் உள்ள பாதாள ஏரிகளிலும் நுண்ணுயிரிகள் இருக்கலாம் என்று கருதப்படுகிறது.

- 50 -
சுரங்கத்தில் தகிக்கும் வெப்பம்

நல்ல பணம் கொழிக்கும் தொழிலாக இருந்தால் அதை 'தங்கச் சுரங்கம்' என்று வர்ணிப்பது உண்டு. ஆனால் தங்கச் சுரங்கத்தில் பணியாற்றுபவர்களைக் கேட்டால் அவர்கள் அதை நரகம் என்று வர்ணிக்கலாம். ஏனெனில் தங்கச் சுரங்கத்தில் - சொல்லப்போனால் ஆழமான எந்த சுரங்கத்திலும் வெப்பம் தாங்க முடியாத அளவுக்கு இருக்கும்.

மலைச் சிகரங்களில் மேலும் மேலும் உயரே செல்லும்போது வெப்பம் குறைந்து குளு குளு என்று இருக்கிறது. இதற்கு நேர்மாறாக நிலத்துக்குள் மேலும் மேலும் ஆழத்தில் செல்லும்போது வெப்பம் அதிகரிக்கிறது. இது 100 மீட்டருக்கு 3 டிகிரி செல்சியஸ் வீதம் அதிகரித்துக்கொண்டே போகும்.

ஒரு கிலோ மீட்டர் ஆழமுள்ள சுரங்கம் ஒன்றில் வெப்பம் தரை மட்டத்தில் உள்ளதைவிட மிக அதிகமாக இருக்கும். பாறைகளிலிருந்து வெளிப்படுகிற வெப்பமே இதற்குப் பிரதான காரணமாகும். இந்த வெப்பம் தானாக அகல சுரங்கத்தினுள் காற்றோட்டம் கிடையாது என்பதும் குறிப்பிடத்தக்கது. தூசு நிறைய இருக்கும். தண்ணீரை வெளியேற்ற வேண்டிய பிரச்னையும் உண்டு.

பாறைகளின் வெப்பம் மனித உடல் வெப்ப அளவை (98.4 பாரன்ஹைட்) தாண்டினால் குளிர்விப்பு வசதி இல்லாமல் பணியாற்ற முடியாது என்ற நிலை ஏற்படுகிறது. ஆழமான சுரங்கங்களில் நிலவும் வெப்பம் உடலைக் கடுமையாகப் பாதிக்கிறது. கடும் கோடையில் வெயிலில் அதிக நேரம் செயல்பட்டால் வெயில் தாக்கி (Sun Stroke) மரணமும் ஏற்படுவது உண்டு. ஆழமான சுரங்கத்தில் கடும் வெப்பம் தாக்கும்போது இதேபோல மரணம் ஏற்படலாம்.

சுரங்கங்களில் காற்றில் ஈரப்பதம் அதிகம் இருக்கும். ஈரப்பதம் 100 சதவிகித அளவு இருக்குமானால் வியர்வை ஆவியாகாது. எப்போதும் புழுக்கம் இருக்கும். வெப்பமும் சேர்ந்துகொண்டு வியர்வை அதிகம் வெளிப்பட்டால் உடலுக்கு மிகவும் தேவையான உப்புச் சத்துகள் வியர்வை வழியே வெளியேறிவிடும். நாடித் துடிப்பு அதிகரிக்கும். தலை சுற்றல், வாந்தி ஆகியன ஏற்படும். உடலில் தோலுக்கு அடியில் உள்ள ரத்தக் குழாய்கள் விரிவடையும். இதனால் இதயத்துக்கு ரத்தம் செல்வது குறையும். இறுதியில் வெப்பத் தாக்குதல் (Heat Stroke) விளைவாக மரணம் நிகழும்.

சுரங்கங்களில் தொழிலாளர்கள் படிப்படியாக வெப்ப நிலைக்குப் பழகிக்கொண்ட பின்னரே ஆழமான பகுதிகளில் பணியாற்ற வேண்டும் என்பது உட்பட பல விதிமுறைகள் உள்ளன.

தென்னாப்பிரிக்காவில் உள்ள சில தங்கச் சுரங்கங்கள் 3 கிலோ மீட்டர் முதல் 4 கிலோ மீட்டர் வரையிலான ஆழம் கொண்டவை. சுமார் 3 கிலோ மீட்டர் ஆழத்தில் வெப்பமானது தண்ணீர் கொதிக்கிற அளவுக்கு இருக்கும். பாறைகளை வெறும் கையால் தொடமுடியாத அளவுக்கு அவை மிகச் சூடாக இருக்கும். இவ்வித நிலைமைகளில் தொழிலாளர்களால் வேலை செய்ய இயலாது என்பதால் இந்த தங்கச் சுரங்கங்களில் ஏர் கண்டிஷன் வசதி செய்து தரப்பட்டுள்ளது.

தென்னாப்பிரிக்காவில் ஹார்மனி சுரங்கத்தில் தரை மட்டத்தில் மாபெரும் ஐஸ் உற்பத்தி ஆலை உள்ளது. இது உலகிலேயே மிகப் பெரியது. இது வீடுகளில் உள்ள குளிர் சாதனப் பெட்டிபோல 30 லட்சம் மடங்கு திறன் கொண்டது. இது ஒரு நாளில் 20,000 டன் ஐஸ் கட்டிகளை உற்பத்தி செய்கிறது. இந்த ஐஸ் கட்டிகளை நொறுக்கி குழாய்கள் வழியே சுரங்கத்தின் பல்வேறு பகுதிகளுக்கு அனுப்புகிறார்கள். சுரங்கத்தினுள் இந்த ஐஸ் துணுக்குகள் அங்கு இருக்கிற வெப்பதை எடுத்துக்கொண்டு உருகும்போது அப்பகுதிகள் குளிர்விக்கப்படுகின்றன. குழாய்களில் ஐஸ் உருகுவதுடன் நில்லாமல் கொதிக்கிற நீராக மாறுகின்றது. இந்த நீர் மேலே கொண்டு வரப்படுகிறது.

சில சுரங்கங்களில் ஐஸ் கட்டிகளுக்குப் பதில் குளிர்ந்த நீரானது குழாய்கள் வழியே சுரங்கத்துக்குள் அனுப்பப்படுகிறது. குளிர்சாதன வசதி இல்லாத நிலையில் தென்னாப்பிரிக்காவில் சில சுரங்கங்களில் வெப்ப நிலை 45 டிகிரி செல்சியஸ் (113 பாரன்ஹைட்) அளவுக்கு இருக்கும்.

- 51 -

பயனீர் விண்கலத்தின் சாதனை என்ன?

எங்கோ இருக்கின்ற ஒரு நட்சத்திரத்தைச் சுற்றுகின்ற கிரகத்துக்கு மனிதன் விண்கலத்தில் செல்வதுபோல ஆங்கில டிவி சீரியல்களிலும், சினிமாப் படங்களிலும் காட்டப்படலாம். ஆனால் இவை எல்லாம் வெறும் கற்பனையே.

மனிதனின் அவ்வித அண்டவெளிப் பயணத்துக்கு குறைந்தபட்சம் இப்போதுள்ள தொழில் நுட்ப அளவில் சிறிதும் சாத்தியமே இல்லை. எனினும் மனிதன் உண்டாக்கும் ஆளில்லா விண்கலங்கள் அவ்விதம் செல்ல வாய்ப்பு உள்ளது.

மனிதன் உருவாக்கிய விண்கலங்களில் ஒரு சில விண்கலங்கள் மட்டுமே இப்போது அவ்விதம் அண்டவெளியில் முடிவற்ற பயணத்தில் ஈடுபட்டுள்ளன. அவற்றில் ஒன்று அமெரிக்கா அனுப்பிய பயனீர்-10 விண்கலமாகும். அதன் உயரம் 2.9 மீட்டர். அகலம் 2.7 மீட்டர். எடையோ 270 கிலோ. வியாழன் கிரகத்தை ஆராய்வதற்காக அமெரிக்கா 1972 மார்ச் 3 ந் தேதி அதை செலுத்தியது.

பூமியிலிருந்து மிக வேகத்தில் - அதாவது மணிக்கு 51 ஆயிரம் கிலோமீட்டர் - செலுத்தப்பட்ட விண்கலம் அதுவே ஆகும். அந்த வேகத்தில் சென்றதால் அது சந்திரனை 11 மணி நேரத்தில் கடந்து சென்றது. எட்டு கோடி கிலோ மீட்டர் தொலைவில் உள்ள செவ்வாய் கிரகப் பாதையை அது 12 வாரங்களில் தாண்டியது. பயனீர் பின்னர் 1973 டிசம்பரில் வியாழன் கிரகத்தை நெருங்கி படங்களைப் பிடித்து அனுப்பியது. வியாழனை நெருங்கி ஆராய்ந்த முதல் விண்கலம் அதுவேயாகும்.

பூமிக்கு சிக்னல்கள் வடிவில் தகவல்களைத் அனுப்புவதற்கு விண்கலத்தில் உள்ள கருவிகளுக்கு மின்சக்தி தேவை என்பதால் அந்த விண்கலத்தில் புளூட்டோனியம்- 238 என்ற அணுசக்திப் பொருள் அடங்கிய RTG கருவி வைக்கப்பட்டிருந்தது. பயனீர் விண்கலத்துக்குப் பொறுப்பான அமெரிக்க விஞ்ஞானிகள் பயனீருடன்

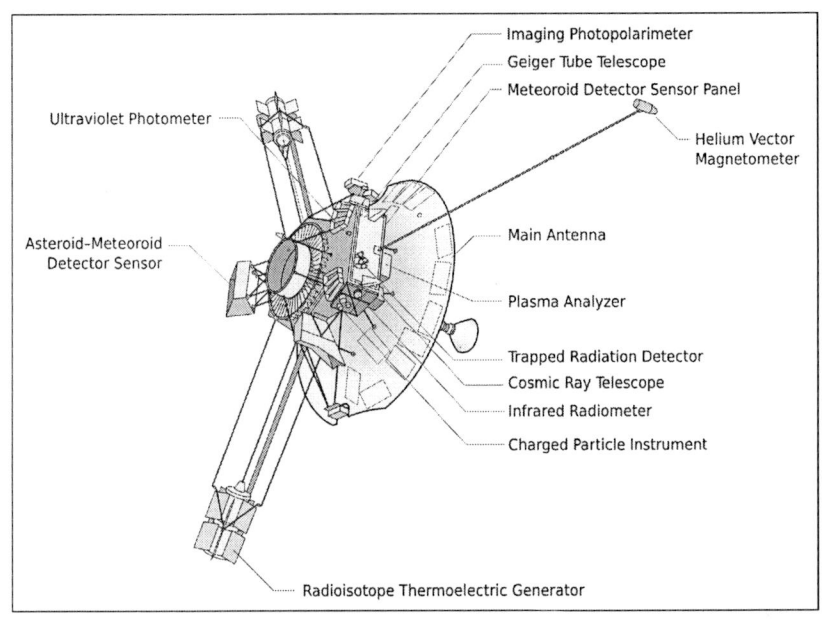

பயனீர் 10 விண்கலம்

அவ்வப்போது தொடர்புகொள்ள இது உதவியது. உதாரணமாக பயனீர் 1995ல் பூமியிலிருந்து 650 கோடி கிலோ மீட்டர் தொலைவில் இருந்தபோதும் அதனுடன் தொடர்பு கொள்ளப்பட்டது.

பயனீர் விண்கலத்துக்கும் பூமிக்கும் இடையிலான தூரம் அதிகரித்துக் கொண்டே போனதால் அது அனுப்பும் சிக்னல்களின் வலு குறைய ஆரம்பித்தது. RTG கருவியிலிருந்து கிடைக்கும் சக்தியும் குறைய ஆரம்பித்தது என்பதும் ஒரு காரணமாகும். 2003 ஆம் ஆண்டு ஜனவரியில் கிடைத்த சிக்னல்கள் மிகப் பலவீனமாக இருந்தன. 2006 ஆண்டு மார்ச் மாதம் பயனீரின் சிக்னல்களைக் கண்டுபிடிப்பதற்கு நடந்த முயற்சிகள் பலனளிக்கவில்லை.

பயனீர் இப்போது சூரியனுக்கு நேர் எதிர்திசையில் மணிக்கு 43 ஆயிரம் கிலோ மீட்டர் வேகத்தில் ரிஷப ராசியில் ரோகிணி நட்சத்திரம் உள்ள திசையை நோக்கிப் போய்க்கொண்டிருக்கிறது. அது ரோகிணி நட்சத்திரத்தை நெருங்க 20 லட்சம் ஆண்டுகள் ஆகலாம். பயனீர் பல கோடி கிலோ மீட்டர் பயணம் செய்துள்ள போதிலும் அதன் கருவிகள் பெரிதாக சேதம் அடைந்துவிடவில்லை. சூரிய மண்டலத்துக்குள்ளாக இருந்தவரைதான் அதற்கு பாதிப்புக்கான வாய்ப்புகள் அதிகம் இருந்தது.

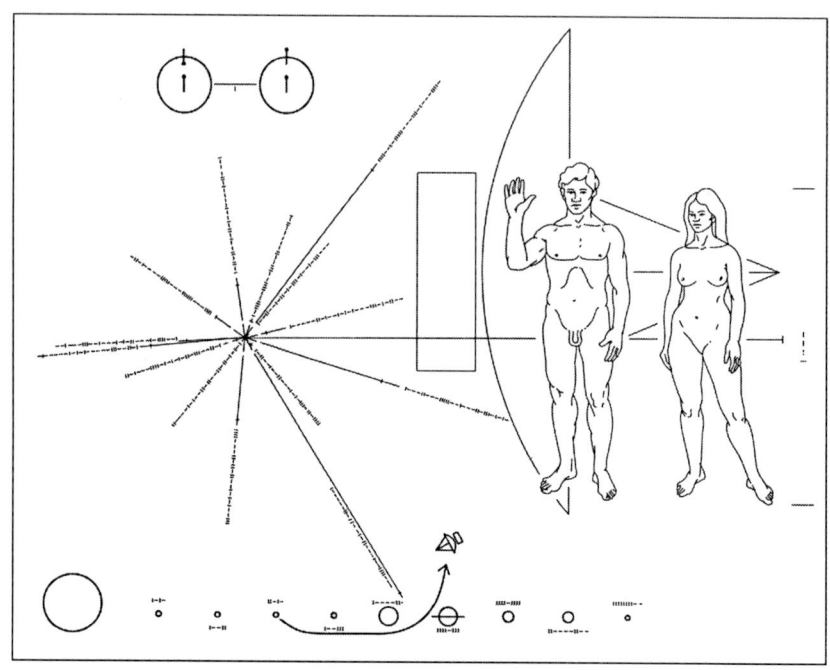

பயனீர் விண்கலத்தில் வைத்து அனுப்பப்பட்ட தகடு

இன்னும் சுமார் ஒரு லட்சம் ஆண்டுகளுக்கு பயனீர்மீது சூரியனின் லேசான ஈர்ப்புப் பிடி இருக்கும். அதன் பிறகு அது அண்டவெளியில் தன் பாதையில் சென்றுகொண்டிருக்கும்.

அந்த விண்கலம் 2017 நிலவரப்படி பூமியிலிருந்து சுமார் 1500 கோடி கிலோ மீட்டருக்கு அப்பால் இருந்தது. பயனீர்-10 சூரிய மண்டலத்தில் உள்ள பூமியிலிருந்து வந்தது என்பதைக் குறிக்கும் தகவல்களும் ஆண் பெண் உருவங்களும் மற்றும் சில குறிப்புகளும் செதுக்கப்பட்ட தகடு அந்த விண்கலத்தில் வைக்கப்பட்டுள்ளது. இது தங்கப்பூச்சு கொண்டது.

நான்கு லட்சம் கோடி ஆண்டுகள் ஆனாலும் அத் தகடு அவ்வளவாக அரிக்கப்பட வாய்ப்பு இல்லை. இன்னும் 500 கோடி ஆண்டுகளுக்குப் பின் சூரியன் பூதாகார உருவம் எடுக்கும்போது புதன், வெள்ளி கிரகங்கள் அழிந்துவிடும். பூமியும்கூட அழிந்து விடலாம். ஆனாலும் அப்போதும் மனிதனின் பெருமையை பறை சாற்றும் வகையில் அவனுடைய படைப்புகளில் எஞ்சி நின்ற ஒன்றே ஒன்றாக பயனீர் விண்கலம் விண்வெளியில் உலவி வரும்.

- 52 -

பொலோனியம் என்ற விஷம்

பொலோனியம் என்னும் உலோகம் உள்ளது. இது மேடம் கியூரி கண்டுபிடித்ததாகும். இது கதிரியக்கம் கொண்டதே. இந்த உலோகத்தின் ஒரு சிட்டிகை பொடி உடலில் பட்டால் அப்படி ஒன்றும் ஆபத்தில்லை. ஆனால் அதை விழுங்கினாலோ, அல்லது சுவாசித்தாலோ உயிருக்கு ஆபத்துதான்.

பிரிட்டனில் சில ஆண்டுகளுக்கு முன்னர் ரஷியாவைச் சேர்ந்த ஒருவர் பொலோனிய விஷம் தாக்கி உயிரிழந்துள்ளார். யாரோ பொலோனியத்தைப் பயன்படுத்தி லிட்வினெங்கோ என்ற மேற்படி ரஷியரை கொலை செய்திருக்கலாம் என்று கருதப்படுகிறது. இப் பொருளைக் கொடுத்து ஒருவரைக் கொலை செய்வது உலகில் இதுவே முதல் தடவையாக இருக்கலாம்.

பொலோனியம் யார் வேண்டுமானாலும் கடைக்குச் சென்று வாங்கி விடக்கூடிய மலிவுச் சரக்கு அல்ல. எனினும் உலோகம் என்று சொல்லத்தக்க இது அணு உலைகளில் உற்பத்தியாகிறது. இதன் விற்பனைமீது உலகெங்கிலும் கடும் கட்டுப்பாடுகள் உள்ளன.

கதிரியக்கம் பற்றி ஆராய முற்பட்ட பிரபல பெண் விஞ்ஞானி மேடம் கியூரி 1898 ஆம் ஆண்டில் பொலோனியத்தைக் கண்டுபிடித்தார். தமது தாய் நாடான போலந்தை கௌரவிக்கும்வகையில் அப் புதிய மூலகத்துக்கு அவர் பொலோனியம் என்று பெயரிட்டார். யுரேனியம் அடங்கிய தாதுப் பொருளிலிருந்துதான் அவர் பொலோனியத்தைப் பெரும்பாடு பட்டு பிரித்தெடுத்தார். ஒரு டன் யுரேனியத்திலிருந்து 100 மில்லி கிராம் (0.0001 கிராம்) பொலோனியம் கிடைக்கும்.

எனினும் 1924 ஆம் ஆண்டில் கண்டுபிடிக்கப்பட்ட ஒரு முறையின்படி பிஸ்மத் என்னும் பொருள்மீது நியூட்ரான்களைச் செலுத்துவதன் மூலம் மில்லி கிராம் கணக்கில் பொலோனியத்தை (பொலோனியம் –210) உற்பத்தி செய்ய முடியும்.

பொலோனியம் கதிரியக்கப் பொருள். அது ஓயாது ஆல்பா துகள்களை வெளிப்படுத்திக் கொண்டிருக்கும். துண்டுக் காகிதம் இக்கதிர்களைத் தடுத்து நிறுத்திவிடக்கூடியது. ஆகவே இக் கதிர்கள் உடலில் பட்டாலும் பெரிய பாதிப்பு இல்லை. ஆனால் பொலோனியம் வாய் வழியே, மூக்கு வழியே உடலுக்கு சென்றால் ஆபத்து.

காகித ஆலை, உலோகத் தகடு ஆலை போன்றவற்றில் பொலோனியம் அடங்கிய கருவி பயன்படுத்தப்படுகிறது. அதேபோல பொலோனியம் அடங்கிய பிரஷ் உள்ளது. விலை உயர்ந்த லென்ஸ்கள், புகைப்பட பிலிம்கள்மீது நுண்ணிய தூசு படிந்திருந்தால் அதை அகற்ற இந்த பிரஷ் உதவுகிறது. இக் கருவிகள் கடைகளில் கிடைக்கின்றன. விஷயம் தெரிந்த ஒருவர் இக் கருவிகள் பலவற்றை வாங்கி அவற்றில் அடங்கிய பொலோனியத்தை சிறிது சிறிதாகச் சேகரித்து அதை விஷப் பொருளாகப் பயன்படுத்தி ஒருவரைக் கொல்ல வாய்ப்பு உள்ளது என்பது சுட்டிக்காட்டப்படுகிறது. எனவே நடைமுறையில் பார்த்தால் பொலோனியம் எங்கும் கிடைக்கிற பொருளாகிவிட்டது.

விண்வெளியில் செலுத்தப்படுகிற செயற்கைக்கோள்களுக்கு மின்சாரம் கிடைக்கச்செய்ய ஒரு கால கட்டத்தில் அமெரிக்கா பொலோனியத்தைப் பயன்படுத்தியது.

பொலோனியம் மிக ஆபத்தான விஷப் பொருள். எடை அளவில் கூறுவதானால் அது சயனைட் விஷத்தை விட 25 கோடி மடங்கு கொடியது என்று கூறப்படுகிறது. ஒருவரைக் கொல்ல ஊசி முனை அளவு பொலோனியம் போதுமானது என்றும் கூறப்படுகிறது. உடலுக்குள் சென்றதும் அது வளரும் செல்களை வேகமாகத் தாக்கி அழிக்கும். எலும்பு மஜ்ஜை, ரத்தம், தலை முடி, ஜீரண உறுப்புகள், சிறுநீரகம் ஆகியவற்றை இப் பொருள் தாக்கி அழிக்கும். ஒருவரின் உடலில் மிக அற்ப அளவு சேர்ந்தாலும் போதும், சில வாரங்களில் மரணம் ஏற்பட்டு விடும் என்று நிபுணர்கள் குறிப்பிட்டுள்ளனர்.

சிகரெட் புகையிலும் மிக நுண்ணிய அளவுக்கு பொலோனியம் உள்ளதாக சில ஆண்டுகளுக்கு முன்னர் ஓர் ஆய்வு கூறியது.

இதற்கிடையே லிட்வினெங்கோவின் உடலில் பொலோனியம் விஷப் பொருள் எப்படிக் கலந்தது? அவரைக் கொன்ற கொலையாளிகள் யார்? ரஷிய உளவுத் துறையின் முன்னாள் துப்பறியும் நிபுணரான அவரே ஏதேனும் சதித்திட்டத்தில் ஈடுபட்டிருந்தாரா அல்லது அவருக்கு எதிராக சதி நடந்ததா என்பதெல்லாம் பெரிய மர்மக் கதைபோல வளர்ந்து கொண்டே போயிற்று.

- 53 -

வானத்தில் கேமிராக்கள்

உங்கள் வீட்டுக்குப் பின்னால் நீங்கள் புதிதாக ஓர் அறை கட்டுகிறீர்கள். வானில் சுமார் 600 கிலோ மீட்டர் உயரத்தில் பறக்கிற ஒரு செயற்கைக்கோள் நீங்கள் புது அறை கட்டியுள்ளதைப் படம் பிடித்துக் காட்டி விடலாம். அதுவரை வயலாக இருந்த இடத்தில் புதிதாக மாவு மில் கட்டப் பட்டிருக்குமானால் அதையும் அந்த செயற்கைக்கோள் படம் பிடித்து விடும். ஒரு நகருக்கு அருகே புதிதாக குடிசைப் பகுதிகள் முளைக்குமானால் செயற்கைக்கோள் படம் மூலம் அதைத் தெரிந்து கொண்டு விடலாம்.

வானில் இந்தியா செலுத்துகிற கார்ட்டோசாட்- 2 செயற்கைக்கோளில் இடம் பெற்றுள்ள காமிராக்கள் அந்த அளவுக்குத் துல்லியமாகப் படம் எடுக்கும் திறன் படைத்தவை. ஒரு மீட்டருக்கு மேல் நீளம் கொண்ட எந்தப் பொருளையும் இது படம் பிடித்து விடும். இது ஒரு மீட்டர் தெளிவுத் திறன் (One Meter Resolution) எனப்படும்.

வானிலிருந்து படம் பிடித்து அனுப்புவதற்கென அமெரிக்கா, ரஷியா பிரான்ஸ் முதலான நாடுகள் மற்றும் அமெரிக்கத் தனியார் நிறுவனங்கள் ஆகியவை செயற்கைக்கோள்களை உயரே செலுத்தியுள்ளன. எனினும் எந்த அளவு தெளிவான படங்களைப் பிடிக்கின்றன என்பதில் இவற்றின் இடையே வித்தியாசம் உண்டு.

உதாரணமாக பிரான்ஸின் சமீபத்திய ‘ஸ்பாட்’ செயற்கைக் கோளினால் 2.5 மீட்டருக்கு மேல் உள்ள பொருளை மட்டுமே படம் பிடிக்க இயலும். ‘ஐகோனாஸ்’ என்னும் அமெரிக்கத் தனியார் நிறுவனத்தின் செயற்கைக்கோள் கார்ட்டோசாட்-2 போலவே ஒரு மீட்டர் தெளிவுத் திறன் கொண்டது. ஆனால் குவிக்பர்ட் எனப்படும் செயற்கைக்கோளின் தெளிவுத் திறன் 60 சென்டி மீட்டர். வேறு விதமாகச் சொல்வதானால் இந்த விஷயத்தில் உலகிலேயே மிகத் துல்லியமாகப் படம் பிடிக்கிற செயற்கைக்கோள்களில் கார்டோசாட்-2 இரண்டாவது இடம் வகிப்பதாகச் சொல்லலாம்.

இந்தியா 1979ஆம் ஆண்டில் தொடங்கி வானிலிருந்து படம் எடுக்கும் செயற்கைக்கோள்களைச் செலுத்திவருகிறது. முதல் இரண்டு செயற்கைக்கோள்களுக்கும் பாஸ்கரா என்று பெயர் வைக்கப்பட்டது. 1988ல் தொடங்கி இவை ஐ.ஆர்.எஸ். செயற்கைக்கோள்கள் என்று அழைக்கப் படுகின்றன. இவை பொதுவில் தொலையுணர்வு செயற்கைக்கோள்கள் (Remotesensing Satellites) எனப்படுகின்றன.

கார்ட்டோசாட் - 2 செயற்கைக்கோள்

வானிலிருந்து படம் பிடிக்கிற செயற்கைக்கோள்கள் பொதுவில் பூமியை வடக்கிலிருந்து தெற்காகச் சுற்றுபவை. இவை கீழே பூமியில் நிலப் பகுதியிலும், கடல் பகுதியிலும் உள்ள அனைத்தையும் படம் பிடித்துக்காட்டுபவை.

குறிப்பிட்ட பிராந்தியத்தில் பயிர்களை பூச்சி தாக்கியுள்ளதா? மழையால் குடியிருப்புப் பகுதிகள் வெள்ளத்தில் மூழ்கியுள்ளனவா? சுனாமி போன்ற பேரழிவின்போது பாதிப்பு எவ்வளவு? காடுகளின் நிலப்பரப்பு குறைந்து வருகிறதா என எண்ணற்ற தகவல்களை இந்த செயற்கைக்கோள் படங்கள் மூலம் தெரிந்துகொள்ளமுடியும். ஐ.ஆர்.எஸ் வகையைச் சேர்ந்த 6 செயற்கைக்கோள்கள் இப்போது உயரே செயலில் உள்ளன.

இவை ஒவ்வொன்றும் தினமும் முற்பகலில் குறிப்பிட்ட நேரத்துக்கு இந்தியாவுக்கு நேர் மேலே பறந்தபடி தெற்கு நோக்கிச் சென்றவாறு படம் பிடித்து அனுப்பும். இவை ஒவ்வொன்றும் ஒரு சமயத்தில்

இந்திய நிலப்பரப்பின் குறிப்பிட்ட பகுதியை நீண்ட பட்டைபோல படம் பிடிக்கும். இப்படியான படங்களை பக்கம் பக்கமாக வைத்தால் இந்தியாவின் முழுப் படம் தெரியும்.

இந்தவகை செயற்கைக்கோள்கள் பூமியைச் சுற்றுகிற அதே நேரத்தில் பூமி தனது அச்சில் சுழன்றுகொண்டிருக்கும். ஆகவே ஐ.ஆர்.எஸ் செயற்கைக்கோள் ஒன்று கீழே இந்தியாவின் ஒரு பகுதியை படம் பிடித்த பின்னர் 5 நாள் கழித்துத்தான் மறுபடி அப் பகுதி மீதாக வரும். இதனை மனதில் கொண்டு இந்தியாவுக்கு மேலே பல செயற்கைக் கோள்கள் எப்போதும் வானில் இருக்கும்படி பார்த்துக்கொள்ளப் பட்டுள்ளது. இதன் பலனாக நாட்டின் எல்லாப் பகுதிகளும் தினமும் படம் பிடிக்கப்படுகின்றன.

எனினும் இப்போதைய கார்ட்டோசாட்- 2 செயற்கைக்கோளின் பிரதான நோக்கம் நாட்டின் பல பகுதிகளின் துல்லியமான மேப்பு களைத் தயாரிப்பதற்கான வகையில் படங்களை அளிப்பதாகும். ஜி.பி.எஸ். டெலிபோன், குரூஸ் ஏவுகணை ஆகியவை வந்த பின்னர் குறிப்பாகப் பாதுகாப்புத் துறையினருக்கு மிகத் துல்லியமான மேப்புகள் தேவைப்படுகின்றன.

- 54 -
வானத்தில் ஒற்றர்கள்

காம்பவுண்ட் சுவர்மீது ஏறி உட்கார்ந்தால் உங்கள் வீட்டுத் தோட்டம் முழுவதையும் பார்க்க முடியலாம். ஆனால் மறுபுறம் கண்ணைச் செலுத்தினால் பக்கத்து வீட்டில் என்ன நடக்கிறது என்றும் வேவு பார்க்கலாம். பூமியை வடக்கு தெற்காகச் சுற்றுகிற தொலையுணர்வு செயற்கைக்கோள்கள் விஷயத்தில் இது நன்றாகவே பொருந்தும். 1982 ஆம் ஆண்டில் அர்ஜெண்டினா-பிரிட்டன் இடையே போர் நடந்த போது அமெரிக்க செயற்கைக்கோள்கள் மூலம் எடுக்கப்பட்ட படங்கள் பிரிட்டனுக்கு அளிக்கப்பட்டன. போரில் வெல்ல இப் படங்கள் பிரிட்டனுக்கு உதவின.

செயற்கைக்கோள்கள் மூலம் எடுக்கப்படுகிற படங்களை முதன் முதலில் விற்க ஆரம்பித்த நாடு பிரான்ஸ் ஆகும். ஒரு கால கட்டத்தில் உலகில் எங்காவது போர் மூண்டால் உடனே பிரான்சின் 'ஸ்பாட்' செயற்கைக்கோளின் படங்களுக்கு கிராக்கி அதிகரிக்கும். ஆனால் இவை 'ஆள் பார்த்து' விற்கப்பட்டன. சில சமயங்களில் போர் காலங்களில் இப் படங்களின் விற்பனை நிறுத்தப்பட்டது.

குறிப்பிட்ட ஒரு நாடு தொலையுணர்வு செயற்கைக்கோளை வானில் செலுத்தினால் அந்தச் செயற்கைக்கோள் அந்த நாட்டு மீதாக மட்டும் பறப்பது கிடையாது. ஓயாது அது பூமியைச் சுற்றிக்கொண்டிருப்ப தாகும். செயற்கைக்கோளை செலுத்திய நாடு விரும்பினால் அது உலக நாடுகள் அனைத்தையும் படம் பிடிக்க முடியும். எனினும் தொலையுணர்வு செயற்கைக்கோளைப் பெற்றுள்ள எந்த நாடும் தாங்கள் பிற நாடுகளை வேவு பார்த்துக்கொண்டிருப்பதாக ஒப்புக் கொள்வதில்லை.

இரண்டாம் உலகப் போருக்குப் (1939 - 1945) பிறகு அமெரிக்கா - சோவியத் யூனியன் இடையே தோன்றிய கடும் பகை 1990வரை நீடித்தது. அக் கால கட்டத்தில் ஒருவரை ஒருவர் வேவு பார்க்க இரு நாடுகளும் பல வழிகளைக் கையாண்டன. அமெரிக்கா ராட்சத

பலூன்களை ரஷியாவுக்கு மேலாகப் பறக்கவிட்டு படம் எடுக்கச் செய்து அந்த பலூன்களைப் பின்னர் பசிபிக் கடலில் கைப்பற்றியது. பிறகு ஒரு கட்டத்தில் மிக உயரத்தில் பறக்கிற யு-2 விமானங்களை அமெரிக்கா பயன்படுத்தியது. 1960ஆம் ஆண்டு ரஷியா அதை சுட்டு வீழ்த்தியது.

1957ல் ரஷியா முதன் முதலில் விண்ணில் ஒரு சிறிய செயற்கைக் கோளைச் செலுத்தியது. அதற்கு சில ஆண்டுகளுக்குப் பிறகு இரு நாடுகளும் வேவு செயற்கைக்கோள்களை உருவாக்கிக்கொண்டு அவற்றை வேவு வேலைக்குப் பயன்படுத்தலாயின. ஆரம்ப கட்டங்களில் அமெரிக்க வேவு செயற்கைக்கோள்கள் இவ்விதம் எடுத்த படங்களை வானிலிருந்து கீழே வீச, அமெரிக்க விமானங்கள் நடு வானில் அப் படங்கள் அடங்கிய குப்பிகளைக் கைப்பற்றும் முறையைப் பின்பற்றியது. அப்போது இரு நாடுகளுக்கும் இடையே விண்வெளித் துறையில் போட்டா போட்டி நிலவியது.

பிரான்ஸ் நாட்டின் 'ஸ்பாட்' செயற்கைக்கோள் படங்களைப் போலவே இப்போது அமெரிக்கத் தனியார் நிறுவனங்களின் 'ஐகோனாஸ்' மற்றும் 'குவிக்பேர்ட்' செயற்கைக்கோள்கள் எடுக்கிற படங்களையும் விலைக்கு வாங்க முடியும். இந்தியாவும் ஐ.ஆர்.எஸ் செயற்கைக்கோள் மூலம் எடுக்கப்படுகிற படங்களை விற்பனை செய்கிறது. எனினும் ஒரு மீட்டர் தெளிவுத் திறன் கொண்ட படங்கள் தேவைப்படுகிற இந்திய அமைப்புகள் அமெரிக்கத் தனியார் நிறுவனங்களிடமிருந்து இவற்றை வாங்கி வந்தன. ஆனால் இவற்றின் விலை அதிகம். இந்தியாவின் கார்டோசாட்-2 எடுக்கிற படங்கள் 80 சென்டி மீட்டர் தெளிவுத் திறன் கொண்டவை. ஆகவே இனி நாட்டின் பாதுகாப்பு தொடர்பான அமைப்புகள் உட்பட இந்திய நிறுவனங்கள் விலை குறைந்த இப் படங்களை வாங்க ஆரம்பிக்கும். தெளிவுத் திறன் பற்றி இங்கு குறிப்பிட்டாக வேண்டும். தரையில் 80 சென்டி மீட்டர் நீளத்துக்கு மேலாக இருக்கின்ற எதுவாக இருந்தாலும் இந்த செயற்கைக்கோள் எடுக்கின்ற படங்களில் தெளிவாகத் தெரியும். 80 சென்டி மீட்டர் நீளத்துக்குக் குறைவாக இருந்தால் அது வெறும் புள்ளியாகத்தான் தெரியும்.

மேலை நாடுகளில் உள்ளதைப்போல ராணுவத் துறைக்கென தனி செயற்கைக்கோள்கள் இருக்க வேண்டும் என்று இந்தியப் பாதுகாப்புத் துறை சில காலமாகக் கோரி வருகிறது. இப்போதைக்கு பாதுகாப்புத் துறையானது இந்தியாவின் TES செயற்கைக்கோளைப் பயன்படுத்தி வருகிறது.

- 55 -
பி.எஸ். எல். வி. என்பது என்ன?

பி.எஸ்.எல்.வி என்பது இந்தியாவின் ஒருவகை ராக்கெட்டின் பெயர். செயற்கைக்கோள்களை உயரே செலுத்துவதற்கு இந்த ராக்கெட் பயன்படுத்தப்படுகிறது. என்ன காரணத்தாலோ விண்வெளிக்கு செயற்கைக்கோள்களைச் சுமந்து செல்லும் இந்திய ராக்கெட்டுகளுக்கு கவர்ச்சியற்ற, அத்துடன் எளிதில் நினைவில் நிற்காத பெயர்கள் வைக்கப்பட்டுள்ளன.

ஆனால் அதே நேரத்தில் இந்திய ராணுவத்தில் இடம் பெற்றுள்ள ஏவுகணைகளுக்கு மட்டும் திரிசூல், ஆகாஷ், பிருத்வி, அக்னி என எடுப்பான பெயர்கள் வைக்கப்பட்டுள்ளன.

இந்தியா 1979 வாக்கில் வெறும் 30 கிலோ எடை கொண்ட செயற்கைக்கோள்களை மட்டுமே செலுத்தக்கூடிய ராக்கெட்டை உருவாக்கியது. அதற்கு செயற்கைக்கோள் செலுத்து சாதனம் (Satellite Launching Vehicle) என்று பெயர் வைக்கப்பட்டது. அது சுருக்கமாக SLV என்று குறிப்பிடப்பட்டது. இதுவே இந்தியா உருவாக்கிய முதல் ராக்கெட் ஆகும். அதைத் தொடர்ந்து ஒரு ராக்கெட் உருவாக்கப்பட்டது. அதன் பெயர் ASLV. அது Augumented Satellite Launch Vehicle என்பதன் சுருக்கமாகும். இந்த இரண்டுமே மினி வேன் மாதிரி. இப்போது இவை உருவாக்கப்படுவது கிடையாது.

பின்னர் மேலும் திறன் வாய்ந்த ராக்கெட் உருவானது. அதன் பெயர் PSLV. இது Polar SatelliteLaunching Vehicle என்பதன் சுருக்கமாகும். இந்த ராக்கெட் பல சாதனைகளைப் புரிந்துள்ளதாகும். ஆரம்பத்தில் இந்த ராகெட்டானது பூமியைத் தெற்கு வடக்காகச் சுற்றுகின்ற IRS வகை செயற்கைக்கோள்களை செலுத்துவதற்குப் பயன்படுத்தப்பட்டது. பின்னர் பூமியை கிழக்கு மேற்காக சுற்றும் செயற்கைக் கோள்களையும் இது செலுத்த முற்பட்டது. சந்திரனுக்கு இந்தியா முதன் முதலாக அனுப்பிய சந்திரயான் விண்கலத்தைச் செலுத்தவும் இது பயன்படுத்தப்பட்டது. செவ்வாய் கிரகத்துக்கு மங்கள்யான்

கலத்தை அனுப்பவும் இதே ராக்கெட் பயன்படுத்தப்பட்டது

இதை அடுத்து ராட்சத ராக்கெட் ஒன்று தயாராகியது. அதன் பெயர் Geostationary Satellite Launch Vehicle. அதன் சுருக்கம் GSLV.

செயற்கைக்கோள்களைச் செலுத்துவதற்கான ராக்கெட்டு களுக்குப் பெயர் வைப்பதில் அமெரிக்கா, ரஷியா, ஜப்பான், சீனா, ஐரோப்பிய விண்வெளி அமைப்பு ஆகிய எதுவுமே இப்படி யான ஒரு முறையைப் பின்பற்ற வில்லை.

PSLV ராக்கெட்

பி.எஸ்.எல்.வி. ராக்கெட் முதல் தடவையாக1993 செப்டம்பரில் செலுத்தப்பட்டபோது தோல்வியில் முடிந்தது. அதன் பிறகு அது தொடர்ந்து வெற்றியே கண்டுவந்துள்ளது. அத்துடன் படிப்படியாக இதன் திறன் அதிகரித்து வந்துள்ளது. உதாரணமாக இது இரண்டாம் தடவையாக 1994ல் செலுத்தப்பட்டபோது அது சுமந்து சென்ற செயற்கைக் கோளின் எடை 904 கிலோ. 2005ல் செலுத்தப்பட்டபோது அது 1.6 டன் எடையைச் சுமந்து சென்றது.

இந்தியா 1979ல் வெறும் 400 கிலோ எடை கொண்ட செயற்கைக் கோளை உயரே செலுத்த விரும்பியபோது இந்தியாவிடம் அதற்கான ராக்கெட் இல்லாத காரணத்தால் அதை ரஷியாவுக்கு எடுத்துச் சென்று ரஷிய ராக்கெட் மூலம் செலுத்த வேண்டியிருந்தது. அந்த நிலையிலிருந்து நாம் மிக முன்னேறியுள்ளோம்.

அடுத்து 4 முதல் 10 டன் வரையிலான செயற்கைக்கோள்களைச் செலுத்த இந்தியா புதிய பாணியிலான ஜி.எஸ்.எல்.வி ராக்கெட்டு களை உருவாக்கி வருகிறது. இந்தவகை ராக்கெட் பி.எஸ்.எல்.வி. ராக்கெட்டைவிட மிகவும் சக்தி வாய்ந்தது.

- 56 -
உயிர்ப் பலி வாங்கிய கார்பன் டையாக்சைட்

கார்பன் டையாக்சைட் (கரியமில) வாயு பொதுவில் தீங்கு விளைவிக்கக்கூடியது அல்லதான். நம்மைச் சுற்றிலும் உள்ள காற்றில் அந்த வாயு உள்ளது. நாம் மூச்சு விடும்போது வெளியே வரும் காற்றிலும் கார்பன் டையாக்சைட் அடங்கியுள்ளது. அந்த அளவில் அது நச்சு வாயு அல்ல.

ஆனால் 1986 ஆம் ஆண்டில் ஆப்பிரிக்காவில் காமரூன் நாட்டில் கார்பன் டையாக்சைட் வாயு 1700 பேரின் உயிரைப் பலி வாங்கியது. 3500 கால்நடைகள் மரித்தன. ஓர் ஏரியிலிருந்து பீரிட்டு வெளிப்பட்ட கார்பன் டையாக்சைட் வாயு அருகில் உள்ள கிராமங்களுக்குப் பரவி அங்கு உறங்கிக்கொண்டிருந்தவர்களின் உயிரை மாய்த்தது. என்ன நேர்ந்தது என்பது தெரியாமலேயே அவர்கள் மடிந்து போயினர்.

காமரூன் நாட்டின் வடமேற்குப் பகுதியில் மலைகளுக்கு நடுவே நியோஸ் (Nyos Lake) என்ற ஏரி உள்ளது. அது ஓய்ந்துபோன எரிமலையின் மிக அகன்ற வாய்மீது நீர் தேங்கியதால் ஏற்பட்ட ஏரியாகும். ஏரியின் நீளம் இரண்டு கிலோ மீட்டர். அதன் ஆழம் 230 மீட்டர். ஏரியின் அடிப்புறத்தில் நெருப்புக் குழம்பு உள்ளதாகக் கருதப்படுகிறது. அந்த நெருப்புக் குழம்பிலிருந்து கார்பன் டையாக்சைடும் மற்றும் இதர வாயுக்களும் தொடர்ந்து வெளிப்பட்டு வருவதாகக் கருதப்படுகிறது. ஆனால் அந்த வாயுக்கள் நீருக்கு மேலே வெளிப்படாமல் உள்ளேயே தேங்கி வந்துள்ளன.

ஆழமான ஏரி என்பதால் ஏரி நீரின் எடை காரணமாக அந்த வாயு ஏரியின் அடிப்புறத்தில் அப்படியே தொடர்ந்து தேங்கி நின்றது. கார்பன் டையாக்சைட் நீரில் கரையக்கூடியதே. ஆகவே அது ஏரியின் அடிப்புறத்தில் நீருடன் கரைந்து இருந்திருக்க வேண்டும். சோடா பாட்டிலில் இவ்விதம்தான் நீருடன் கார்பன் டையாக்சைட் கரைந்து

நிற்கிறது. நாம் வெளிவிடும் மூச்சில் அடங்கிய கார்பன் டையாக்சைட் வாயுவும் ரத்தத்தில் கரைந்து நின்று நுரையீரலுக்கு வந்ததும் ரத்தத்திலிருந்து வாயுவாகப் பிரிந்து வெளியே வருகிறது.

ஏதோ காரணத்தால் - அனேகமாக அந்த வட்டாரத்தில் ஏற்பட்ட நில நடுக்கத்தால் - ஏரியின் அடிப் புறத்தில் தேங்கிய கார்பன் டையாக்சைட் வாயு ஒரு நாள் திடீரென புஸ் என்று மிக உயரத்துக்குப் பொங்கி எழுந்தது.

மூடியைத் திறக்காதவரை சோடா பாட்டிலுக்குள் கார்பன் டையாக்சைட் அப்படியே இருக்கிறது. மூடியைத் திறந்ததும் பாட்டிலின் உள்ளே நீரில் கரைந்துள்ள கார்பன் டையாக்சைட் பொங்கி எழுவதைப்போல இது நிகழ்ந்ததாகக் கூறலாம்.

ஏரியின் அடிப்புறத்திலிருந்து வெளிப்பட வாய்ப்பு கிடைத்ததும் கார்பன் டையாக்சைட் வாயு, நீர் மட்டத்திலிருந்து 120 மீட்டர் உயரத்துக்கு நீரூற்று மாதிரியாகப் பொங்கியது. அந்த வாயு மணிக்கு 25 முதல் 50 கிலோ மீட்டர் வேகத்தில் வேகமாகப் பாய்ந்தது. கார்பன் டையாக்சைட் சாதாரண காற்றை விட 1.5 மடங்கு அதிக எடை கொண்டது. ஆகவே அது எப்போதும் தரையைக் கவ்வியபடிதான் பரவும்.

ஆகவே சாதாரணக் காற்றை இது மேலே தள்ளிவிட்டு புகை பரவுவதைப் போல் தரையோடு தரையாகச் சென்று கிராமங்களைப் போர்த்தியது. இது இரவு நேரத்தில் நிகழ்ந்ததால் உறங்கிக் கொண்டிருந்த கிராமவாசிகள் சுவாசிக்க ஆக்சிஜன் இன்றி மூச்சுத் திணறி மடிந்தனர். அவர்களால் ஏதேனும் செய்திருக்க முடியுமா என்பது தெரியவில்லை. ஏனெனில் அவர்களது தலைக்கு மேலே 54 மீட்டர் உயரத்துக்கு கார்பன் டையாக்சைட் சுனாமி அலைபோல வந்தது.

முதலில் இந்த 1700 பேரும் எப்படி இறந்தார்கள் என்பதே தெரிய வில்லை. பின்னர் நிபுணர்கள் வந்து ஆராய்ந்தபோதுதான் காரணம் தெரிந்தது. அந்த ஏரிக்குள் தொடர்ந்து கார்பன் டையாக்சைட் சேர்ந்து வருவதாக அறியப்பட்டது. ஆகவே அந்த ஏரியின் அடிப்புறத்தில் சேரும் அந்த வாயுவை தொடர்ந்து அகற்ற வழி செய்வது என முடிவு செய்யப்பட்டது. காமரூன் மற்றும் அமெரிக்கா, பிரான்ஸ், ஆகிய நாடுகளின் நிபுணர்கள் வகுத்த திட்டப்படி அந்த ஏரிக்குள் 210 மீட்டர் ஆழத்துக்கு 12 குழாய்கள் உள்ளே இறக்கப்பட்டன..

பூங்காக்களில் அலங்கார நீரூற்றிலிருந்து நீர் பீச்சிடுவதுபோல ஏரிக்கு அடியிலிருந்து இப்போது கார்பன் டையாக்சைடும் நீரும் உயரே

பீச்சிடுகிறது. 1986ல் வெளிவந்த வாயுவைப்போல இரண்டு மடங்கு வாயு இவற்றின் வழியே வெளியேற்றப்பட்டு வருகிறது. இதன் மூலம் வட்டார மக்கள் ஆபத்தின்றி வாழ வழி செய்யப்பட்டுள்ளது. 1995 லிருந்து இந்த ஏற்பாடு செயல்பட்டு வருகிறது. அத்துடன் செயற்கைக்கோளிலிருந்துஇந்த ஏரி தொடர்ந்து கண்காணிக்கப்பட்டு வருகிறது.

காமரூன் நாட்டில் இதேபோல மோனூன் என்ற ஏரி உள்ளது. 1984 ஆம் ஆண்டில் இதேபோல அந்த ஏரியிலிருந்து கார்பன் டையாக்சைட் வெளிப்பட்டு 37 பேர் உயிரிழந்தனர். இந்த ஏரியிலும் இவ்விதம் குழாய்கள் இறக்கப்பட்டுள்ளன.

கார்பன் டையாக்சைடை இவ்விதம் அகற்றும் ஏற்பாட்டில் ஆபத்து இல்லாமல் இல்லை. ஏரியின் அடிப்புறத்தில் நல்ல அழுத்தத்தில் உள்ள வாயு அகற்றப்படுவதன் விளைவாக ஏதேனும் ஒரு கட்டத்தில் அந்த ஏரியின் கரைகள் தளர்ந்து உள்ளே விழுமானால் யாரும் எதிர்பாராத நேரத்தில் ஏரியின் கரை உடைந்து வெள்ளப் பெருக்கு ஏற்படலாம். அதன் விளைவாக ஏரி அருகே வசிக்கும் மக்களின் உயிருக்கு ஆபத்து ஏற்படலாம்.

- 57 -

இன்னொரு பூமி எங்கே?

நமது பூமியைப்போல அண்ட வெளியில் வேறு எங்கேனும் இன்னொரு பூமி இருக்கிறதா என்று கண்டுபிடிக்க விஞ்ஞானிகள் 1,20,000 நட்சத்திரங்களை ஆராயத் தொடங்கியுள்ளனர். இதற்கென ஒரு செயற்கைக்கோளை உயரே அனுப்பி ஆராய்ச்சியை மேற் கொண்டனர். பிரெஞ்சு விண்வெளி அமைப்பு உருவாக்கிய இந்த செயற்கைக்கோள் இதுவரை அறியப்படாத 14 கிரகங்களைக் கண்டுபிடித்துள்ளது.

இந்த செயற்கைக்கோளில் விசேஷ தொலைநோக்கியும், காமிராவும் பொருத்தப்பட்டுள்ளன. காரோட் (COROT) எனப்படும் இந்த செயற்கைக்கோள் கடந்த 2006ஆம் ஆண்டு டிசம்பர் 27ம் தேதி ரஷிய ராக்கெட் மூலம் விண்வெளியில் செலுத்தப்பட்டது.

அண்டவெளியில் சூரியன் போன்ற (சூரியனும் ஒரு நட்சத்திரமே) நட்சத்திரங்கள் மிக நிறையவே உள்ளன. அவற்றை பூமியை ஒத்த ஒரு கிரகம் சுற்றி வருவதற்கு நிறைய வாய்ப்புகள் உள்ளன. ஆனால் அப்படிப்பட்ட கிரகத்தைக் கண்டுபிடிப்பது மிகவும் கடினம். காரணம் ஒரு நட்சத்திரத்தை சுற்றி வரக்கூடிய பூமி போன்ற கிரகத்துக்கு சுய ஒளி கிடையாது. ஒரு கிரகத்தின்மீது படுகிற ஒளியை வைத்துத்தான் அதைக் கண்டுபிடித்தாக வேண்டும். ஆனால் கோடானு கோடி கிலோமீட்டருக்கு அப்பால் இருக்கின்ற நட்சத்திரத்தின் அருகே உள்ள கிரகம்மீது படும் ஒளியை பூமியிலிருந்து காண இயலாது.

ஊருக்கு வெளியே ஆள் நடமாட்டமே இல்லாத ஓரிடத்தில் நிற்கிறீர்கள். கும்மிருட்டு. அந்த இருளில் தூரத்தில் எங்கோ ஒரு லாந்தர் விளக்கு எரிவது தெரியலாம். ஆனால் அந்த லாந்தரிலிருந்து கொஞ்சம் தள்ளி யாரேனும் உட்கார்ந்திருந்தால் அந்த நபர் நம் கண்ணில் பட வாய்ப்பே இல்லை. கிரகங்களைத் தேடிக் கண்டுபிடிப்பது என்பது இப்போது கிட்டத்தட்ட அதுபோலத்தான் உள்ளது. தொலைவில் உள்ள அந்த லாந்தர் விளக்கு வெளிச்சம் சில

கணம் நமக்குப் புலப்படாமல் போய் மறுபடி தெரிகிறது என்று வைத்துக் கொள்வோம். அதை வைத்து அந்த லாந்தர் விளக்கு முன்பாக யாரோ நடந்து சென்றபோது விளக்கு வெளிச்சம் மறைக்கப் பட்டிருக்கிறது என்றும் ஆகவே அதன் அருகே யாரோ இருக்கிறார் என்றும் நாம் ஊகிக்க முடியும்.

காரோட் செயற்கைக்கோள் இது மாதிரியில்தான் செயல்பட்டது. அதாவது நட்சத்திரங்களின் ஒளி மங்குகிறதா என்று அது ஆராயும். சூரியனை பூமி சுற்றுவதுபோல எங்கோ உள்ள ஒரு நட்சத்திரத்தை ஒரு கிரகம் சுற்றுவதாக வைத்துக்கொள்வோம். ஒரு கட்டத்தில் அக் கிரகம் நமக்கும் நட்சத்திரத்துக்கும் நடுவே அமையலாம். அப்போது நட்சத்திரத்தின் ஒளியை அக் கிரகம் சற்று நேரம் மறைப்பதாகி விடும்.

ஆகவே அந்த நட்சத்திரத்திலிருந்து கிடைக்கின்ற ஒளி சற்றே மங்கும். அந்த ஒளி சிறிது மங்கினாலும் காரோட் அதைக் கண்டுபிடித்துவிடும். இப்படி ஒளி மங்குவதை வைத்து அந்த நட்சத்திரத்துக்கு ஒரு கிரகம் உள்ளது என்பதை அறிந்துகொள்ளலாம். காரோட் செயற்கைக்கோள் இதுவரை கண்டுபிடித்துள்ள 14 கிரகங்களும் பூமியிலிருந்து மிக மிகத் தொலைவில் உள்ளவை. இவை கிட்டத்தட்ட சனி கிரகம் சைஸில் உள்ளன என்பது மட்டும் தெரியவந்துள்ளது. வேறு விதமாகச் சொன்னால் இவை பூமியை விடப் பல மடங்கு பெரியவை.

காரோட் செயற்கைக்கோள் ஒரு தடவையில் பல நட்சத்திரக் கூட்டங்களை ஆராயும். அப்போது பல ஆயிரம் நட்சத்திரங்களை கவனிக்கும். 150 நாட்களுக்கு ஒருமுறை அது தனது பார்வையை வானில் வேறு இடத்தில் செலுத்தும்.

அமெரிக்க நாஸா விண்வெளி அமைப்பும் இதேபோல பூமி போன்ற கிரகங்களைக் கண்டுபிடிப்பதற்கென ஒரு பறக்கும் தொலை நோக்கியை உயரே செலுத்தத் திட்டமிட்டுள்ளது. இந்த தொலை நோக்கி ஆயிரம் கோடி கிலோ மீட்டருக்கும் அப்பால் உள்ள நட்சத்திரங்களையும் ஆராயும். இது முற்றிலும் புதிய தொழில் நுட்பத்தைப் பயன்படுத்தும். இந்தமுறையில் ஒரு நட்சத்திரத்தின் ஒளி மறைக்கப்பட்டு அதன் அருகே உள்ள கிரகங்கள் மட்டுமே தெரியும்.

ஐரோப்பிய விண்வெளி அமைப்பு 4 அல்லது 5 செயற்கைக்கோள் களை உயரே அனுப்பத் திட்டமிட்டுள்ளது. தொலை நோக்கிகளைக் கொண்ட இவை செவ்வாய் கிரகத்துக்கும் வியாழன் கிரகத்துக்கும் இடையே சுற்றுப்பாதைகளைப் பெற்றவையாக அமையும். அவை சூரியனைச் சுற்றியபடி எங்கேனும் கிரகங்கள் உள்ளனவா என்று ஆராயும்.

- 58 -

கார்பன் டையாக்சைடை அகற்ற இயலுமா?

'காற்றில் கார்பன் டையாக்சைட், மீதேன் போன்ற வாயுக்களின் சேர்மானம் அதிகரித்து வருகிறது. இதன் விளைவாக பூமியின் சராசரி வெப்ப நிலை உயர்ந்து அதனால் விபரீத விளைவுகள் ஏற்படலாம்' என தினமும் அபாய அறிவிப்புகள் வெளிவந்துகொண்டிருக்கின்றன. இதைப் பார்க்கும்போது கார்பன் டையாக்சைட் ஒரு தீங்கான பொருள் என்ற எண்ணம் ஏற்பட்டால் வியப்பில்லை.

காற்றுமண்டலத்தில் கோடிக்கணக்கான ஆண்டுகளாக கார்பன் டையாக்சைட் இருந்து வருகிறது. சொல்லப் போனால் அதில் உள்ள கார்பன் டையாக்சைட், மீதேன் ஆகிய வாயுக்கள்தான் உலகில் உள்ள உயிரினம் குளிர் தாக்கி விறைத்து மடிந்து விடாதபடி காப்பாற்றி வருகின்றன. இந்த வாயுக்கள் இல்லாவிடில் உலகில் வெப்ப நிலை மைனஸ் 18 டிகிரி அளவுக்கு இருந்திருக்கும்.

நீங்கள் மாலை வேளையில் பாறாங்கல்மீது உட்கார முயன்றால் அது சூடாக இருக்கும். பிறகு அதிகாலை வேளையில் அதே பாறாங் கல்லைத் தொட்டுப் பார்த்தால் ஜில்லென்று இருக்கும். பகல் வேளையில் சூரியனிடமிருந்து பெற்ற வெப்பத்தை பாறாங்கல் அனேகமாக முற்றிலும் இழந்துவிடுகிறது. பூமியும் இப்படி வெப்பத்தை முற்றிலுமாக இழந்து விடாதபடி காற்றுமண்டலத்தில் உள்ள கார்பன் டையாக்சைட், மீதேன் போன்ற வாயுக்கள் தடுத்து பூமியில் அனைத்தும் உறைந்துவிடாமல் தடுக்கின்றன.

காற்று மண்டலத்தில் கார்பன் டையாக்சைட் அப்படியே நிரந்தரமாக இருப்பது கிடையாது. அது காற்று மண்டலத்தில் சேருவதும் அகலுவதுமாக உள்ளது. காற்று மண்டலத்திலிருந்து கார்பன் டையாக்சைடை உங்களாலும் அகற்ற முடியும். சில செடிகளை நட்டால் போதும். செடி, கொடி, மரங்கள் அனைத்தும் பகல் நேரங்களில் - காற்று மண்டலத்திலிருந்து கார்பன் டையாக்சைடை

எடுத்துக்கொண்டு சூரிய ஒளியைப் பயன்படுத்தி தங்கள் உணவைத் தயாரித்துக் கொள்கின்றன. காற்று மண்டல கார்பன் டையாக்சைட் கடல்களிலும் கரைகிறது. இந்த வகையிலும் இயற்கையாக கார்பன் டையாக்சைட் அகற்றப்படுகிறது. கடல்களில் மிதக்கும் பிளாங்க்டான் தாவரங்களும் கார்பன் டையாக்சைடை எடுத்துக்கொள்வதன் மூலம் அந்த வாயுவை அகற்றுகின்றன.

ஆனால் தாவரங்கள் மடியும்போது அவற்றிலிருந்து கார்பன் வெளிப்படுகிறது. தாவரங்கள் நம்மைப்போலவே ஆக்சிஜனை எடுத்துக்கொண்டு கார்பன் டையாக்சைடை வெளியே விடுகின்றன. இவ்விதமாக கார்பன் டையாக்சைட் காற்று மண்டலத்துக்கு வந்து சேருகிறது. காற்று மண்டலத்தில் கார்பன் டையாக்சைட் சேருவதையும் பின்னர் அது அகற்றப்படுவதையும் கார்பன் சுழற்சி என்று வர்ணிப்பர். இச் சுழற்சி காரணமாக பல மில்லியன் ஆண்டுகளாக இயற்கையில் ஒரு சமநிலை காணப்பட்டு வந்தது.

ஆனால் 1850ல் தொழில் புரட்சி ஏற்பட்டதைத் தொடர்ந்து காற்றிலிருந்து இயற்கையாக வெளியேறுகிற கார்பன் டையாக்சைடைக் காட்டிலும் மனிதனின் செயல்களால் கார்பன் டையாக்சைட் சேருவது மெல்ல அதிகரிக்கலாயிற்று.

செயற்கை முறைகள் மூலம் எவ்விதம் காற்றுமண்டல கார்பன் டையாக்சைடை அகற்றுவது என்பது பற்றி இப்போது பல வழிமுறைகள் ஆராயப்பட்டுள்ளன. கார்பன் டையாக்சைடை கடலுக்குள் ஆழத்தில் செலுத்துவது என்பது இந்த வழிகளில் ஒன்று. அட்லாண்டிக் கடல்தான் இதற்கு ஏற்றது என்றும் கூறப்பட்டது. ஆனால் பருவ நிலை மாற்றங்கள் நிகழும்போது கார்பன் டையாக்சைடை இருத்தி வைத்துக்கொள்வதில் கடல்களின் திறன் குறைந்து விடும் என்று கண்டறியப்பட்டுள்ளது.

கடல்களில் உரம்போல இரும்புத் தூளைத் தூவினால் கடல்களின் மேற்பரப்பில் தாவர பிளாங்க்டான்கள் பெருகி அவை அதிக அளவில் கார்பன் டையாக்சைடை எடுத்துக்கொள்ளலாம் என்று கருதப்பட்டது. சில இடங்களில் இது தொடர்பாக சோதனைகளும் நடத்தப்பட்டன. இது கணிசமான அளவில் பலன் தருமா என்பது தெரியவில்லை. தவிர, கடல்களில் இரும்புத் தூளைத் தூவுவதால் நீண்டகால அளவில் என்ன விளைவுகள் ஏற்படும் என்பதும் தெரியவில்லை. பல துறைகளையும் சேர்ந்த நிபுணர்கள் இதுபற்றி ஆராய்ந்தாக வேண்டிய நிலை உள்ளது. எனினும் இறுதியில் ஒரு வழி கண்டுபிடிக்கப்பட்டு விடலாம் என விஞ்ஞானிகள் நம்புகின்றனர்.

- 59 -

பூமிக்கு ஜுரம் வருமா?

பூமியின் சராசரி வெப்பநிலை மெல்ல உயர்ந்து வருவதாக நிபுணர்கள் கூறுகிறார்கள். மனிதனுக்குக் காய்ச்சல் வந்தால் பெரிதாகக் கவலைப்பட வேண்டியதில்லை. ஆனால் பூமியின் வெப்பநிலை உயர்ந்தால் - பூமிக்கு காய்ச்சல் வந்தால் - விபரீத நிலைமைகள் தோன்றி பூமியில் உள்ள உயிரினத்துக்கே ஆபத்து ஏற்படலாம். ஆகவேதான் நிபுணர்கள் கவலைப்படுகிறார்கள்.

நோய்க்கான அறிகுறி தெரிகிறது. ஆனால் நோய்க்கான காரணங்கள் பற்றித்தான் சர்ச்சை நிலவுகிறது. பூமியின் சராசரி வெப்பம் இயற்கையான காரணங்களால் அதிகரித்து வருகிறதா அல்லது மனிதனின் செயல்களால் இவ்விதம் ஏற்பட்டுள்ளதா என்பதுபற்றி இன்னும் திட்டவட்டமாகத் தெரியவில்லை. எனினும் மனிதனின் செயல்களால்தான் இப்போதைய நிலைமை ஏற்பட்டுள்ளதாகக் கூற இடமுள்ளது.

பூமியின் இப்போதைய சராசரி வெப்பநிலை 15 சென்டிகிரேட் (60 டிகிரி பாரன்ஹைட்) ஆகும். உலகில் வெவ்வேறு இடங்களில் தினமும் வெப்பநிலையைப் பதிவு செய்து அதன்மூலம் இந்தச் சராசரி வெப்பநிலை கணக்கிடப்படுகிறது.

ஆனால் இப்போது பூமியின் சராசரி வெப்பநிலை அப்படி ஒன்றும் பெரிதாக அதிகரித்து விடவில்லை. கடந்த 13 ஆயிரம் ஆண்டுகளுக்கு முன்னர் இருந்ததைவிட 4 டிகிரி சென்டி கிரேட் அதிகம். அவ்வளவு தான். இது 1950-ம் ஆண்டு வாக்கில் 13.8 டிகிரி சென்டிகிரேட் என்ற அளவில் இருந்தது. அதைவிட இப்போது 1.2 டிகிரி அதிகம். ஆனால் இந்தச் சிறு மாற்றங்களும் கடும் விளைவை ஏற்படுத்தக்கூடியவை.

கடந்த 4 லட்சம் ஆண்டு காலத்தில் இருந்து வந்துள்ள வெப்ப நிலையைப் பல்வேறு நவீன முறைகளைப் பின்பற்றி ஆராய்ந்ததில் சராசரி வெப்பநிலையானது நான்கு முறை மட்டுமே 3 முதல் 4 டிகிரி

சென்டிகிரேட் அளவுக்கு அதிகரித்தது. வெப்பநிலை சராசரி அளவுக்குக் கீழே சென்றது உண்டு. ஐந்து முறை வெப்ப நிலையானது சராசரியை விட 8 டிகிரி குறைவாக இருந்ததும் உண்டு. ஆனால் இந்த மாறுபாடுகள் இயற்கையாக நிகழ்ந்தன. ஆகவே தாவரங்கள், உயிரினங்கள் புதிய நிலைமைக்கு மெல்ல மெல்ல மாறிக் கொள்ள நிறைய அவகாசம் இருந்தது.

ஆனால் இப்போது ஏற்பட்டுள்ள அதிகரிப்பு விரைவாக நிகழ்ந்துள்ளது. அத்துடன் இது மனிதனின் செயல்களால் ஏற்பட்டள்ளதாகும். சராசரி வெப்பநிலை உயர்வானது பருவ நிலைமைகளிலும் மாற்றங்களை உண்டாக்கும்.

பூமியில் சராசரி வெப்பநிலை உயர்வதற்கு காற்று மண்டலத்தில் கார்பன்-டை-ஆக்சைடு வாயு, மீத்தேன் வாயு போன்ற வாயுக்களின் சேர்மானம் வேகமாக அதிகரித்து வருவதே காரணம், பெட்ரோல், டீசல், எரிவாயு ஆகியவற்றைப் பயன்படுத்தும் பல்வேறான வாகனங்கள், ஆலைகள், நிலக்கரியைப் பயன்படுத்துகிற அனல் மின் நிலையங்கள் ஆகியவற்றிலிருந்து ஆண்டுதோறும் மேலும் மேலும் கார்பன்-டை-ஆக்சைடு காற்று மண்டலத்தில் சேர்ந்து வருகிறது. இந்த வாயுக்களின் விளைவாகவே பூமியின் சராசரி வெப்பம் அதிகரித்து வருகிறது.

இதன் விளைவாக, குறிப்பாக வட துருவப் பகுதியில் பனிக்கட்டிப் பாளங்கள் அதிக அளவில் உருகத் தொடங்கும். இதனால் கடல் மட்டம் உயரும். கடல் ஓரமாக உள்ள பல நகரங்கள் பாதிக்கப்படும். பருவநிலை மாற்றத்தால் கோதுமை விளைகிற இடங்கள் நெல் சாகுபடிக்கு ஏற்றவையாகிவிடும். இப்படி அடுக்கிக்கொண்டே போகலாம்.

இதையெல்லாம் உணர்ந்துதான் உலக நாடுகள் ஒன்று சேர்ந்து, காற்று மண்டலத்தில் இவ்வித வாயுக்களின் சேர்மானம் அதிகரிக்கும் வேகத்தைக் குறைக்கப் பல நடவடிக்கைத் திட்டங்களை அமல்படுத்த ஒப்புக்கொண்டுள்ளன. 2015 ஆம் ஆண்டு பாரிஸ் உடன்பாடு இந்த வகையில் பெரிதும் உதவும். குறிப்பாக, வசதி படைத்த மேலை நாடுகள் இத்திட்டத்தை முழுமையாக அமல்படுத்தினாலும் சரி, பலன் தெரிய பலப் பல ஆண்டுகள் ஆகும்.

- 60 -
டைனோசார் என்ற விலங்கு இருந்ததா?

டைனோசார் என்ற விலங்கு இருந்ததா என்ற கேள்விக்கு 'இல்லை' என்றுதான் பதில் சொல்ல முடியும். ஏனெனில் டைனோசார் என்பது தனி ஒரு விலங்கின் பெயரே அல்ல. வெவ்வேறான பல்வகை விலங்குகளுக்கு ஒட்டுமொத்தமாக டைனோசார் என்று பெயர் வைக்கப் போக அதுவே நிலைத்துவிட்டது.

எலி, கோழி, புறா, மாடு, யானை புலி, சிங்கம் என பல்வேறு விலங்குகளுக்கும் ஒட்டு மொத்தமாக 'மிருகம்' என்று பெயர் வைத்தால் எப்படி இருக்கும்? டைனோசார் என்ற பெயரும் அப்படிப்பட்டதே.

இங்கிலாந்தைச் சேர்ந்த சர் ரிச்சர்ட் ஓவன் என்பவர் 1842ல் டைனோசார் என்ற பெயரை உருவாக்கி வைத்தார். அவர் காலத்தில் மூன்று வகை டைனோசார்களே அறியப்பட்டிருந்தன. அவை பெரிய உருவத்துடன் பயங்கரமான பற்களைக் கொண்டவையாக இருந்தன. அதை வைத்து அவர் வைத்த பெயர் தொடர்ந்து பின்பற்றப் படலாயிற்று. டைனோசார் என்ற சொல்லுக்கு 'பயங்கரப் பல்லிகள்' என்று பொருள். ரிச்சர்ட் ஓவன் காலத்துக்குப் பிறகு வகைவகையான டைனோசார் விலங்குகள் கண்டுபிடிக்கப்பட்டன.

சுமார் 230 மில்லியன் ஆண்டுகளுக்கு முன்னர் டைனோசார் வகை விலங்குகள் தோன்றியதாக நிபுணர்கள் கருதுகின்றனர். அந்தவகை விலங்குகள் சுமார் 165 மில்லியன் ஆண்டுக்காலம் பூமியில் ஆதிக்கம் செலுத்தின. அப்போது பூமியில் மனித இனம் கிடையாது. அத்துடன் உலகின் பல கண்டங்கள் ஒன்றோடு ஒன்று சேர்ந்து இருந்தன.

சுமார் 65 மில்லியன் ஆண்டுகளுக்கு முன்னர் ஏதோ விபரீதம் ஏற்பட்டு பூமியில் இருந்த உயிரினங்களில் பெரும்பாலானவை அழிந்து போயின. டைனோசார்களும் அழிந்து போயின.

டைனோசார் பற்றி ஆங்கிலத்தில் பல சினிமாப்படங்கள் வந்துள்ளன. அவற்றில் தமிழாக்கம் செய்யப்பட்ட படங்களும் அடங்கும். டைனோசார் பற்றி டிவி நிகழ்ச்சிகளிலும் காணப்பட்டுள்ளன. இவற்றையெல்லாம் பார்த்தவர்களுக்கு டைனோசார் என்றால் ராட்சத உருவம் கொண்ட பயங்கர விலங்கு என்ற எண்ணம் ஏற்பட்டிருந்தால் வியப்பில்லை. சிலருக்கு டைனோசார் என்றால் கோரமான பற்களைக் கொண்ட விலங்குதான் கண் முன் நிற்கும்.

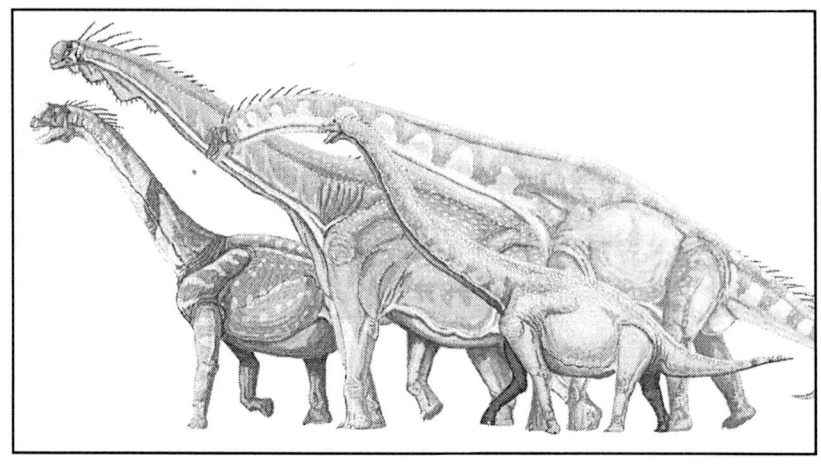

டைனோசார் விலங்குகளில் புறா சைஸ் இருந்தவையும் உண்டு. ஆகவே டைனோசார்கள் எல்லாமே ஆளை அப்படியே விழுங்கக் கூடியவை என்று நினைத்தால் அதுவும் தவறு. ஆடு, மாடு போன்று தாவரங்களை மட்டுமே உண்டு வாழ்ந்த (சாகபட்சிணிகள்) டைனோசார்களும் உண்டு.

பற்களே இல்லாமல் பறவைக்கு உரியது மாதிரியில் அலகு கொண்ட - நெருப்புக் கோழி மாதிரியில் கால்களைக் கொண்ட டைனோசார்களும் இருந்துள்ளன. பறவை இனம் இப்படியான டைனோசார்களிலிருந்து தோன்றியதாக ஒரு கருத்து உள்ளது.

உலகின் பல பகுதிகளிலும் டைனோசார் விலங்குகளின் எலும்புகள் (Fossil) கிடைத்துள்ளன. முதன் முதலாக 1818 ஆம் ஆண்டு வாக்கில் டைனோசாரின் எலும்புகள் கண்டெடுக்கப்பட்டன. அதன் பிறகு நிபுணர்கள் வகைவகையான டைனோசார்களின் எலும்புகளைக் கண்டுபிடித்துள்ளனர். உலகிலேயே வட அமெரிக்க கண்டத்தில்தான் நிறைய அளவில் டைனோசார் விலங்குகளின் எலும்புகள் கிடைத்துள்ளன. சீனாவிலும் நிறைய உள்ளது.

அமெரிக்காவில் 1858 ஆம் ஆண்டில் நியூ ஜெர்சி மாகாணத்தில் முதன் முறையாக ஒருவகை டைனோசாரின் கிட்டத்தட்ட முழு அளவிலான எலும்புக்கூடு கிடைத்தது. அதன் பின்னர் அபூர்வமாகவே முழு எலும்புக்கூடுகள் கிடைத்துள்ளன. இன்று உலகில் பல மியூசியங்களிலும் காணப்படுபவை இந்த வகைவிலங்குகளின் எலும்புக் கூடுகளின் மாடல்களே. இவ்வித மாடல்களைச் செய்து விற்பது என்பதே ஒரு தொழிலாக உள்ளது.

சுமார் 206 முதல் 144 மில்லியன் ஆண்டுகள் வரையிலான காலத்தில் டைனோசார்களின் ஆதிக்கம் உச்சகட்டத்தில் இருந்தது. அக் காலகட்டத்துக்கு ஜுராசிக் காலம் என்று பெயர். ஆகவேதான் டைனோசார்கள் பற்றிய ஓர் ஆங்கிலப் படத்துக்கு 'ஜுராசிக் பார்க்' என்று பெயர் வைக்கப்பட்டது. இது இதே தலைப்பிலான நாவலின் அடிப்படையில் எடுக்கப்பட்டதாகும்.

- 61 -
திராவிடோசாரஸ்

உலகெங்கிலும் கிடைத்ததைப்போலவே இந்தியாவிலும் டைனோசார்களின் எலும்புகள் கடந்த பல ஆண்டுகளில் கிடைத்துள்ளன. இதிலிருந்து இவை இந்தியாவிலும் வாழ்ந்துள்ளன என்பது தெரிய வந்துள்ளது. அவ்விதம் வாழ்ந்த டைனோசார்களில் ஒன்றுதான் திராவிடோசாரஸ். இதன் எலும்புப் பகுதிகள் தென்னிந்தியாவில் கிடைத்தன என்பதால் இதற்கு இப் பெயர் வைக்கப்பட்டது.

திராவிடோசாரஸ் கிரிடேசியஸ் காலத்தில் அதாவது 88 மில்லியன் ஆண்டுகளுக்கு முன்னர் வாழ்ந்ததாகக் கருதப்படுகிறது. மூன்று மீட்டர் நீளம் கொண்ட இந்த விலங்குக்கு குறுகிய தலையும் நீண்ட அலகு போன்ற வாயும் இருந்ததாகக் கருதப்படுகிறது. காண்டா மிருகத்துக்கு உள்ளது மாதிரியில் உடலில் கவசம் போன்ற தடித்த தோல் இருந்தது.

தமிழகத்தில் திருச்சி அருகே கிடைத்த எலும்புக்கூடுகளை வைத்து அவை டைனோசார் எலும்புகளாக இருக்கலாம் என்று முடிவு கட்டப்பட்டது. இதற்கு பிருகத்காயோசாரஸ் என்றும் பெயர் வைக்கப்பட்டது. எனினும் இக் கண்டுபிடிப்பு குறித்து சர்ச்சை உள்ளது.

இந்தியாவில் டைனோசார்களின் எலும்புப் பகுதிகள் முதன் முதலில் 1828 ஆம் ஆண்டில் ஜபல்பூரில் கண்டுபிடிக்கப்பட்டன. பின்னர் கிடைத்த டைனோசார் எலும்புகளில் பெரும்பாலானவை குஜராத், மத்தியப் பிரதேசம், ராஜஸ்தான், ஆந்திரம் ஆகிய மாநிலங்களில்தான் கண்டெடுக்கப்பட்டன. அதே பகுதிகளில் டைனோசார்களின் முட்டைகளும் நிறைய கண்டுபிடிக்கப்பட்டன.

இதுவரை செய்யப்பட்ட கண்டுபிடிப்புகளிலிருந்து இந்தியாவில் சுமார் 12 வகை டைனோசார்கள் நடமாடியதாகத் தெரியவந்துள்ளது. கண்டுபிடிக்கப்பட்ட இடங்களை வைத்தும் இவற்றுக்குப் பெயர் வைக்கப்பட்டது. தண்டகோசாரஸ், ஜபல்பூரியா ஆகியவற்றை இதற்கு உதாரணமாகக் கூறலாம். மத்தியப் பிரதேச மாநிலத்தில்

இண்டோசுக்கஸ் எனப்படும் ஒரு வகை டைனோசாரின் எலும்புகள் கண்டுபிடிக்கப்பட்டன. இது ஒரு மாமிச பட்சணி.

இந்தியாவில் கண்டுபிடிக்கப்பட்ட டைனோசார்களில் மிகப் பெரியது என்பது டைட்டோனாசாரஸ் ஆகும். சுமார் 65 மில்லியன் ஆண்டுகளுக்கு முன் வாழ்ந்த இது 18 மீட்டர் நீளம் கொண்டதாக விளங்கியது. இதன் எடை 14 டன். எனினும் இது தாவரங்களை உண்டு வாழ்வதாக இருந்தது. (இத்துடன் ஒப்பிட்டால் ஒரு யானையின் எடை 6 முதல் 7 டன்).

இந்தியாவைவிட சீனாவில் அதிக எண்ணிக்கையில் டைனோசார் எலும்புகள் கண்டுபிடிக்கப்பட்டன. அண்மையில் ஐரோப்பாவில் ஸ்பெயின் நாட்டில் ஒருவகை டைனோசாரின் எலும்புப் பகுதிகள் கிடைத்தன. இதற்கு விஞ்ஞானிகள் டுரியாசாரஸ் என்று பெயர் வைத்துள்ளனர். ஐரோப்பாவில் கண்டுபிடிக்கப்பட்ட டைனோசார் களிலேயே இது மிகப் பெரியதாக இருக்க வேண்டும் என்று நிபுணர்கள் கருதுகின்றனர். அதன் எடை 40 முதல் 48 டன் வரை இருந்திருக்கலாம் என்றும் கருதப்படுகிறது.

உருவத்திலும் எடையிலும் இதைவிடப் பெரிய டைனோசார் விலங்குகள் கடந்த காலத்தில் கண்டுபிடிக்கப்பட்டுள்ளன. இவற்றில் ஒன்று பிராக்கியோசாரஸ் ஆகும். இதன் உயரம் கிட்டத்தட்ட 5 மாடிக் கட்டடம் அளவுக்கு இருந்தது. நீளம் 26 மீட்டர். எடை 30 முதல் 80 டன். இதன் கழுத்து மிக நீளம். காரணம் இது தாவரங்களைத் தின்று ஜீவித்ததாகும். இவ்வளவு எடையுடன் இந்த டைனோசார் எப்படி நடமாடியது என்பது புரியவில்லை.

மாமிச பட்சிணிகளில் ஜைகானாடோசாரஸ் மிகப் பெரியதாகக் கருதப்படுகிறது. இதன் நீளம் 14 மீட்டர். எடை 8 டன். இதன் உடலின் எலும்புப் பகுதிகள் தென் அமெரிக்காவில் அர்ஜெண்டினா நாட்டில் 1994 ஆம் ஆண்டில் கண்டுபிடிக்கப்பட்டன. அதுவரை டைனோரோசாரஸ் ரெக்ஸ் எனப்படும் டைனோசார்தான் மிகப் பெரியதாகக் கருதப்பட்டு வந்தது. இதன் பற்கள் ஒவ்வொன்றும் 33 சென்டி மீட்டர் நீளம் இருந்தன. இது ஒரே கடியில் 230 கிலோ இறைச்சியை உண்ணக் கூடியதாக இருந்தது என்று கருதப்படுகிறது. நல்ல வேளையாக இப்படியான டைனோசார்கள் இருந்த காலத்தில் மனிதன் இல்லை.

டைனோசார்களில் 920க்கும் மேற்பட்ட வகைகள்இருந்துள்ளதாக சில தகவல்கள் கூறுகின்றன. சுமார் 65 மில்லியன் ஆண்டுகளுக்கு முன்னர் டைனோசார் விலங்கினம் எவ்விதம் அடியோடு அழிந்து போயிற்று என்பது புரியாப் புதிராக உள்ளது.இதுபற்றிப் பல கொள்கைகள் உள்ளன. எனினும் இன்னமும் திட்ட வட்டமான காரணம் தெரியவில்லை.

- 62 -

டைனோசார்கள் அழிந்தது ஏன்?

டைனோசார் வகை விலங்குகள் சுமார் 230 மில்லியன் ஆண்டுகளுக்கு முன் தோன்றி சுமார் 165 மில்லியன் ஆண்டுக்காலம் உலகை ஆண்டன. அப்போது டைனோசார்களில் சுமார் 900க்கும் மேற்பட்ட வகைகள் வாழ்ந்ததாகக் கருதப்படுகிறது.

அப்படிப் பார்க்கும்போது அவற்றின் எண்ணிக்கை கோடிக்கணக்கில் இல்லாவிட்டாலும் லட்சக்கணக்கில் இருந்திருக்கலாம். அவ்வளவு காலம் நீடித்த அந்தவகை உயிரினம் ஒரு கால கட்டத்தில் அழிந்து போனது ஏன் என்பதுபற்றி இன்னமும் நிபுணர்கள் மண்டையை உடைத்துக்கொள்கிறார்கள்.

டைனோசார்கள் அழிந்தது ஏன் என்பது நீண்டகாலமாகவே ஆராயப்பட்டு வந்துள்ளது. ஆராய்வாளர் ஒருவரின் கணக்குப்படி டைனோசார் மடிவுக்கு 55 காரணங்கள் கூறப்பட்டன. எனினும் இறுதியில் விண்கல் ஒன்று பூமியில் வந்து விழுந்ததால்தான் டைனோசார்கள் அழிந்தன என்று முடிவு செய்யப்பட்டு அக் கருத்து பரவலாக ஒப்புக்கொள்ளப்பட்டுள்ளது. சரியாகச் சொல்வதானால் விண்கல் வந்து தாக்கியதால் ஏற்பட்ட விளைவுகளால் டைனோசார்கள் அழிந்தன.

சுமார் 6 முதல் 15 கிலோ மீட்டர் குறுக்களவு கொண்ட விண்கல் சுமார் 60 ஆயிரம் கிலோ மீட்டர் வேகத்தில் வந்து பூமியைத் தாக்கியபோது அது மிக ஆழம் வரை சென்றது. அத் தாக்குதலின் விளைவாகப் பாறைகள் உருகின. உலகம் தழுவிய அளவில் பயங்கரக் காற்று வீசியது. சுனாமிக்கள் தோன்றின. கடும் அமில மழை பொழிந் திருக்கலாம். நில நடுக்கங்களும் ஏற்பட்டிருக்கலாம். பெரும் புழுதிப் படலம் உயரே தூக்கியடிக்கப்பட்டு வானில் பரவியது. இத் தூசுப் படலம் பல மாத காலம் சூரியனை மறைத்தது. பூமியை இருள் கவ்வியது.

இதன் விளைவாக பூமியின் நிலப்பரப்புக்குப் போதுமான வெப்பம் கிடைக்கவில்லை. வெப்பம் கிடைக்காததாலும் வெயில் இல்லாததாலும் உயிரினங்களும் தாவரங்களும் கடுமையாகப் பாதிக்கப் பட்டன. காற்று மண்டலத்தில் ஆக்சிஜன் குறைந்தது. தாவரங்கள் மடியலாயின. அதன் விளைவாக அவற்றை உண்டு வாழ்ந்த (சாகபட்சிணி வகையைச் சேர்ந்த டைனோசார்கள்) மடியலாயின. அந்த வகை டைனோசார்களை அடித்து உண்டு வாழ்ந்த இதர வகை டைனோசார்களும் இறக்கலாயின. எனினும் டைனோசார்கள் அனைத்தும் ஓரிரு வாரங்களில் மடிந்ததாக நினைத்தால் தவறு. இவை அழிய நீண்ட காலம் பிடித்தது.

பெரிய விண்கல் வந்து விழுந்தால் இப்படியெல்லாம் ஏற்படுவது உறுதி. எனினும் விண்கல்தான் காரணம் என்று 1970களில் அமெரிக்காவைச் சேர்ந்த லூயி ஆல்வாரஸ், அவரது புதல்வர் பீட்டர் ஆல்வாரஸ் மற்றும் கலிபோர்னியா பல்கலைக்கழகத்தைச் சேர்ந்த விஞ்ஞானிகள் பிராங்க் அசாரோ, ஹெலன் மைக்கேல் ஆகியோர் கூறி இதற்கான ஆதாரங்களை பெரும்பாடுபட்டுத் திரட்டி நிரூபித்தனர். அவர்கள் தேடிய ஆதாரம் பாறைப் படிவுகளில் கிடைத்தது.

பூமியில் உள்ள பாறைகளில் இருடியம் என்ற உலோகம் அவ்வளவாகக் கிடையாது. ஆனால் விண்கற்களில் இருடியம் குறிப்பிடத்தக்க அளவுக்கு உண்டு. ஆகவே அந்த நிபுணர்கள் மேற்படி காலகட்டத்தைச் சேர்ந்த படிவுப் பாறைகளை ஆராய்ந்த போது உலகம் முழுவதிலும் சீராக 3 மில்லி மீட்டர் அளவுக்கு இருடியம் படிந்து காணப்பட்டது. விண்கல் பூமியைத் தாக்கி சுக்கு நூறாக உடைந்தபோது தோன்றிய நுண்ணிய பாறைப் பொடி காற்று மண்டலத்தில் கலந்து பின்னர் மெதுவாகக் கீழே இறங்கி பூமியின் மேற்பரப்பில் படிந்திருக்க வேண்டும். ஆகவேதான் இவ்விதம் படிவுப் பாறைகளில் இருடியம் காணப்பட்டதாகக் கருதப்பட்டது. ஆல்வாரஸ் குழுவினர் கூறிய இக் கருத்து பரவலாக ஒப்புக் கொள்ளப்பட்டது.

வேறு ஆய்வுக் குழுவினர் 1997ல் கடலடியில் 130 மீட்டர் ஆழத்துக்குத் துளையிட்டு குடைவுத் தண்டுகளை எடுத்து ஆராய்ந்தபோது அதிலும் இருடியப் படலம் காணப்பட்டது. இது ஆல்வாரஸ் குழு கூறிய கொள்கைக்கு மேலும் வலுச் சேர்ப்பதாக இருந்தது.

இக் கொள்கை ஏற்கப்பட்ட பின்னர் டைனோசார் முடிவுக்குக் காரணமான விண்கல் பூமியில் எங்கு விழுந்திருக்கலாம் என்று தேடும் படலம் தொடங்கியது.

- 63 -
டைனோசார்களை அழித்த விண்கல்

விண்வெளியிலிருந்து ஒரு பெரிய விண்கல் பூமியில் விழுவதாகவும் அதனால் பெரிய பள்ளம் ஏற்படுவதாகவும் வைத்துக் கொள்வோம். அப் பள்ளம் காலப் போக்கில் இருந்த இடம் தெரியாமல் மறைந்து விடும். காரணம், இயற்கையானது மாற்றங்களை ஏற்படுத்திக் கொண்டே இருக்கிறது. எந்த ஒரு பெரிய பள்ளமாக இருந்தாலும் சரி காற்றும் நீரும் அப்பள்ளத்தின் விளிம்புகளை வெறும் சரிவு ஆக்கிவிடும். மழை நீர் தேங்க, அது ஏரியாகிவிடும். சுற்றிலும் செடி கொடி மரங்கள் தோன்றும். அருகே குடியிருப்புகளும் ஏற்படலாம். பள்ளம் இருந்த இடமே தெரியாமல் போகலாம்.

ஆகவேதான் 65 மில்லியன் ஆண்டுகளுக்கு முன் டைனோசார்களின் அழிவுக்குக் காரணமான 15 கிலோ மீட்டர் குறுக்களவு கொண்ட விண்கல் பூமியில் வந்துவிழுந்ததால் ஏற்பட்ட பள்ளத்தைக் கண்டு பிடிப்பது எளிதாக இருக்கவில்லை.

அமெரிக்க அரிசோனா பல்கலைக் கழக மாணவர் ஹில்டேபிராண்ட் 1990 ஆண்டு வாக்கில் அமெரிக்காவுக்குத் தென்கிழக்கே உள்ள ஹைட்டி தீவில் ஒரு கிராமத்துக்குச் சென்றார். விண்கல் வந்து தாக்கியதால் நாலாபுறங்களிலும் தூக்கியடிக்கப்படுகின்ற பொருள்களின் மிச்ச மீதிகளை தேடித்தான் அவர் சென்றார். அவர் எதிர்பார்த்தபடியே குறிப்பிட்ட இடங்களில் கணிசமான அளவில் இருடியம் அடங்கிய களிமண் படிவுகளையும் வேறு சில பொருள்களையும் அவர் கண்டு பிடித்தார்.

சிதறல்கள் என்று சொல்லத்தக்க இப் படிவுகள் காணப்பட்ட இடத்தை வைத்துக் கணக்குப் போட்டால் விண்கல் விழுந்த இடம் அந்த இடத்திலிருந்து சுமார் 1000 கிலோ மீட்டர் வட்டாரத்துக் குள்ளாகத்தான் இருக்க வேண்டும் என்று அனுமானிக்கப்பட்டது. ஆனால் சுற்றுவட்டாரத்தில் அப்படியான பள்ளம் எதுவும் காணப்படவில்லை.

இக் கட்டத்தில் தனியார் பெட்ரோலிய நிறுவன எஞ்சினியரான பென்பீல்ட் கைகொடுத்தார். பெட்ரோலிய ஊற்று இருப்பதற்கு வாய்ப்பு உண்டா என்று அறிய விமானத்திலிருந்து சர்வே நடத்துவது வழக்கம். அந்த வகையில் மெக்சிகோ நாட்டின் ஒரு பகுதியான யுகாட்டன் தீபகற்பப் பகுதிமீதும் அதை அடுத்த கடல் பகுதி மீதும் அந்த நிறுவனம் முன்பு எப்போதோ சர்வே நடத்தியிருந்தது. அக்குழுவில் அவர் இடம் பெற்றிருந்தார். ஒரு நண்பர் கூறிய யோசனையின் பேரில் ஹில்டேபிராண்ட் உடனே பென்பீல்டுடன் தொடர்பு கொண்டார்.

பென்பீல்டுக்கு வானவியல் பற்றியும் ஓரளவு தெரியும். ஆகவே அவர் ஆர்வத்துடன் யுகாட்டன் பிராந்தியத்தில் நடந்த சர்வே தகவல்களை ஆராய்ந்தார். அத்துடன் அந்த வட்டாரம் பற்றி தமது நிறுவனம் தயாரித்த குறிப்பிட்ட வகை மேப்புகளையும் ஆராய்ந்தார். அப்போது அவருக்கு யுகாட்டனை அடுத்த கடல் பகுதியில் ஆழத்தில் வட்ட வடிவப் பள்ளங்கள் இருப்பது தெரிய வந்தது.

பெட்ரோலிய ஆராய்ச்சிக்காக அங்கு குழாய்களை இறக்கி ஆழத்திலிருந்து குடைவுத் தண்டுகளை எடுத்தது நினைவுக்கு வந்தது. ஆனால் அது தொடர்பான ஆவணங்கள் ஒரு தீவிபத்தில் அழிந்து விட்டதாக அவருக்குத் தெரியவந்தது. அவர் விடவில்லை. எண்ணெய்க் கிணறு தோண்டும்போது மண்ணை வெளியே தூக்கிப் போடுவது உண்டு. அது நினைவுக்கு வரவே அந்த மண் சாம்பிள்களை சேகரிக்க அவர் குறிப்பிட்ட கிராமத்துக்குச் சென்றார். ஆனால் எண்ணெய்க் கிணறு தோண்டப்பட்ட இடத்தில் பன்றித் தொழுவம் தான் இருந்தது. விடாப்பபடியாக அங்கிருந்து மண் சாம்பிள்களை சேகரித்து வந்தார். பின்னர் அந்த சாம்பிள்கள் ஆராயப்பட்டன.

அடுத்து அந்த வட்டாரத்தின் செயற்கைக்கோள் புகைப்படங்கள் ஆராயப்பட்டன. இறுதியில் விண்கல் விழுந்ததால் ஏற்பட்ட 300கிமீ குறுக்களவு கொண்ட வட்டவடிவப் பள்ளம் அங்கு கடலுக்கு அடியில் அமைந்துள்ளது என்பது தெரியவந்தது. பல்வேறு ஆய்வுகள் மூலம் அந்த இடத்தில்தான் விண்கல் விழுந்திருக்க வேண்டும் என்பது உறுதிப்படுத்தப்பட்டது. இப் பள்ளத்துக்கு அருகே உள்ள கிராமத்தின் பெயர் போர்ட்டோ சிக்ஷுலுப் (Puerto Chicxulub) ஆகும். விண்கல் பள்ளத்துக்கும் அப் பெயரே வைக்கப்பட்டது.

மெக்சிகோ நாட்டின் பூர்வ மொழியான மாயன் மொழியில் சிக்ஷுலுப் என்றால் ‘பிசாசின் வால்’ என்று அர்த்தம். டைனோசார்களை அழிக்க வந்த பிசாசு என்று அந்த விண்கல்லை வர்ணிப்பதானால் அப் பெயர் நன்கு பொருத்தமானதே.

- 64 -

டைனோசாரும் தக்கண பீடபூமியும்

'டைனோசார்கள் அழிவுக்கு இந்தியா காரணம்' என பெரிதும் மிகைப்படுத்தப்பட்ட தலைப்புடன் மேற்கத்திய பத்திரிகை ஒன்று ஒரு சமயம் கட்டுரை வெளியிட்டிருந்தது. இந்தியாவில் பல கோடி ஆண்டுகளுக்கு முன்னர் ஏற்பட்ட ஓர் இயற்கை நிகழ்ச்சி டைனோசார்களின் அழிவுக்குக் காரணமாக இருக்கலாம் என்பதைத்தான் அது அவ்விதம் தனது தலைப்பில் வர்ணித்திருந்தது.

உலகின் பல கண்டங்களிலும் (உலகில் அப்போது மனித இனம் இல்லை) சுமார் 165 மில்லியன் ஆண்டுக் காலம் ஆதிக்கம் செலுத்திய டைனோசார் வகை விலங்குகள் திடீரென அழிந்து போயின. சுமார் 65 மில்லியன் ஆண்டுகளுக்கு முன் நிகழ்ந்த ஏதோ ஒரு நிகழ்வினால்தான் இவை அழிந்து போயிருக்க வேண்டும் என்று கருதப்பட்டு நிபுணர்கள் இது பற்றி ஆராய்ந்தனர்.

கடைசியில் 15 கிலோ மீட்டர் குறுக்களவு கொண்ட விண்கல் ஒன்று பயங்கர வேகத்தில் வந்து பூமியின்மீது மோதியதால்தான் இவ்விதம் ஏற்பட்டிருக்க வேண்டும் என்று முடிவாகியது. நிபுணர்கள் இந்த விண்கல் பூமியில் எந்த இடத்தில் வந்து விழுந்தது என்பதையும் பெரும்பாடு பட்டுக் கண்டுபிடித்தனர். கடந்த 20 ஆண்டுகளாக இக் கொள்கைதான் உலகில் பரவலாக ஒப்புக்கொள்ளப்பட்ட ஒன்றாக விளங்கி வருகிறது.

ஆனால் அப்போதிலிருந்தே இக் கொள்கை குறித்து சில ஆட்சேபங்கள் தெரிவிக்கப்பட்டன. விண்கல் ஒன்று விழுந்ததால் மட்டும் இப்படி உலகளாவிய அளவில் டைனோசார்கள் அழிய வாய்ப்பில்லை என்றும் வாதிக்கப்பட்டது. தவிர, அதே கால கட்டத்தில் பூமியின் உட்புறத்திலிருந்து ஓயாது நெருப்பைக் கக்கிய நெருப்பு ஊற்றின் விளைவாகத்தான் டைனோசார்கள் அழிந்திருக்க வேண்டும் என்று அந்த மாற்றுக் கருத்து கூறியது. இப்படியாக விண்கல் கோஷ்டி, நெருப்பு ஊற்று கோஷ்டி என இரு கோஷ்டிகள் தோன்றியதாகவும் சொல்லலாம்.

உலகின் பல கண்டங்களை உள்ளடக்கிய நிலப் பிண்டத்திலிருந்து இந்தியா பிரிய ஆரம்பித்தபோது அந்த நெருப்பு ஊற்றை இந்தியா கடந்து வர நேர்ந்தது. அந்த நெருப்பு ஊற்றிலிருந்து 4 லட்சம் ஆண்டுகள் தொடர்ந்து நெருப்புக் குழம்பு பிரவாகமாக வெளிப்பட்டது. இவ்விதமாகத்தான் இந்தியாவின் தக்கண பீடபூமி தோன்றியது.

நெருப்புக் குழம்புடன் வெளிப்பட்ட வாயுக்கள் சூரியனை மறைத்ததன் விளைவாகவும் பசுமைக்குடில் விளைவு காரணமாகவும் உயிரினங்கள் வாழ முடியாத அளவுக்கு விபரீத நிலைமைகள் ஏற்பட்டன என்றும், ஆகவேதான் டைனோசார் உயிரினங்கள் மடிந்ததாகவும் கூறப்படுகிறது. அமெரிக்க வர்ஜீனியா பாலிடெக்னிக் பல்கலைக் கழகத்தைச் சேர்ந்த புவியியல் பேராசிரியர் டூயி மக்ளீன் இக் கருத்தைக் கூறினார்.

நெருப்புக் குழம்பு வழிந்ததால் குறிப்பாக இந்தியாவின் மேற்குப் பகுதி 4000 மீட்டர் உயரத்துக்கு மேடிட்டுப் போனது. ஆங்கிலத்தில் இப் பகுதிக்கு Deccan Traps என்று பெயர். பின்னர் இது நாளடைவில் மழை, மண்ணரிப்பு ஆகியவற்றின் விளைவாக உருமாறியது. நில அரிப்பு போக மிஞ்சியதுதான் மேற்குத் தொடர்ச்சி மலை என்று நிபுணர்கள் கூறுகின்றனர்.

மேற்குத் தொடர்ச்சி மலையில் தொடங்கி ஒரிசாவரை தக்கண பீடபூமி அமைந்துள்ளது. நெருப்பு ஊற்று காரணமாக ஏற்பட்ட மேட்டுப் பிராந்தியத்தின் ஒரு பகுதி தனியே பிரிந்து அது இந்துமாக் கடலில் தீவுகளாகியது. நெருப்பு ஊற்று இருந்த இடம் ரியூனியன் தீவில் இன்னமும் ஓர் எரிமலையாக விளங்குகிறது.

விண்கல் தாக்கியதால்தான் டைனோசார்கள் உயிரினம் அழிந்தது என்று வாதிக்கும் ஆல்வாரஸ் குழுவினர் பூமியின் மேற்பரப்பில் 65 மில்லியன் ஆண்டுகளுக்கு முன் அமைந்த படிவுப் பாறைகளில் இருடியம் உலோகத் துணுக்குகள் படிந்துள்ளதை ஆதாரமாகக் காட்டுகின்றனர். பாறைகளில் இருடியம் மிகக் குறைவு என்றும், ஆனால் விண்கற்களில் இருடியம்அதிகம் என்றும், ஆகவே இந்த இருடியம் விண்கல் மூலம் தான் வந்திருக்க வேண்டும் என்றும் கூறினர்.

ஆனால் தக்கண பீடபூமி தோன்றக் காரணமாக இருந்தநெருப்பு ஊற்றின் விளைவாகத்தான் டைனோசார்கள் அழிந்தன என்று வாதிக்கும் மக்ளீன் குழுவினர் பூமியில் மிக ஆழத்திலிருந்து வந்த நெருப்புக் குழம்பின் மூலமே இந்த இருடியம் வெளி வந்து காற்று மண்டலத்தில் பரவி பிறகு உலகின் பல பகுதிகளிலும் படிந்தது என்று வாதிக்கின்றனர். எதிர்காலத்தில் மேலும் துப்புகள் கிடைக்கும்போது டைனோசார்கள் அழிவுக்கான திட்டவட்டமான காரணம் தெரியவரலாம்.

- 65 -
டைனோசார்களுக்கும் முன்னர்...

உலகில் கடந்த பல கோடி ஆண்டுகளில் நீரிலும் நிலத்திலும் வகை வகையான உயிரினங்கள் இருந்துவந்துள்ளன. அவ்வப்போது ஓரிரு உயிரின வகைகள் இயல்பாக அழிந்து போவதுண்டு. இனப் பெருக்கத்துக்கான சூழ்நிலை மாறுவது, இரை கிடைக்காமல் போவது என இதற்குப் பல காரணங்கள் உண்டு. இப்போதும்கூட இவ்விதம் நிகழ்ந்து வருகிறது.

ஆனால் உலகம் தழுவிய அளவில் எண்ணற்ற உயிரின வகைகள் அழிவது என்பது அசாதாரணமானதே. விண்கல் தாக்குவது, பிரவாகமாகப் பெருகும் நெருப்பு ஊற்று போன்று பெரிய அளவில் கடும் பாதிப்பை உண்டாக்குகின்ற விபரீதநிகழ்ச்சிகளே இதற்குக் காரணமாகும்.

இப்படியான ஒரு காரணத்தால்தான் 65 மில்லியன் ஆண்டுகளுக்கு முன்னர் டைனோசார் வகை விலங்குகள் அழிந்துபோயின. ஆனால் பூமியில் இவ்விதம் பெரும்பாலான உயிரினங்கள் அழிந்து போனது அது முதல் தடவை அல்ல. அதற்கு முன்னர் குறைந்தது மூன்று தடவை இவ்விதம் உலகளாவிய அளவில் உயிரின அழிவு நிகழ்ந்துள்ளது.

பூமி தோன்றியதுமுதல் உள்ள காலத்தை நிபுணர்கள் வெவ்வேறு காலகட்டங்களாகப் பிரித்து அவற்றுக்குப் பெயர் வைத்துள்ளனர்.

டெவோனியன் காலத்து டிரைலோபைட்

இவற்றில் ஆர்டோவிசியன், டெவோனியன், பெர்மியன் ஆகிய காலங்களில் இவ்விதம் உயிரினங்கள் பெருமளவில் அழிந்து போயின.

ஆர்டோவிசியன் (490 முதல் 443 மில்லியன் ஆண்டுகளுக்கு முன்னர்) காலத்தில் உலகின் பல கண்டங்கள் கோண்டுவானா எனப்பட்ட ஒரே நிலப் பிண்டமாக இருந்தன. அக் காலகட்டத்தின் கடைசி வாக்கில் கோண்டுவானா கண்டம் தென் துருவப் பகுதிக்கு நகர்ந்து போயிற்று. அப்போது பனி யுகம் தோன்றி நிலப் பரப்பில் பெரும் பகுதியை கனத்த பனிப்பாளங்கள் மூடின. இதனால் அப்போது வாழ்ந்த உயிரினங்களில் பெரும்பாலானவை அழிந்து போயின.

பின்னர் டெவோனியன் காலத்தில் (365 மில்லியன் ஆண்டுகளுக்கு முன்னர்) இதேபோல உயிரின அழிவு ஏற்பட்டதாகக் கருதப் படுகிறது. எனினும் அப்போது கடல் வாழ் உயிரினங்களே பெரிதும் அழிந்தன. நிலப் பகுதியில் இருந்த தாவரங்கள் பாதிக்கப் படவில்லை. டெவோனியன் காலத்தில் ஏற்பட்ட உயிரின அழிவுக்கு விண்கல் காரணமாக இருந்திருக்கலாம் என்று கருதப்படுகிறது. எனினும் இரண்டு ஆண்டுகளுக்கு முன்னர் ஒரு நிபுணர், டெவோனியன் காலத்தில் உயிரின அழிவு ஏற்பட்டதாகச் சொல்ல முடியாது என்று தமது ஆராய்ச்சி அறிக்கையில் கூறியுள்ளார்.

அதற்குப் பிறகு பெர்மியன் காலம் (290 மில்லியன் முதல் 248 மில்லியன் ஆண்டுகளுக்கு முந்தைய காலம்) முடிவுற்று, டிரையாசிக் காலம் ஆரம்பித்த சமயத்தில் உலகளாவிய அளவில் உயிரின அழிவு ஏற்பட்டது. இக்கால கட்டத்தில்தான் எப்போதுமே இல்லாத வகையில் உயிரினங்கள் பெரும் அளவில் அழிந்ததாகக் கூறப் படுகிறது. ரஷியாவின் ஒரு பகுதியாக உள்ள சைபீரியாவில் ஒருநெருப்பு ஊற்று வழியே மிக நீண்ட காலம் பெருக்கெடுத்த நெருப்புப் பிரவாகமே இதற்குக் காரணம் என்று கருதப்படுகிறது.

இதற்குப் பல மில்லியன் ஆண்டுகளுக்குப் பிறகு கிரிடேஷியஸ் (144 முதல் 65 மில்லியன் ஆண்டுகளுக்கு முன்னர்) காலம் முடிவுறும் கட்டத்தில் டைனோசார்கள் அழிந்து போயின.

அமெரிக்காவில் தொடங்கி உலகம் முழுவதிலும்டைனோசார் களுக்கு கிடைத்த விளம்பரத்தால் அவற்றின் முடிவுதான் அதிக அளவில் அறியப்பட்டுள்ளது. டைனோசார்கள் பற்றிய படக் கதை, பொம்மைகள், நாவல், பிறகு சினிமா, விடியோ கேம்ஸ் என டைனோசார்களை வைத்து அவரவர் பணம் சம்பாதித்தனர்.

[171]

இதன்படி 208 மில்லியன் ஆண்டுகளுக்கு முதல் 146 மில்லியன் ஆண்டுகள் வரையிலானது ஜுராசிக் காலம் ஆகும். 146 மில்லியன் முதல் 65 வரையிலானது கிரிடேசியஸ் காலமாகும். இக்

பெர்மியன் காலத்து விலங்குகள்

காலகட்டத்தில்தான் டைனோசார்கள் வாழ்ந்தன. கிரிடேசியஸ் காலத்துக்குப் பிறகு டெர்ஷியரி காலாந்திரம் தொடங்குகிறது. கிரிடேசியசுக்கும் டெர்சியசுக்கும் இடைப்பட்டது K/T எல்லை எனப்படுகிறது. இதில் K என்பது கிரிடேசியஸ் காலத்தையும் T என்பது டெரிஷியரியையும் குறிக்கிறது. டைனோசார்கள் மடிவு K/T எல்லைக் காலத்தில் நிழந்ததாகச் சொல்வார்கள்.

- 66 -

கடல்கள் எப்படித் தோன்றின ?

கடல்கள் எப்படித் தோன்றின என்ற கேள்விக்கு இன்னும் திட்டவட்டமான விடை கிடைக்கவில்லை. எனினும் இது குறித்து சில கொள்கைகள் உள்ளன.

சூரிய மண்டலத்தில் உள்ள எட்டு கிரகங்களில் பூமியில் ஒன்றில்தான் நீரானது மூன்று வடிவங்களில் - ஆவி வடிவில், நீராக திரவ வடிவில், ஐஸ் கட்டியாக திட வடிவில் - உள்ளது. பூமி தோன்றி பல மில்லியன் ஆண்டுகளுக்குப் பிறகுதான் உலகின் கடல்கள் தோன்றியிருக்க வேண்டும் என்று நிபுணர்கள் கருதுகின்றனர்.

பூமி தோன்றிய பின்னர் பூமி மிகவும் சூடாக இருந்த கால கட்டத்தில் பூமிக்குள்ளிருந்து வெடிப்புகள் மூலம் ஏராளமான அளவில் நீரானது ஆவி வடிவில் வெளிவந்ததாக விஞ்ஞானிகள் கருதுகிறார்கள். இதல்லாமல் எரிமலைகளிலிருந்து மற்ற பல வாயுக்களுடன் சேர்ந்து இதேபோல ஏராளமான அளவுக்கு நீராவி வெளிப்பட்டிருக்க வேண்டும்.

உலகில் இப்போது நெருப்பைக் கக்குகிற எரிமலைகள் பல நூறு உள்ளன. ஆதியில் நிறையவே எரிமலைகள் இருந்ததாகக் கருதப்படுகிறது. பூமியின் வெடிப்புகள் மற்றும் எரிமலைகளிலிருந்து வெளிப்பட்ட நீராவியானது மற்றும் பல வாயுக்களுடன் சேர்ந்து பூமியின் காற்று மண்டலமாக உருவெடுத்தது. ஆனால் அக் காற்று மண்டலத்தில் அப்போது ஆக்சிஜன் வாயு கிடையாது.

புதன், செவ்வாய்போல அல்லாமல் பூமியானது அதிக பருமன் கொண்டது. ஆகவே பூமிக்கு ஈர்ப்பு சக்தி அதிகம். ஆகவே பூமியால் தனது காற்று மண்டலத்தை தன் பால் நன்கு ஈர்த்து வைத்துக்கொள்ள முடிந்தது என்பது பூமியில் கடல்கள் உருவானதற்கு ஒரு முக்கிய காரணம்.

ஆதி ஆரம்பத்தில் பூமியை எண்ணற்ற வால் நட்சத்திரங்கள் தாக்கியதாகவும் விஞ்ஞானிகள் கருதுகின்றனர். வால் நட்சத்திரம் என்பது பெரிதும் பனி உருண்டையே. இதன் மூலமும் பூமியானது பனி உருண்டைகள் வடிவில் நிறைய நீரைப் பெற்றிருக்க வேண்டும் என்ற ஒரு கருத்து உள்ளது.

இதற்கு இரண்டுவித ஆட்சேபங்கள் இருக்க முடியும். ஒன்று இந்த வால் நட்சத்திரங்கள் பூமியை மட்டுமன்றி நமது சந்திரன், மற்றும் செவ்வாய், புதன் ஆகியவற்றையும் தாக்கியிருக்க வேண்டும். ஆனால் அவற்றில் கடல்கள் இல்லை. இதற்குக் காரணம், ஏற்கெனவே குறிப்பிட்டபடி புதனும், செவ்வாயும் பூமியைப்போல அந்த அளவுக்கு ஈர்ப்பு சக்தியைக் கொண்டவை அல்ல. போதுமான ஈர்ப்பு சக்தி இல்லாததால் செவ்வாய் கிரகம் இன்னமும் காற்று மண்டலத்தை இழந்து வருகிறது.

இன்னொரு ஆட்சேபம் உண்டு. அதாவது ஹைட்ரஜன் வாயுவும் ஆக்சிஜன் வாயுவும் வேதியல் ரீதியில் பிணைந்ததே நீர் ஆகும். வால் நட்சத்திரங்களில் அடங்கிய ஹைட்ரஜனில் ஹைட்ரஜனுக்கும் டியூட்ரியத்துக்கும் (மையக் கருவில் ஒரு நியூட்ரானையும் கொண்ட ஹைட்ரஜனுக்கு டியூட்ரியம் என்று பெயர்) உள்ள விகிதம் பூமியின் கடல்களில் உள்ளதைவிட அதிகம் என்று ஹாலி, ஹயாகுடாகே, ஹேல்-பாப் ஆகிய வால் நட்சத்திரங்களை சில ஆண்டுகளுக்கு முன்னர் ஆராய்ந்ததில் தெரிய வந்தது. அதை வைத்து பூமியில் கடல்கள் தோன்றியதில் வால் நட்சத்திரங்களின் பங்கு அதிகமிராது என்ற கருத்து தோன்றியது. எனினும் இது சில வால் நட்சத்திரங்களுக்கு மட்டுமே பொருந்தும் என்று பின்னர் நிரூபணமாகியது.

அதாவது 2000 ஆண்டில் லீனியர் என்ற வால் நட்சத்திரம் சூரியனை நெருங்கியபோது பல துண்டுகளாக உடைந்தது. இந்த வால் நட்சத்திரத்தை ஆராய்ந்தபோது அதில் அடங்கிய நீரில் (பனிக் கட்டியில்) ஹைட்ரஜன் - டியூட்ரியம் விகிதம் பூமியின் கடல்களில் உள்ள அதே அளவில் இருப்பது தெரியவந்தது. ஆகவே வால் நட்சத்திரங்கள் மூலம் பூமிக்கு நிறைய நீர் கிடைத்திருக்கலாம் என்ற கொள்கைக்கு இது இப்போது வலுச் சேர்த்துள்ளது.

ஆதியில் பூமியின் நீர் அனைத்தும் வானில் மேகங்கள் வடிவில்தான் இருந்தன. ஒரு கட்டத்தில் பூமி குளிர ஆரம்பித்தபோது மழை பொழியத் தொடங்கி பல நூறு ஆண்டுக் காலம் தொடர்ந்து பெய்தது. இப் பெருமழையைத் தொடர்ந்து காலப்போக்கில் பூமியில் பள்ளமாக இருந்த பகுதிகளில் நீர் சேர ஆரம்பித்தது. அவை கடல்களாக உருவெடுத்தன.

- 67 -

எரிமலை ஓயாது நெருப்பைக் கக்குமா?

ஓர் எரிமலை கடும் சீற்றத்துடன் நெருப்பைக் கக்குகிறது என்றால் உயிர் தப்ப எல்லோரும் பீதியுடன் ஓடுவர். ஆனால் எந்த எரிமலையும் தொடர்ந்து கடும் சீற்றத்தைக் காட்டுவதில்லை. ஆகவேதான் எரிமலைகள் உல்லாசப் பயணிகளைக் கவருபவையாக உள்ளன.

எனினும் உல்லாசப் பயணிகளால் எந்த அளவு எரிமலையை நெருங்கிப் பார்க்க இயலும் என்பது அது அமைந்துள்ள இடம், அதன் கடுமை போன்று பல அம்சங்களைப் பொருத்ததாக உள்ளது. சீற்றம் குறைந்துள்ள - குறைந்தபட்சம் தற்காலிகமாக - எரிமலை என்றால் கிட்டத்தட்ட எரிமலை வாய்வரை செல்ல முடிகிறது.

ஐஸ்லாந்து, இத்தாலி, இந்தோனேசியா, ஹவாய் முதலான இடங்களில் உள்ள எரிமலைகளைக் காண்பதற்கு உல்லாசப் பயணிகளை அழைத்துச் செல்வதற்கென்றே தனி அமைப்புகள் உள்ளன. நெருப்பைக் கக்குகின்ற எரிமலைகளக் காண்பதில்தான் உல்லாசப் பயணிகளுக்கு மிகுந்த ஆர்வம்.

உலகில் எந்த ஒரு நேரத்திலும் குறைந்தது 15 முதல் 20 எரிமலைகள் சாதாரண அளவில் நெருப்பைக் கக்கியபடி உள்ளன. இவற்றில் குறிப்பிடத்தக்கது ஸ்டிராம்போலி எரிமலையாகும். இந்த எரிமலை மற்ற பல எரிமலைகளைப்போல அல்லாமல் கிட்டத்தட்ட தினமும் நெருப்பைக் கக்குவதாகும்.

இத்தாலி நாட்டின் தென்மேற்கே உள்ள 2 கிலோ மீட்டர் அகலமுள்ள தீவில் இந்த எரிமலை அமைந்துள்ளது. இதன் உயரம் 900 மீட்டர். ஸ்டிராம்போலி கடந்த 2000 ஆண்டுகளாகத் தொடர்ந்து நெருப்பைக் கக்கி வருகிறது. இது இவ்விதம் 5 ஆயிரம் ஆண்டுகளாக நெருப்பைக் கக்குவதாக வேறு ஒரு தகவல் கூறுகிறது. எரிமலைக்கே உரிய தோற்றத்துடன் இது கம்பீரமாக நிற்கிறது. இது தினமும் நெருப்பைக் கக்கி வந்தாலும் இத் தீவில் சுமார் 400 பேர் வசிக்கின்றனர்.

இது மிக அபூர்வமாகவே கடுமையாகச் சீறுகிறது. கடந்த 2002 மற்றும் 2003 ஆம் ஆண்டுகளில் இதன் சீற்றம் சற்று அதிகமாகவே இருந்தது. 2006 ஆம் ஆண்டு மத்தியிலும் இதன் சீற்றம் சற்று அதிகரித்துக் காணப்பட்டது. ஆகவேதான் இந்த எரிமலை மீது யாரும் 290 மீட்டர் உயரத்துக்கு மேல் செல்லக்கூடாது என்று கட்டுப்பாடுகள் விதிக்கப் பட்டுள்ளன.

சில ஆண்டுகளுக்கு முன் வரை எரிமலை வாய் வரை செல்ல பயணிகள் அனுமதிக்கப்பட்டனர். ஆனாலும் இன்னமும் இந்த எரிமலையின் ஒரு புறத்தில் 400 மீட்டர் உயரத்தில் அமைந்த திடலில் ஹெலிகாப்டர் மூலம் போய் இறங்குபவர்கள் இருக்கத்தான் செய்கின்றனர்.

இத்தாலிக்கு வருகின்ற ஆயிரக்கணக்கான உல்லாசப் பயணிகளில் பலரும் ஸ்டிராம்போலிக்கு செல்லத் தவறுவதில்லை. எரிமலை எப்படி இருக்கும் என்று நேரில் காண வேண்டும் என்ற ஆசையே இதற்குக் காரணம். ஸ்டிரோம்போலி எரிமலையின் அடிவாரத்தில் எவ்விதம் மக்கள் தைரியமாக வாழ்கிறார்கள் என்று வியக்கலாம். எரிமலை ஒன்றின் சீற்றம் அதிகரித்தாலும் அதிலிருந்து நெருப்புக் குழம்பானது நாலா புறங்களிலும் வேகமாக வழிந்தோடுவதில்லை.

மலையிலிருந்து சிற்றாறு ஓடி வருவதைப்போல எரிமலையின் குறிப்பிட்ட திசை, குறிப்பிட்ட பாதை வழியேதான் நெருப்புக் குழம்பு ஓடி வரும். தவிரவும் நெருப்புக் குழம்பின் தன்மையைப் பொருத்து அதன் வேகம் மிகக் குறைவாக இருக்கலாம். சில எரிமலைகளின் குழம்பு மிக அடர்த்தியாக இருக்கும். அப்படியிருந்தால், நெருப்புக் குழம்பு வருவதைப் பார்த்த பின்னரும் வேகமாக ஓடித் தப்புவதற்குப் போதுமான அவகாசம் இருக்கும்.

நெருப்புக் குழம்பைவிட எரிமலையிலிருந்து வரும் அடர்ந்த தூசுப் பொழிவுதான் மிக ஆபத்தானது. இந்த தூசுப் பொழிவு வீடுகளையும் வாகனங்களையும் அப்படியே மூடி மறைத்து விடக்கூடியது. தூசுப் பொழிவுடன் புகை மண்டலமும் கவ்வும். எரிமலை வாயுக்கள் ஆபத்தானவை. ஆகவே மூச்சுவிடுவதும் கடினமாகிவிடும். தூசுப் பொழிவுடன் மழையும் சேர்ந்துகொண்டால் மிக ஆபத்து. சில எரிமலைகளிலிருந்து 'குண்டு வீச்சு' போல கல்மாரி பொழியும். இதுவும் ஆபத்தானதே.

ஆனால் ஸ்டிராம்போலி எரிமலை இப்படியெல்லாம் ஆபத்தை உண்டாக்குவதில்லை. ஆகவேதான் 'சாதுவான' அந்த எரிமலை சுற்றுலாப் பயணிகளை அதிகம் கவருவதாக உள்ளது.

- 68 -

விண்ணிலிருந்து வந்த இரும்பு

இரும்பு என்ற உலோகம் இருப்பதாக அறியப்பட்டதற்கு முன்பே இரும்பை - அது என்ன என்று தெரியாமலேயே - மனிதன் பயன்படுத்தி வந்துள்ளான். அவன் பயன்படுத்திய அந்த இரும்பு வானிலிருந்து வந்ததாகும். வானிலிருந்துஆங்காங்கு சிறிய அல்லது சற்றே பெரிய கற்கள் வந்து விழுவது உண்டு. இப்படி விண்வெளியிலிருந்து பூமியில் வந்து விழும் கற்களுக்கு விண்கற்கள் (Meteorites) என்று பெயர். இந்த விண்கற்கள் பலவற்றில் இரும்பு கணிசமான அளவில் அடங்கியிருக்கும்.

இவ்விதமான விண்கற்களில் பொதுவில் இரும்பு மட்டுமன்றி, 8 சதவிகித அளவுக்கு நிக்கல் உலோகமும், சிறிதளவு கோபால்ட் உலோகமும் அடங்கியிருக்கும். விண்கற்களில் நிக்கல் அளவு 27 முதல் 65 சதவிகிதம்வரை இருப்பதும் உண்டு. தவிர, ஜெர்மானியம், காலியம், இண்டியம், டங்ஸ்டன் ஆகிய உலோகங்கள் மிகச் சிறு அளவில் அடங்கியிருக்கலாம்.

ஆதிகாலத்து மனிதர்களில் சிலர் விண்ணிலிருந்து வந்து விழுந்த விண்கல்லைக் கண்டெடுத்தபோது பார்வைக்கு அது சாதாரணக் கல்லை விட வித்தியாசமாக உள்ளதைக் கண்டுபிடித்திருக்க வேண்டும். சாதாரணக் கல்லைவிட விண்கல் அதிக எடை உள்ளது என்பதை உணர்ந்திருக்க வேண்டும். உதாரணமாக இரும்புத் துண்டு ஒன்று அதே பரிமாணம் கொண்ட கல்லை விட மூன்று மடங்கு அதிக எடை கொண்டதாக இருக்கும்.

ஆதிகால மனிதர்கள் இரும்பு அடங்கிய விண்கல்லை நெருப்பில் போட்டு இளக வைத்து தட்டிக் கொட்டி அதைக்கொண்டு தங்களுக்கு வேண்டிய சிறிய கருவிகளைத் தயாரித்துக்கொண்டிருக்க வேண்டும். ஆகவே அவர்கள் இந்தவகைக் கற்களுக்கு வானிலிருந்து குதித்த உலோகம் என்ற பொருளிலான பெயரை வைத்தனர். ஆதிகாலத்தில் வாழ்ந்தவர்கள் பயன்படுத்திய கருவிகள் உலகில் அங்குமிங்கும்

இரும்பு அடங்கிய விண்கல்.இதன் எடை ஒன்றரை கிலோ. கல்லின் குறுக்களவு 12

கிடைத்துள்ளன. அவர்கள் இரும்பு அடங்கிய விண் கல்லைக் கொண்டு சிறிய கூரான ஆயுதங்கள், ஈட்டி முனை, அணிகலனாக அணிவதற்கான மணிகள் முதலியவற்றைச் செய்துகொண்டனர். பழங்குடி மக்களின் கல்லறைகளிலிருந்து இவை கண்டெடுக்கப் பட்டுள்ளன.

நிபுணர்கள் இவ்விதப் பொருள்களை ஆராய்ச்சிக்கூடத்தில் வைத்து விரிவாக ஆராய்ந்தபோது அக் கருவிகளில் இரும்பும் மற்றும் நிக்கல், கோபால்ட் ஆகிய உலோகங்களும் அடங்கியிருப்பது தெரியவந்தது. பூமியில் இயற்கையாகக் கிடைக்கும் இரும்புத் தாதுவில் கோபால்ட் இருப்பது கிடையாது. இதை வைத்துத்தான் நிபுணர்கள் ஆதி கால மனிதர்கள் பயன்படுத்திய இக் கருவிகள் விண்கற்களைக் கொண்டு உருவாக்கப்பட்டவையாக இருக்க வேண்டும் என்ற முடிவுக்கு வந்தனர்.

பண்டைக் கால மக்கள் விண்கல்லை கடவுள் அனுப்பியது என்று கருதி விண் கல்லை வைத்து வணங்கியது உண்டு. கிரேக்கர்கள் விண்கற்களைப் புனிதப் பொருளாகக் கருதினர். ஆசிய, ஐரோப்பிய, ஆப்பிரிக்க நாடுகள் பலவற்றில் விண்கற்கள் புனிதமாகக் கருதப்பட்டுள்ளன.

விண்கற்களில் பல வகைகள் உள்ளன. உலோகம் அதிகம் அடங்கிய விண்கற்கள், பாதி அளவு உலோகம் அடங்கிய விண்கற்கள், கிட்டத்தட்ட உலோகமே இல்லாத வெறும் கற்கள் என இவற்றை வகைப்படுத்தலாம். இவற்றுக்கெல்லாம் தனித்தனிப் பெயர்கள் உண்டு. இப்போதும் ஆங்காங்கு பூமியில் விண்கற்கள் வந்து விழுகின்றன.

பூமியில் வந்து விழுந்த இரும்பு அடங்கிய விண்கற்களிலேயே மிகப் பெரியது என்பது ஆப்பிரிக்காவில் நமீபியா நாட்டில் 1920ல் வந்து விழுந்தது. அதன் எடை 60 கிலோ. அதற்கு ஹோபா என்று பெயர். விண்வெளியிலிருந்து தொடர்ந்து விண்கற்கள் விழுந்து

கொண்டுதான் இருக்கின்றன. இந்தியாவில் பல நூறு விண்கற்கள் சேகரிக்கப்பட்டு அவற்றின் பட்டியல் பராமரிக்கப்பட்டு வருகிறது. 2009 ஆம் ஆண்டில் மே மாதத்தில் உத்தரப்பிரதேச மாநிலத்தில் கரிம்பூர் கிராமத்தில் இரண்டு சிறிய விண்கற்கள் விழுந்தது கண்டு பிடிக்கப்பட்டு நிபுணர்கள் அதை ஆராய்ச்சிக்காகக் கைப்பற்றிச் சென்றனர்.

விண்கற்கள் அரிய பொருள்கள் என்பதால் இவை விலைக்கு விற்கப்படுகின்றன. மேலை நாடுகளில் விண்கற்களை விலைக்கு வாங்கி சேகரிப்பவர்கள் இருக்கின்றனர். இவை ஏலம் விடப்படுவதும் உண்டு. இவற்றை வாங்குவோருக்கு உதவுவதற்காக சர்வதேச விண்கல் சேகரிப்பாளர் என்ற சங்கமும் உள்ளது.

'இந்த விண்கல்லை வாங்கி வைத்துக்கொண்டால் அமைதியும் மகிழ்ச்சியும் கிட்டும்' என்றும் இந்த விண்கல்லில் 'செவ்வாய் கிரகத்தின் அரிய விலங்கின் எலும்பு அடங்கியிருக்கிறது ' என்றும் பொய்யாக விளம்பரம் செய்து விண்கற்கள் விற்கப்படுவதாக இச் சங்கம் எச்சரித்துள்ளது.

- 69 -

ஈயத்தைப் பார்த்து இளித்ததாம்...

'ஈயத்தைப் பார்த்து இளித்ததாம் பித்தளை' என்று தமிழில் பழமொழி ஒன்று உண்டு. இப் பழமொழியானது வீடுகளில் ஈயப் பாத்திரங்களும் பித்தளைப் பாத்திரங்களும் புழக்கத்தில் இருந்த காலத்தில் தோன்றியிருக்க வேண்டும். இந்த இரண்டில் ஈயம் என்பது வெள்ளி போல பளபளப்பாக இருக்கக்கூடியது. பித்தளையோ தங்கம்போல காட்சி அளிக்கக்கூடியது. அதாவது புத்தம் புதிதாக இருக்கும்போது இவை இவ்விதம் காட்சி அளிக்கும். ஆனால் காற்றும் நீரும் பட்டால் இந்த இரண்டின் பளபளப்பும் மங்கிவிடும். இந்த இரண்டில் மிக விரைவில் மங்குவது ஈயமே.

ஈயக்கட்டி ஒன்றை இரண்டு துண்டாக வெட்டினால் வெட்டுப்பட்ட பகுதியில் ஈயம் மிக பளபளப்பாக இருக்கும். ஆனால் காற்று பட்டவுடன் பளபளப்பு மங்கி விடும். புத்தம் புதிதாக வாங்கப்படுகிற பித்தளைப் பாத்திரங்கள் மிக பளபளப்பாக இருக்கும். நாள் கழித்துத் தான் இவை மங்கும். பித்தளைப் பாத்திரங்களை நாள் கணக்கில் பயன்படுத்தாமல் போட்டு வைத்தால் மிகவும் கருத்துப்போய் களிம்பு பிடித்து திட்டு திட்டாகப் பச்சையாகத் தெரியும். ஈயம் உடனே மங்கும் என்றாலும் நாட்பட்ட அளவில் கடுமையாகப் பாதிக்கப்படுவது பித்தளையே.

ஆகவே தனக்கும் அவல நிலை ஏற்படலாம் என்பதை உணராமல் அடுத்தவரை கேலி செய்யலாகாது என்ற பொருளில் மேற்படி பழமொழி உருவாகியிருக்க வேண்டும்.

பித்தளை என்பது தனி உலோகம் அல்ல. அதாவது அது மூலகம் (Element) அல்ல. பொதுவில் தாமிரத்துடன் துத்தநாகத்தைச் சேர்த்து பித்தளை தயாரிக்கப்படுகிறது. ஆகவே அது ஒரு கலப்பு உலோகம் (Alloy) ஆகும். இதில் துத்தநாகத்தின் அளவு இவ்வளவுதான் இருக்க வேண்டும் என நிர்ணய அளவு கிடையாது. இது 5 முதல் 45 சதவிகிதம்

வரை இருக்கலாம். எனினும் 35 சதவிகிதத்துக்கும் குறைவாக துத்தநாகம் சேர்க்கப்பட்ட பித்தளை ‘ஆல்பா பித்தளை’ என்றும் அதற்கு மேல் துத்தநாகம் சேர்க்கப்பட்ட பித்தளை ‘பீட்டா பித்தளை’ என்றும் அழைக்கப்படுகிறது.

தாமிரத்துடன் துத்தநாகம் மட்டுமன்றி ஆண்டிமனி, இரும்பு உட்பட பிற உலோகங்களையும் சேர்த்து விசேஷ வகைப் பித்தளைகளைத் தயாரிக்கின்றனர். அந்த நாட்களில் சாவி கொடுக்கிற சுவர் கடிகாரங்கள், டைம்பீஸ்கள் ஆகியவற்றின் உட்புறத்தில் அடங்கிய உறுப்புகள் 59 சதவிகித அளவுக்குத் தாமிரமும், 1.5 முதல் 2 சதவிகித அளவுக்கு ஈயமும் மீதிக்குத் துத்தநாகமும் கலக்கப்பட்ட பித்தளையால் செய்யப்பட்டன.

பித்தளையில் எண்ணற்ற வகைகள் உள்ளன. அவற்றில் ஜெர்மன் சில்வர் என்பதும் ஒன்றாகும். இதில் வெள்ளி (சில்வர்) சிறிதும் இராது என்றாலும் இவ்வகைப் பித்தளை வெள்ளிபோல பளபளப்பாக இருக்கும் என்பதால் இப் பெயர். ஜெர்மன் சில்வரில் தாமிரம் 59 சதவிகித அளவிலும் நிக்கல் 16 முதல் 19 சதவிகித அளவிலும் இருக்கும். துத்தநாகம் 27 சதவிகித அளவில் இருக்கும். மற்றும் இரும்பு, மாங்கனீஸ் முதலியவையும் சேர்க்கப்பட்டிருக்கும். ஜெர்மன் சில்வருக்கு நிக்கல் சில்வர் என்ற பெயரும் உண்டு.

பித்தளையானது தொழில் துறையில் பல்வேறு பொருள்களைத் தயாரிக்கப் பயன்படுத்தப்படுகிறது. கப்பல் கட்டும் தொழிலில் பல்வகையான பித்தளைகள் இடம் பெறுகின்றன. மேலை நாடுகளில் பல வாத்தியக் கருவிகள் பித்தளையால் ஆனவை.

நாணயங்களைத் தயாரிக்க ரோமானிய காலத்திலிருந்தே பித்தளை பயன்படுத்தப்பட்டு வந்துள்ளது. இந்தியாவிலும் ஒரு காலத்தில் பித்தளையால் ஆன தம்பிடி காசுகளும் காலணா காசுகளும் தயாரிக்கப்பட்டு வந்தன. ஓட்டைக் காலணாவும் இதில் அடங்கும். ஒரு ரூபாய்க்கு 100 காசு என்ற தசாம்ச நாணய முறை அமலுக்கு வந்தது வரையில் காலணா காசுகள் புழக்கத்தில் இருந்து வந்தன.

ஈயத்தைப் பார்த்து பித்தளை கேலி செய்வதாகப் பழமொழி கூறினாலும் இரண்டுக்கும் மிகுந்த பொருத்தம் உண்டு. ஈயத்தைக் கொண்டு அண்டா, குண்டா என பெரிய பாத்திரங்களைச் செய்து பயன்படுத்த முடியாது. பித்தளையைக் கொண்டு அண்டா, குண்டா செய்ய முடியும் என்றாலும் சமையலுக்கு அவற்றை அப்படியே பயன்படுத்த இயலாது. காரணம் பித்தளைப் பாத்திரங்களில் உணவுப் பொருள்களை வைத்தால் கெட்டுப்போய் விடும். ஆனால்

பித்தளையால் ஆன பெரிய பாத்திரங்களின் உட்புறத்தில் ஈயப் பூச்சு கொடுப்பார்கள். இவ்விதம் ஈயம் பூசிய பின்னர் உணவுப் பொருள்களைத் தாராளமாக வைக்கலாம். இப்படியாக ஈயத்துக்கும் பித்தளைக்கும் விசேஷப் பொருத்தம் உள்ளது.

அந்த நாட்களில் வீடுகளில் இருந்த சமையல் பாத்திரங்களில் பெரும்பாலானவை பித்தளையால் ஆனவையாக இருந்தன. இவற்றுக்கு அவ்வப்போது ஈயம் பூசித் தருவதற்கென்றே ஒரு பிரிவினர் இருந்தனர். அவர்கள் 'ஈயம் பூசலையா' என்று தெருவில் கூவிச் செல்வர். அவரிடம் இதற்கென்றே கருவிகள் இருந்தன. தெருவில் மண்ணில் பள்ளம் தோண்டி அடுப்புப் போட்டு துருத்தியைப் பொருத்தி மிக விரைவில் ஈயப் பூச்சு அளித்துக் கொடுத்து விடுவர். பித்தளைப் பாத்திரங்கள் மறைந்தபோது இத் தொழிலும் மறைந்துவிட்டது.

வீடுகளில் பித்தளைப் பாத்திரங்கள் மவுசு இழந்து விட்டபோதிலும், திருமணங்கள், விழாக்கள் ஆகியவற்றில் ஏராளமான பேருக்கு சமையல் செய்ய இன்னமும் பெரிய - ஈயம் பூசப்பட்ட பித்தளைப் பாத்திரங்கள் பயன்படுத்தப்படுகின்றன. கோயில்களில் பலவகை களிலும் பித்தளை யால் ஆன பொருள்கள் பயன்படுத்தப்படுகின்றன. பெரிய பணக்காரர்கள் வீட்டில் பித்தளையால் ஆன பெரிய தட்டு, பாத்திரம் ஆகியவை ஹாலில் அலங்காரப் பொருள்கள்போல வைக்கப்படுகின்றன.

- 70 -
செயற்கைக்கோளை கிரகணம் பிடிக்குமா?

பூமியின் நிழல் சந்திரன்மீது விழும்போது அதை சந்திர கிரகணம் என்று கூறுகிறோம். பூமியின் நிழல் ஒரு செயற்கைக்கோள் மீது விழுமானால் அதுவும் 'கிரகணமே'.

இது முற்பகல் வேளையில் உயர்ந்த கட்டடங்களின் நிழல் சாலையில் விழ, அந்த நிழல் வழியே கார்கள் செல்வது போன்றதே. செயற்கைக் கோளை நம்மால் காண முடிவதில்லை என்பதால் அக் கிரகணத்தை நம்மால் காண முடியாது.

பூமியிலிருந்து சுமார் 3 லட்சத்து 84 ஆயிரம் கிலோ மீட்டர் தொலைவில் உள்ள சந்திரன்மீது பூமியின் நிழல் விழும்போது சுமார் 36 ஆயிரம் கிலோ மீட்டர் உயரத்தில் அமைந்தபடி பூமியைச் சுற்றுகிற இணைசுற்றுசெயற்கைக்கோள்கள் (Geo-stationary Satellites) மீது பூமியின் நிழல் விழுவதில் வியப்பில்லை. டிவி ஒளிபரப்பு, டெலிபோன் தொடர்பு, வானிலைத் தகவல் சேகரிப்பு போன்ற பணிகளுக்கு இந்த இணை சுற்று செயற்கைக்கோள்களைப் பல நாடுகளும் பயன்படுத்துகின்றன.

அருகே உள்ள படத்தில் பூமியின் (1) நிழலில் செயற்கைக்கோள் (2) அமைந்திருப்பதைக் காணலாம்.

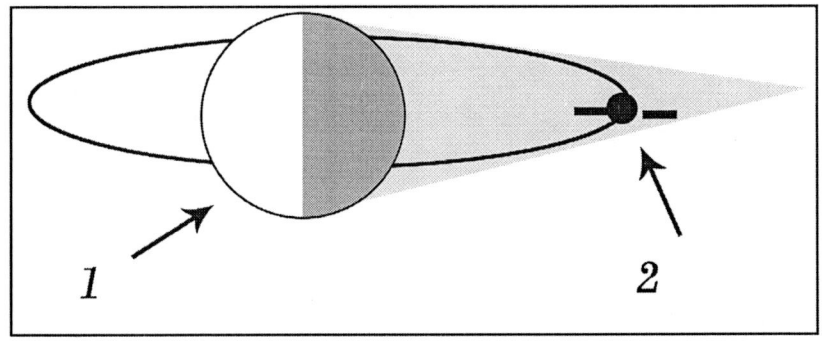

இப்படியான கிரகணம் காரணமாக இவ்வித செயற்கைக்கோள்கள் ஒரு வகையில் பாதிக்கப்படுகின்றன. எந்த ஒரு செயற்கைக் கோளானாலும் சரி, அதில் உள்ள பல்வேறு கருவிகள் செயல்பட மின்சாரம் தேவை. இந்த மின்சாரம் சூரிய ஒளி மூலம் பெறப்படுகிறது. அதாவது செயற்கைக்கோளின் இரு புறங்களிலும் அல்லது அடிப்புறத்தில் சூரிய ஒளி சேகரிப்புப் பலகைகள் (Solar Panels) பொருத்தப்பட்டுள்ளன. இவை வடிவில் பெரியவை. இவற்றின்மீது சூரிய ஒளி - வெயில் படும் போது அந்த ஒளியானது மின்சாரமாக மாற்றப்படுகிறது.

ஆகவே இணைசுற்று செயற்கைக்கோள்மீது பூமியின் நிழல் விழுமானால் செயற்கைக்கோளின் சூரிய ஒளி சேகரிப்பு பலகை களால் மின்சாரத்தை உற்பத்தி செய்ய முடியாத நிலை ஏற்படும். இதைக் கருதியே பல செயற்கைக்கோள்களில் மின்சார சேமிப்புக் கலம் - பாட்டரி - வைக்கப்படுகிறது.

கிரகண காலத்தில் இவ்வித செயற்கைக்கோள் இந்த பாட்டரி மூலம் மின்சாரத்தைப் பெறுகிறது. ஆகவே செயற்கைக்கோள் கிரகணத்துக்கு உள்ளாவதால் அதன் செயல்பாட்டில் பாதிப்பு ஏற்படுவதில்லை. செயற்கைக்கோளைப் பயன்படுத்துவதிலும் பிரச்னை உண்டாவதில்லை. தவிர, இந்தியாவைப் பொருத்தவரையில் அது விண்ணில் ஒரே சமயத்தில் பல (இன்சாட் வகை) செயற்கைக் கோள்களைப் பெற்றுள்ளது. ஆகவே பாட்டரியில் பிரச்னை ஏற்பட்டால் வேறு செயற்கைக்கோளின் பாட்டரி மூலம் நிலைமையை சமாளித்து விட முடியும்.

ஆனால் இந்தியாவுக்கு ஒரு சமயம் இந்த கிரகணத்தால் பிரச்னை ஏற்பட்டது. 1982ஆம் ஆண்டில் இந்தியாவுக்காக உயரே செலுத்தப் பட்ட இன்சாட்-1 A செயல்படாமல் போனதைத் தொடர்ந்து இன்சாட்1-B மறு ஆண்டில் உயரே செலுத்தப்பட்டது. 'ஒண்ணே ஒண்ணு கண்ணே கண்ணு' என அது ஒன்று மட்டும் விண்ணில் இருந்தபோது அந்த செயற்கைக்கோள் மேற்கூறியவகையில் கிரகணத்துக்கு உள்ளாகியது. அக் கட்டத்தில் இரண்டு பாட்டரிகளும் செயல்படாது போகவே தகவல் தொடர்பு போன்ற பணிகளில் பிரச்னை ஏற்பட்டது.

இணைசுற்று செயற்கைக்கோள்களை கிரகணம் பிடிப்பது என்பது மார்ச் மற்றும் செப்டம்பர் மாதங்களில் நிகழ்கிறது. இதனால் சில செயற்கைக்கோள்கள் சுமார் இரண்டு மாத காலம் பாதிக்கப் படுகின்றன.

சில சமயங்களில் செயற்கைக்கோளில் உள்ள எரிபொருளைப் பயன்படுத்தி நிழல் பிராந்தியத்திலிருந்து விடுபட்டு வெயில் படுகிற இடத்துக்கு நகரும்படி செய்யப்படும். எனினும் செயற்கைக்கோளின் ஆயுள் அதில் உள்ள மொத்த எரிபொருளைப் பொருத்தது என்பதால் இவ்விதம் எரிபொருளை வீணடிக்க முற்படுவதில்லை.

டிவி ஒளிபரப்புக்கான சில இணைச்சுற்று செயற்கைக்கோள்களில் பாட்டரி இடம் பெறுவதில்லை. அவ்வித நிலையில் குறைந்த சானல்கள் செயல்பட்டு சமாளிக்க இயலும்.

இணைச்சுற்று செயற்கைக்கோள்கள் பூமியின் நிழல் காரணமாக மட்டுமன்றி சந்திரனின் நிழல் காரணமாகவும் கிரகணத்துக்கு உள்ளாகும். அதாவது சூரியனுக்கும் செயற்கைக்கோளுக்கும் இடையில் சந்திரன் அமைந்து இம் மூன்றும் ஒரே நேர்கோட்டில் இருக்குமானால் சந்திரனின் நிழல் இணைச்சுற்று செயற்கைக்கோள் மீது விழுகிறது. இதுவும் ஆண்டுக்கு இரு முறை நிகழ்வதாகும்.

- 71 -
முதுகைக் காட்டாத சந்திரன்

மன்னர் வீற்றிருக்கையில் உள்ளே வருகிறவர்கள் பின்னர் வெளியே செல்கையில் பின்புறமாகவே நடந்து செல்வர். மன்னருக்கு முதுகைக் காட்டுவது அவமரியாதை. அது மாதிரியில் சந்திரன் தனது எஜமானன் என்று சொல்லத்தக்க பூமிக்குத் தனது முதுகைக் காட்டுவதே கிடையாது. நீங்கள் தொடர்ந்து பௌர்ணமியன்று முழு நிலவைக் கவனித்து வந்தால் இது நன்கு புலப்படும்.

சந்திரன் உருண்டை வடிவம் கொண்டது. ஆகவே அது தனது அச்சில் சுழலும்போது நியாயமாக அதன் மறுபுறம் நமக்கு என்றாவது தெரிந்தாக வேண்டுமே என்று நீங்கள் நினைக்கலாம். சந்திரன் தனது அச்சில் சுழலத்தான் செய்கிறது. அதே சமயத்தில் அது பூமியையும் சுற்றி வருகிறது. ஆனாலும் அது தனது ஒரு புறத்தைத்தான் பூமிக்குக் காட்டுகிறது.

சந்திரன் பூமியை ஒருமுறை சுற்றி முடிக்க (நட்சத்திரங்களை வைத்துக் கணக்கிட்டால்) 27.321 நாட்கள் ஆகின்றன. சந்திரன் தனது அச்சில் ஒருமுறை சுழன்று முடிக்கவும் (நட்சத்திரங்களை வைத்துக் கணக்கிட்டால்) அதே போல 27.321 நாட்கள் ஆகின்றன. இந்த இரண்டும் மிகச் சரியாக இருப்பதால் தான் சந்திரன் தனது முதுகைக் காட்டுவதில்லை.

ஒரு பெரிய வட்டம் போட்டு விட்டு நீங்கள் அதன் நடுவே நின்று கொள்ளுங்கள். உங்கள்

சந்திரனின் மறுபுறம்

பௌர்ணமியன்று வழக்கமாகத் தெரிகிற சந்திரன்

நண்பர் அந்த வட்டத்தின் கோட்டு மீது உங்களைப் பார்த்தபடி நிற்க வேண்டும். பிறகு அவர் தனது பக்க வாட்டில் மெதுவாக நகரட்டும். அப்படி நகரும் போது எப்போதும் உங்கள் முகத்தைப் பார்த்தபடியே இருக்க வேண்டும். நீங்கள் வேண்டுமானால் அவர் சுற்றச் சுற்ற அவரைப் பார்த்த படி சிறிது சிறிதாக அவரைப் பார்த்தபடி திரும்பிக் கொள்ளலாம். உங்கள் நண்பர் அந்த வட்டத்தைச் சுற்றி முடிக்கும் போது உங்களையும் ஒருமுறை சுற்றி முடிப்பார். தனது அச்சிலும் ஒருமுறை சுழன்று முடித்தவராக இருப்பார்.

சுருங்கச் சொன்னால் பூமிக்கு ஈர்ப்புச் சக்தி அதிகம் என்பதால் சிறியதான சந்திரனை தனது அச்சில் வேகமாகச் சுழலமுடியாதபடி பிரேக் போட்டுக்கொண்டே இருக்கிறது.

நீங்கள் அந்தக் காலத்து டைம் பீஸ் ஒன்றினுள் பார்த்தால் அதனுள்ளே பல் சக்கரங்களைக் கொண்ட தகடுகள் இருக்கும். சற்றே பெரிய பல் சக்கரத் தகடு கொஞ்ச நேரத்துக்கு ஒருமுறைதான் நகரும். அதுபோல சந்திரன் மெல்ல மெல்லச் சுழல்கிறது. ஆகவே அதன் மறுபுறம் ஒரு போதும் பூமியைப் பார்த்தபடி அமைவதில்லை.

ரஷியா 1959 ஆம் ஆண்டு அக்டோபரில் சந்திரனுக்கு அனுப்பிய ஆளில்லாத லூனா-3 விண்கலம் சந்திரனை அடைந்து சந்திரனைச் சுற்ற ஆரம்பித்தபோது சந்திரனின் மறுபுறத்தைப் படம் எடுத்து அனுப்பியது. அப்போதுதான் வரலாற்றிலேயே முதல் தடவையாக சந்திரனின் மறுபுறம் எப்படி உள்ளது என்பதை மனிதன் அறிய முடிந்தது.

நாம் வழக்கமாகக் காணும் சந்திரனுடன் ஒப்பிட்டால் சந்திரனின் மறுபுறத்தில் வட்ட வடிவப் பள்ளங்கள் ஏராளமாக உள்ளன. வேறு சில வகைகளிலும் சந்திரனின் மறுபுறம் வித்தியாசப்படுகிறது. அமெரிக்கா 1969 முதல் 1972 வரை சந்திரனுக்கு அனுப்பிய விண்வெளி

வீரர்கள் அனைவருமே சந்திரனின் முன்புறத்தில்தான் போய் இறங்கினர்.

தரை இறங்க வாய்ப்பான இடங்கள் அதிகம் என்பது ஒரு காரணம். மறுபுறத்தில் போய் இறங்கினால் வயர்லஸ் தகவல் தொடர்புக்கு வழி இராது என்பதும் ஒரு காரணமாகும். அமெரிக்க நாஸா அமைப்பு விரைவில் சந்திரனுக்கு விண்வெளி வீரர்களை மறுபடி அனுப்பத் திட்டமிட்டுள்ளது. அந்த விண்கலம் சந்திரனின் மறுபுறத்தில் போய் இறங்கும் என்று கூறப்பட்டுள்ளது.

சந்திரனின் மறுபுறத்தை முதன் முதலில் ரஷிய விண்கலம் படமெடுத்ததைத் தொடர்ந்து சந்திரனின் மறுபுறத்தில் உள்ள இடங்களுக்கு ரஷியர் இஷ்டப்படி பெயர் வைக்க முற்பட்டனர். சர்வதேச வானவியல் சங்கம் இதை ஆட்சேபித்ததைத் தொடர்ந்து இதில் சமரசம் ஏற்பட்டது.

சந்திரனின் மறுபுறத்தில் உள்ள இடங்களுக்கு இந்திய விஞ்ஞானிகள் பாபா, சாஹா, போஸ் ஆகியோரின் பெயர்கள் வைக்கப்பட்டுள்ளன.

- 72 -

வடக்கு வானில் அதிசய ஒளி

வானில் மிகப் பெரிய பச்சை நிறத் திரைச்சீலை மெல்ல அசைந்தாடுவதுபோல ஒரு காட்சி. வேறு சமயத்தில் ஆரஞ்சு நிற பட்டுச் சேலையை விரித்தது போன்று ஒரு தோற்றம். இன்னொரு சமயத்தில் நீல நிற முகில் வானில் அலை பாயும். இப்படியான காட்சிகள் அடிவானில் மட்டுமல்ல, தலைக்கு மேலேயும் பிரும்மாண்டமான அளவில் தெரியும். இந்த அதிசயக் காட்சிகளை நீங்கள் காண வேண்டுமானால் நார்வே, பின்லாந்து போன்று வட கோடியில் உள்ள நாடுகளுக்குச் சென்றாக வேண்டும். இக் காட்சிகளுக்கு 'அரோரா பொரியாலிஸ்' என்று பெயர்.

இக் காட்சிகளைக் கண்டு வியந்த ஓர் எழுத்தாளர், 'உலகில் எந்தத் தூரிகையாலும் இப்படி ஒரு காட்சியை வரைய இயலாது. உலகில் எந்த வண்ணக் கலவையாலும் இப்படியான காட்சியை உண்டாக்க முடியாது. உலகில் இந்த அற்புதக் காட்சிகளை வர்ணிக்க வார்த்தை களே கிடையாது' என்றார்.

அரோரா பொரியாலிஸுக்கு 'வடக்கு ஒளி' என்ற பெயரும் உண்டு. இது நார்வே நாட்டின் வடக்குப் பகுதியில் வானம் தெளிவாக இருக்கிற எல்லா நாட்களிலும் தெரியலாம். வட அமெரிக்க கண்டத்தின் வட மேற்குக் கோடியில் உள்ள அலாஸ்காவில மாதத்தில் 5 முதல் 10 நாட்கள் தெரியலாம்.

பிரிட்டனின் வட கோடியில் மாதத்தில் ஒருநாள் தெரியலாம். மத்திய தரைக் கடலை ஒட்டியுள்ள இத்தாலி, ஸ்பெயின் போன்ற நாடுகளில் பத்து ஆண்டுகளில் ஒருமுறை தென்படலாம். பூமியின் நடுக்கோட்டுப் பகுதி அருகே உள்ள இந்தியா போன்ற நாடுகளில் மிக அபூர்வமாக 200 ஆண்டுகளுக்கு ஒரு முறை தெரியலாம்.

'வடக்கு ஒளி' மாதிரியே தெற்கு ஒளி உண்டு. ஆஸ்திரேலியாவின் தென் கோடியிலும், நியூசிலாந்தின் தென் கோடியிலும் இது தெரியும்.

அரோரா பொரியாலிஸ்

அண்டார்டிகாவில் நன்கு தெரியும். இதற்கு 'ஆஸ்திரேலியா பொரியாலிஸ்' என்று பெயர். இந்த இரண்டில் வடக்கு ஒளிதான் மிக அற்புதமான காட்சி யாகும். இந்த இரு ஒளிகளுமே சூரியன் காரணமாக வட, தென் துருவப் பகுதிகளில் வானில் மிக உயரத்தில் ஏற்படுகின்றவை. பூமியில் காற்று மண்டலம் தோன்றிய காலத்திலிருந்தே இவை இருந்து வருகின்றன.

சூரியனிலிருந்து ஆற்றல் மிக்க துகள்கள் ஓயாது வெளிப்பட்டுக் கொண்டிருக்கின்றன. இவை வினாடிக்கு 300 முதல் 1200 கிலோ மீட்டர் வேகத்தில் பூமியைத் தாண்டிச் சென்றுகொண்டிருக்கின்றன. இத் துகள்களுக்குச் 'சூரியக் காற்று' (Solar Wind) என்றும் (அது காற்று அல்ல என்றாலும்) பெயர் உண்டு. இத் துகள்கள் பூமியை நேரடியாகத் தாக்காதபடி பூமியின் காந்தப் புலம் தடுக்கிறது.

பூமியின் மையத்தில் காந்தத்தண்டு இருப்பது போன்று பூமி காந்தப்புலத்தைப் பெற்றுள்ளது. சூரியனிலிருந்து வருகின்ற துகள்கள் பூமியின் காந்த துருவங்களைத் தாண்டிச் சென்ற பின்னர் அவற்றில் பல துகள்கள் பின்னோக்கி ஈர்க்கப்படுகின்றன. அவை பூமியின் காந்தப் புலத்தைப் பின்பற்றி பூமிக்கு மேலே உள்ள அயனி மண்டலத்துக்குள் (Ionosphere) கீழே இறங்குகின்றன. இந்த அயனி மண்டலமானது பூமிக்கு மேலே 60 முதல் 600 கிலோ மீட்டர் உயரத்தில்

உள்ளது. சூரியக் காற்றின் துகள்கள் அயனி மண்டலத்தில் உள்ள வாயுக்களுடன் மோதும் போது ஒளிர்கின்றன. இதுவே வட துருவ அல்லது தென் துருவ வானில் தெரிகிற ஒளிக்குக் காரணமாகும்.

அரோரா பொரியாலிஸைக் காண்பதற்கென்றே பின்லாந்தின் வடபகுதி நார்வேயின் வடபகுதி ஆகியவற்றுக்கு சுற்றுலாப் பயணிகள் செல்கின்றனர். அரோரா காட்சி எப்போது அவ்வளவாக இராது, எப்போது மிகச் சிறப்பாகத் தெரியும் என்பது பற்றிய தகவல்கள் தொடர்ந்து வெளியிடப்பட்டு வருகின்றன. இத் தகவலைத் தெரிவிக்கின்ற இணைய தளங்களும் உள்ளன.

சூரியனிலிருந்து வரும் துகள்களே காரணம் என்று குறிப்பிட்டோம். சூரியனில் அவ்வப்போது கரும் புள்ளிகள் (Sun Spots) தோன்று வதுண்டு. இக் கரும்புள்ளிகளின் எண்ணிக்கை ஒரு சமயம் மிக அதிக பட்சமாக 200வரை இருக்கலாம். உச்ச அளவை எட்டியபின் கரும்புள்ளிகளின் எண்ணிக்கை படிப்படியாகக் குறையும். கரும் புள்ளிகள் அடியோடு மறைவதும் உண்டு. பிறகு மறுபடி கரும் புள்ளிகள் தோன்ற ஆரம்பிக்கும். கரும்புள்ளிகள் தோன்றி மறைந்து மறுபடி தோன்ற 11 ஆண்டுகள் ஆகும். மிக நீண்ட காலமாக இப்படி நிகழ்ந்து வருகிறது. கரும்புள்ளிகள் உச்சத்தை எட்டும் காலத்தில் சூரியனில் கடும் சீற்றம் தோன்றும். அப்போது ஆற்றல் மிக்க துகள்கள் வந்து பூமியின் காந்தப் புலத்தைத் தாக்குகின்றன. அக் கால கட்டத்தில் வடக்கு ஒளி மிக அற்புதமாகக் காட்சியளிக்கும். தவிர, வடக்கு ஒளி துருவப் பகுதிகளில் மட்டுமன்றி ஐரோப்பாவின் பல நாடுகளிலும் தெரியும். அப்போது அமெரிக்காவின் வட கோடி மாநிலங்களிலும் வடக்கு ஒளி தென்படும். 2010 ஆகஸ்டில் இவ்விதம் அமெரிக்காவின் வட பகுதிகளில் அரோரா பொரியாலிஸ் தென்பட்டது.

அரோராக்கள் பற்றித் தொடர்ந்து ஆராய்ச்சி நடந்து வருகிறது. பின்லாந்தின் லாப்லாந்தில் சோடான்கைலா என்னுமிடத்தில் அரோராவை ஆராய்வதற்கென தனி நிலையம் உள்ளது. இந்த ஒளி தெரியும் வான் பிராந்தியத்தை நோக்கி விஞ்ஞானிகள் ராக்கெட்டு களைச் செலுத்தி ஆராய்கின்றனர்.

- 73 -
தண்டவாளம் மீது மிதக்கும் ரயில் வண்டி

அந்த ரயில் வண்டிக்கு சக்கரங்கள் கிடையாது. தண்டவாளத்துக்குப் பதில் மின்காந்தங்களைக் கொண்ட பாதை மட்டுமே இருக்கும். ரயில் வண்டி ஓடும்போது அத் தடத்தின்மீது உட்காராது. மாறாக அந்த ரயில் வண்டி அத் தடத்துக்குமேலாக மிதந்தபடி செல்லும். எல்லா வற்றுக்கும் மேலாக அந்த ரயில் வண்டிக்கு எஞ்சின் கிடையாது. ஆனாலும் அது பயங்கர வேகத்தில் செல்லும். இந்த ரயில் வண்டியின் பெயர் 'மாக்லெவ் ரயில் வண்டி' என்பதாகும்.

சீனாவில் இவ்வித ரயில் வண்டி ஏற்கெனவே அறிமுகப்படுத்தப்பட்டு வெற்றிகரமாக இயங்கி வருகிறது. ஷாங்காய் நகரிலிருந்து 30 கிலோ மீட்டர் தொலைவில் உள்ள புடோங் விமான நிலையம்வரையில் இதற்கான விசேஷ ரயில் பாதை அமைக்கப்பட்டுள்ளது. இந்த தூரத்தை அந்த ரயில் 7 நிமிஷம் 20 வினாடியில் ஓடி முடிக்கிறது. இந்த வகை ரயில் வண்டிகள் விமானம் பறக்கின்ற வேகத்தில் - மணிக்கு 500 முதல் 580 கிலோ மீட்டர் வேகத்தில் செல்லும் திறன் கொண்டவை.

பத்தொன்பதாம் நூற்றாண்டில் அதாவது 1807 ஆம் ஆண்டில் உலகின் முதல் ரயில் வண்டி இங்கிலாந்தில் - ஓடத் தொடங்கியதிலிருந்து ரயில் வண்டிகள் நீண்ட காலம் நீராவி எஞ்சின் மூலம் ஓடின. பிறகு டீசல் எஞ்சின்களும், மின்சார ரயில் எஞ்சின்களும் வந்தன. ஆனால் இவை அனைத்துமே தண்டவாளத்தின் மீதுதான் ஓடின.

மாக்லெவ் ரயில் வண்டிகள் முற்றிலும் புதிய தத்துவத்தின் அடிப்படை யில் ஓடுபவை. மின் காந்தத்துக்கும் வட துருவம் தென் துருவம் என இரு முனைகள் உள்ளன. ஒரு காந்த ஊசியைத் தொங்கவிட்டு அதன் வட துருவம் அருகே இன்னொரு காந்தத்தின் வட துருவ முனையைக் கொண்டு சென்றால் தொங்கும் காந்தத்தின்

வட துருவம் தானாக விலகும். ஆனால் தென் துருவ முனையைக் கொண்டு சென்றால் ஒன்றை ஒன்று ஈர்க்கும். இது காந்தத்தின் அடிப்படைத் தத்துவமாகும். மாக்லெவ் ரயில் வண்டி இந்தத் தத்துவத்தின் அடிப்படையில்தான் இயங்குகிறது.

மாக்லெவ் வண்டியின் அடிப்புறத்தில் சக்திவாய்ந்த மின்காந்தம் இருக்கும். அதேபோல தண்டவாளம் இருக்கவேண்டிய தடத்திலும் மின்காந்தம் இருக்கும். இரண்டும் ஒரே துருவமாக இருக்கும்படி பார்த்துக்கொள்ளப்படும். அப்போது இரண்டும் ஒன்றைவிட்டு ஒன்று விலகப் பார்க்கும். இதன் விளைவாக ரயில் வண்டியானது தடத்திலிருந்து ஒன்று முதல் 10 சென்டி மீட்டர் உயரத்தில் அந்தரத்தில் நிற்கும்.

மாக்லெவ் ரயில் வண்டி

இதில் ஒரு பெரிய சாதகம் உள்ளது. நாம் சாதாரணமாகக் காணும் ரயில் வண்டி வேகமாகச் செல்ல முற்படும்போது ஆட்டம் இருக்கும். தண்டவாளத்துக்கும் ரயில் சக்கரங்களுக்கும் இடையிலான உராய்வு ரயில் வண்டி அதி வேகத்தில் செல்வதில் பிரச்னை உண்டாக்குகிறது. மாக்லெவ் வண்டி அனாயாசமாக 500 கிலோமீட்டர் வேகத்தில் செல்ல முடியும் என்றால் உராய்வு இல்லை என்பது பிரதான அம்சமாகும்.

மாக்லெவ் அந்தரத்தில் மிதக்க மின்காந்தம் உதவுவதுபோலவே அந்த வண்டி முன்னே செல்லவும் மின் காந்தம் உதவுகிறது. மாக்லெவ் வண்டிக்கான தடத்தின் இரு புறங்களிலும் சிறு சுவர்கள்போல அமைக்கப்பட்டிருக்கும். இவற்றில் அடுத்தடுத்து மின் காந்தங்கள் இருக்கும். இரு பக்கச் சுவர்களில் உள்ள காந்தங்களின் காந்த முனைகள் மாறிக்கொண்டே இருக்கும்.

அதாவது எதிரெதிரான காந்த முனைகள் ஒன்றை ஒன்று ஈர்க்கும் என்று குறிப்பிட்டோம். ஆகவே இரு புறங்களிலும் உள்ள காந்த முனைகள் வண்டியை முன்னே இழுக்கும். வண்டியின் பின்புறத்தில் சுவர்களில் உள்ள காந்த முனைகள் வண்டியை முன்னே தள்ளும். சுவர்களில் உள்ளவை மாறி மாறிச் செயல்படும்போது வண்டி வேகம் பெறும்.

மாக்லெவ் தத்துவ அடிப்படையில் ரயிலை இயக்க வெவ்வேறு முறைகள் உள்ளன. இவையெல்லாம் ஜப்பான், ஜெர்மனி முதலான நாடுகளில் சோதனை அடிப்படையில் இயக்கப்பட்டு வருகின்றன. ஆனால் ஒன்று. மாக்லெவ் ரயில் வண்டி நிறைய மின்சாரத்தைச் சாப்பிடும். இந்தியாவில் இப்போதைக்கு மாக்லெவ் ரயில் வண்டி கிடையாது.

- 74 -
சூரியனை நெருங்கும் பூமி

தமிழகத்தில் குளிர் காலத்தில் குறிப்பாக ஊட்டி, கொடைக்கானல் போன்ற இடங்களில் நல்ல குளிர் இருக்கும். அப்போது ஏழை மக்கள் திறந்த வெளிகளில் கட்டைகளை, சுள்ளிகளை எரித்து அதில் குளிர் காய்வர். இவ்விதம் எரியும் நெருப்பிலிருந்து மிக அப்பால் இருந்தால் சூடு உறைக்காது. சற்றே அருகில் இருந்தால் வெப்பம் இதமாக இருக்கும். மிக அருகில் சென்றால் வெப்பம் அதிகம் தாக்கும். பூமிக்கும் சூரியனுக்கும் இடையிலான உறவு இப்படிப்பட்டதே.

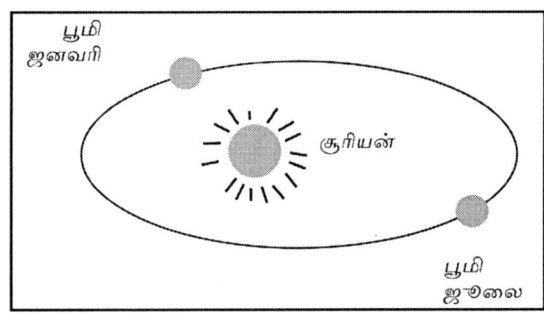

பூமியைப் பொருத்த வரையில் சூரியன் தான் நமக்கு வெப்பத்தை அளிக்கிறது. சூரியன் இன்றேல் நாம் அனைவரும் குளிரில் விறைத்து மடிந்து விடுவோம். ஆனால் சூரியனிலிருந்து நாம் எப்போதும் ஒரே தூரத்தில் இருப்பது கிடையாது. சூரியனைச் சுற்றி பூமியின் சுற்றுப்பாதையானது சற்றே நீள் வட்டத்தில் அமைந்துள்ளது. ஆகவே நாம் குறிப்பிட்ட சமயத்தில் சூரியனிலிருந்து சற்று விலகியபடி இருக்கிறோம். அப்போது பூமிக்கும் சூரியனுக்கும் உள்ள தூரம் 15 கோடியே 21 லட்சம் கிலோ மீட்டராகும். வேறு சில சமயங்களில் பூமியானது தனது பாதையில் சற்றே சூரியனுக்கு அருகாமையில் உள்ளது. அப்போது சூரியனுக்கு உள்ள தூரம் 14 கோடியே 71 லட்சம் கிலோ மீட்டராகும்.

2007 ஆம் ஆண்டு ஜனவரி மாதம் ஜனவரி 3ம் தேதியன்று பூமியானது சூரியனுக்கு மிக அருகாமையில் இருந்தது. ஆண்டு தோறும்

ஜனவரியில்தான் பூமியானது சூரியனுக்கு மிக அருகாமையில் உள்ளது என்றாலும் இத் தேதி ஆண்டுக்கு ஆண்டு மாறுபடும். 2006 ஆம் ஆண்டில் ஜனவரி 5ம் தேதி இந்த நிலை இருந்தது. 2010 ஆம் ஆண்டு ஜனவரி 4ம் தேதி இப்படி இருந்தது. 2017 ஆம் ஆண்டிலும் இதே தேதியில் தான் இவ்விதம் இருந்தது.

விஞ்ஞானி ஜோகன்னஸ் கெப்ளர் கண்டறிந்து கூறிய விதிகளின்படி சூரியனுக்கு அருகாமையில் இருக்கின்ற வேளையில் பூமி தனது பாதையில் செல்கின்ற வேகம் அதிகரிக்கும். சூரியனிலிருந்து அப்பால் இருக்கிற வேளையில் பூமியின் வேகம் சற்றே குறைவாக இருக்கும். பூமியின் வேகம் அதிகரிப்பதும் குறைவதும் இயல்பாக நடைபெறுவதாகும். ஓடிப் பிடித்து விளையாடுகையில் பிடிக்கின்றவரின் அருகே இருக்க நேரிட்டால் ஒருவர் பிடிபடாமல் இருக்க வேகமாக ஓடுவார். சற்றே தள்ளி இருந்தால் அவர் அந்த அளவு வேகத்தில் இல்லாமல் நிதானமாக ஓடுவார். பூமி - சூரியன் இடையிலான சமாச்சாரமும் அப்படித்தான்.

சூரியனைச் சுற்றுகையில் பூமியின் சராசரி வேகம் மணிக்கு ஒரு லட்சத்து 4 ஆயிரம் கிலோ மீட்டராகும். சூரியனை நெருங்குகின்ற வேளையில் இந்த வேகம் ஒரு லட்சத்து 9 ஆயிரம் கிலோ மீட்டராக அதிகரிக்கிறது. பூமியில் இதுவரை நாம் உருவாக்கியுள்ள எந்த வாகனமும் விண்வெளி ராக்கெட் உட்பட - இந்த வேகத்தில் செல்வதில்லை.

பூமியோ நம் அனைவரையும் - காடு, மலை, கடல்கள் அனைத்தையும் சுமந்து கொண்டு இவ்விதம் அனாயாசமாக மணிக்கு ஒரு லட்சம் கிலோ மீட்டர் வேகத்தில் - அசுர வேகத்தில் பல கோடி ஆண்டுகளாகப் பறந்து சென்றுகொண்டிருக்கிறது. ஆனால் நம்மால் இந்த வேகத்தை உணர முடிவதில்லை. நீங்கள் விமானத்தில் செல்லும்போது உங்களால் வேகத்தை உணர முடியாது என்பதைப் போலத்தான் இதுவும்.

பொதுவில் ஜூலை 4ம் தேதி பூமியானது சூரியனிலிருந்து மிக அப்பால் இருக்கும். ஜூலை 4ம் தேதி இருப்பதை விட ஜனவரி 4ம் தேதி பூமி மொத்தத்துக்கும் கூடுதலாக 7 சதவிகித அளவுக்கு சூரிய ஒளி கிடைக்கிறது. ஆனால் வியப்பான வகையில் வட கோளார்த்தத்தில் - அக் காலகட்டத்தில்தான் கடும் குளிர் வீசுகிறது. அதாவது சூரியனுக்கு அருகாமையில் இருக்கும்போதுதான் நமக்குக் குளிர்காலம் ஏற்படுகிறது.

இந்த விசித்திர நிலைமைக்குக் காரணம் உண்டு. பூமியில் குளிர்காலமும் கோடைக்காலமும் அதாவது பருவங்கள் - ஏற்படுவதற்கு பூமி தனது அச்சில் சுமார் 23 டிகிரி சாய்ந்து இருப்பதுதான் காரணம். சூரியனுக்கும் பூமிக்கும் இடையில் உள்ள தூரம் காரணமல்ல. டிசம்பர் முதல் மார்ச் வரையிலான காலத்தில் சூரியனிலிருந்து வரும் கிரணங்கள் வட கோளார்த்தம் மொத்தத்திலும் சாய்வாக விழுகின்றன. சாய்வாக விழும் கிரணங்கள் அவ்வளவாக உறைக்காது.

இந்தியாவை எடுத்துக் கொண்டால் சென்னையைவிட மேலும் வடக்கே தள்ளி அமைந்த தில்லி போன்ற இடங்களில் சூரிய கிரணங்கள் மேலும் சாய்வாக விழுகின்றன. ஆகவேதான் குளிர்காலத்தில் சென்னையைவிட தில்லியில் குளிர் அதிகமாக உள்ளது. இந்தியாவை விட மேலும் வடக்கே அமைந்துள்ள அமெரிக்காவிலும் ஐரோப்பிய நாடுகளிலும் சூரிய கிரணங்கள் மேலும் சாய்வாக விழுகின்றன. ஆகவேதான் அந்த நாடுகளில் குளிர்காலத்தில் குளிர் அதிகமாக இருக்கிறது என்பதுடன் பனிப் பொழிவும் உள்ளது.

- 75 -

வடக்கே இரு துருவங்கள்

வட துருவம், தென் துருவம் என இரண்டு துருவங்கள் இருப்பது நமக்குத் தெரியும். ஆனால் உண்மையில் வடக்கே இரு துருவங்களும் தெற்கே இரு துருவங்களும் உள்ளன.

பூமியின் வழக்கமான வட துருவம் ஓரிடத்தில் உள்ள அதே நேரத்தில் வடக்கில் வட காந்த துருவம் (Magnetic Pole) என வேறு ஒன்று உள்ளது. வேடிக்கையான வகையில் இது இடம் விட்டு இடம் மாறக் கூடியது. தென் காந்த துருவமும் இப்படி இடம் மாறக்கூடியதே.

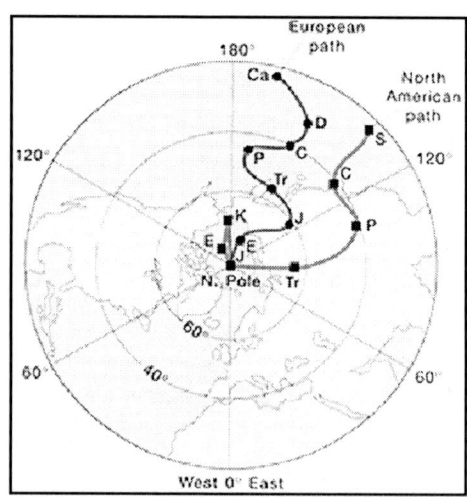

கடந்த காலத்தில் வட காந்த முனை மாறி வந்துள்ள பாதையைக் காட்டும் படம். இது இப்போது E என்னுமிடத்தில் உள்ளது

எல்லோருக்கும் காந்த ஊசி தெரியும். நடுவில் நூலைக் கட்டித் தொங்கவிட்டால் அதன் ஒரு முனை வட திசையைக் காட்டும். காந்த ஊசி (திசைமானி - Compass) காட்டுவது வட காந்த துருவத்தைத்தான்.

நீங்கள் பூமியைக் காட்டும் வரைபடத்தைப் பார்த்தால் அதன் மேற்புறத்தில் ஆங்கிலத்தில் N என்று போட்டிருக்கும். கீழ்ப்புறத்தில் S என்று போட்டிருக்கும். இந்த இரண்டும் பூகோள வட துருவம் மற்றும் பூகோள தென் துருவங்களாகும்.

பூமியின் மையம் ஊடே ஒரு கம்பியைச் செருகியதுபோல பூமியின் அச்சு அமைந்திருக்கிறது. இந்த அச்சில்தான் பூமி சுழல்கிறது. இந்த அச்சின் உச்சிதான் பூகோள வட துருவம். கீழ் முனையே பூகோள தென் துருவம்.

பூமியின் இந்த பூகோள துருவங்களிலிருந்து வட காந்த முனையும் தென் காந்த முனையும் வேறுபட்டது. பூமிக்கு இவ்விதம் வட காந்த முனை உள்ளது என்பது 1831 ஆம் ஆண்டில்தான் கண்டுபிடிக்கப் பட்டது.

பூமிக்குள் உருகிய நிலையில் இரும்புக் குழம்பு உள்ளதாகக் கருதப்படுகிறது. இது சுழல்களாகச் சுழன்று கொண்டிருக்கிறது. இதன் விளைவாகவே பூமிக்குள் காந்த கட்டை உள்ளது போன்ற நிலை உள்ளது. பூமியின் மையத்தில் அவ்வப்போது ஏற்படுகின்ற மாறுதல்கள் காரணமாகவே வட காந்த முனை, இடம் நகருவதாகக் கருதப்படுகிறது. இவை பற்றியெல்லாம் வெவ்வேறு கொள்கைகள் உள்ளன.

வட காந்த முனையானது 2001 ஆம் ஆண்டில் 81.3 டிகிரி வடக்கு அட்ச ரேகையும் 110. 8 மேற்கு தீர்க்க ரேகையும் சந்திக்கிற இடத்தில் இருந்தது. இது சற்றே இடம் மாறி 2005 ஆம் ஆண்டில் 82.7 வடக்கு அட்ச ரேகையும் 114.4 மேற்கு தீர்க்க ரேகையும் சந்திக்கிற இடத்தில் இருந்தது. அதாவது இது வட அமெரிக்க கண்டத்தில் கனடா நாட்டுக்கு வடக்கே அமைந்திருந்தது. 2009ல் இது ரஷியாவை நோக்கி நகர முற்பட்டுள்ளதாகத் தெரிவிக்கப்பட்டுள்ளது.

வட காந்த முனை இப்படியே இடம் மாறிக்கொண்டிருந்தால் அது இன்னும் 50 ஆண்டுகளில் கனடாவை விட்டே வெளியேறி ரஷியாவின் சைபீரியாவுக்குச் சென்றுவிடலாம் என்று கருதப்படுகிறது. கடந்த 100 ஆண்டுகளில்தான் இதன் இடப் பெயர்ச்சி அதிகமாக உள்ளதாகத் தகவல்கள் கூறுகின்றன.

வட காந்த தென் காந்த முனைகள் விஷயத்தில் வேறு ஒரு பிரச்னையும் உள்ளது. அதாவது காலப்போக்கில் இவை முனை மாறிக்கொள்ளும். அதாவது வட காந்த துருவம் தென் காந்த துருவமாக மாறிவிடும். தென் காந்த துருவம் வட காந்த துருவமாக மாறிவிடும்.

பூமியின் வரலாற்றில் கடந்த காலத்தில் இப்படி பல முறை ஏற்பட்டுள்ளது. இது காந்த முனை மாற்றம் (Reversal of Poles) எனப்படுகிறது. கடந்த காலத்தில் இது 5000 ஆண்டு

இடைவெளியிலும் நடந்துள்ளது. 5 கோடி ஆண்டு இடைவெளியிலும் நிகழ்ந்துள்ளது. கடலடிப் பாறைகளை ஆராய்ந்ததில் கடந்த காலத்தில் எப்போதெல்லாம் காந்த முனை மாற்றம் நிகழ்ந்துள்ளது என்பதைக் கண்டறிய முடிந்துள்ளது.

காந்த முனை மாற்றம் நிகழும்போது பூமியின் காந்தப் புலம் பாதிக்கப்படுகிறது. இந்த காந்தப் புலம்தான் பூமிக்கு அப்பால் இருந்து வருகிற ஆபத்தான கதிர்கள் நம்மைத் தாக்காதபடி பாதுகாக்கின்றன.

காந்த முனை மாற்றம் நிகழும்போது பூமியில் உள்ள உயிரினங்களுக்கு ஆபத்து நிகழுமா என்பது குறித்துப் பல்வேறான கொள்கைகள் உள்ளன.

- 76 -

விமான நிலையங்களில் எக்ஸ்-ரே

இப்போதெல்லாம் விமான நிலையங்களில் பாதுகாப்பு சோதனைகள் தீவிரமாகவே உள்ளன. பயணிகள் தங்களுடன் எடுத்துச் செல்கிற கைப்பை அல்லது பெட்டி எக்ஸ்ரே கருவிகள் மூலம் சோதிக்கப்படு கிறது. விமான நிறுவன ஊழியர்களிடம் புக் செய்யப்படுகிற பெரிய பெட்டிகளும் எக்ஸ்ரே பரிசோதனைக்கு உள்ளாக்கப்படுகின்றன. பயணிகள் தாங்கள் அணிந்துள்ள ஆடைகளில் ஏதேனும் ஒளித்து வைத்து எடுத்துச் செல்கின்றனரா என்று கண்டறிய மெட்டல் டிடெக்டர் எனப்படும் கருவிகள் பயன்படுத்தப்படுகின்றன.

விமான நிலைய எக்ஸ்-ரே கருவியில் சிறிய பெட்டி அல்லது கைப்பை ஒரு நகரும் பட்டையில் வைக்கப்படுகிறது. கருப்புத் திரை போட்ட பகுதி வழியே செல்லும் அப் பொருள் எக்ஸ்ரே சோதனைக்கு உட்படுத்தப் பட்டு மறுபுறம் வந்துவிடுகிறது. இந்த இரு கருப்புத் திரைக்கு நடுவே இருக்கும்போது அப்பொருள் - பெட்டி அல்லது கைப்பை மீது எக்ஸ் கதிர்கள் ஊடுருவிச் செல்கின்றன. அருகே டிவி போன்ற கருவியில் அப் பெட்டிக்குள் இருக்கின்ற பொருள்கள் நிழல் வடிவில் தெரிகின்றன. அதை வைத்து பெட்டிக்குள் துப்பாக்கி, வெடிகுண்டு போன்றவை உள்ளனவா என்பதை விமானநிலைய ஊழியர்கள் கண்டறிகின்றனர்.

பிளாப்பி டிஸ்க், டேப், ஹார்ட் டிஸ்க், லேப் டாப் ஆகியவற்றை விமான நிலையங்களில் எக்ஸ்-ரே சோதனைக்கு உட்படுத்தினால் அவை பாதிக்கப்பட்டு விடும் என்று பலரும் கருதுகின்றனர். இது தவறு என்று சுட்டிக்காட்டப்பட்டுள்ளது.

இந்த நம்பிக்கை காரணமாக சிலர் பெட்டியிலிருந்து மெனக்கெட்டு பிளாப்பி டிஸ்க், லேப் டாப் ஆகியவற்றை வெளியே எடுத்து கையோடு எடுத்துக்கொண்டு சென்று மெட்டல் டிடெக்டர் வழியே

கடந்து செல்கின்றனர். இப்படிச் செய்வதுதான் பாதிப்பை உண்டாக்கலாம் என்று ஒரு நிபுணர் சுட்டிக்காட்டியுள்ளார்.

பிளாப்பி டிஸ்க், லேப் டாப் முதலியவை எக்ஸ் கதிர்களால் பாதிக்கப்பட சிறிதும் வாய்ப்பில்லை. காந்தப் புலம்தான் இவற்றுக்குப் பிரதான எதிரி. எக்ஸ்-ரே கருவியானது காந்தப் புலத்தைத் தோற்றுவிப்பதில்லை. எக்ஸ்-கதிர் என்பது ஒளி போன்ற கதிரே ஆகும். சிலர் சி.டி.க்களை எக்ஸ்-ரே கருவி பாதிக்கலாம் என்று நினைக்கின்றனர். அதுவும் தவறு என்பது சுட்டிக்காட்டப்பட்டுள்ளது.

விமான நிலைய எக்ஸ்ரே மெஷின்

சொல்லப்போனால் மெட்டல் டிடெக்டர் கருவியானது பலவீனமான காந்தப் புலத்தை ஏற்படுத்துவதாகும். பயணி ஒருவர் தமது ஆடைக்குள் கனமான உலோகப் பொருளை வைத்திருந்தால் அந்த உலோகப் பொருளானது மெட்டல் டிடெக்டர் ஏற்படுத்தும் காந்தப் புலத்தைப் பாதிக்கிறது. உடனே அது ஒலியை எழுப்புகிறது. ஆகவே ஏட்டளவில் பார்த்தால் பிளாப்பியை மெட்டல் டிடெக்டர் பாதிப்பதற்கு வாய்ப்பு உண்டே தவிர, அதை எக்ஸ்-ரே கருவி பாதிப்பதற்கு சிறிதும் வாய்ப்பில்லை என்று சுட்டிக்காட்டப்பட்டுள்ளது.

ஆனால் பெட்டிக்குள் வைக்கப்படுகிற படம் எடுக்கப்படாத பிலிம் சுருள்கள் (ISO-800 ரகம்) எக்ஸ்-ரே சோதனையின்போது பாதிக்கப்பட வாய்ப்புள்ளதாக போட்டோ பிலிம் தயாரிப்பு நிறுவனங்கள் உஷார்படுத்தியுள்ளன.

இதற்கிடையே அமெரிக்காவில் விமான நிலையங்களில் அறிமுகப் படுத்தப்பட்டுள்ள மிக நவீனஎக்ஸ்ரே கருவியானது சர்ச்சையை ஏற்படுத்தியுள்ளது. மெட்டல் டிடெக்டருக்குப் பதில் பயணியை எக்ஸ்-ரே மூலம் சோதிக்கும் நோக்கத்துடன் இக் கருவி உருவாக்கப் பட்டுள்ளது. பிளாஸ்டிக்கினால் ஆன ஆபத்தான கருவி, குண்டு ஆகிய வற்றை மெட்டல் டிடெக்டர் கருவி மூலம் கண்டுபிடிக்க முடியாது என்பதால் இந்த மாற்று ஏற்பாடு. இது TSA Scanner என்று குறிப்பிடப் படுகிறது. ஆள் உயரத்துக்குள்ள இக் கருவியானது ஒரு டெலிபோன் பூத் வடிவில் உள்ளது.

இக் கருவியை எக்ஸ்ரே எதிரொலிப்பு கருவி எனலாம். பொதுவில் ஒரு நபரை நிற்க வைத்து எக்ஸ்-ரே எடுத்தால் எலும்புக்கூடுதான் தெரியும். ஆனால் புதிய கருவி முன்பாக ஒரு பயணி நின்றால் இக் கருவியுடன் இணைந்த திரையில் அவர் ஆடையற்றவராகத் தெரிவார். ஆடைக்குள் ஏதேனும் ஒளித்து வைத்திருந்தால் அதுவும் தெரியும். இக் கருவியைப் பயன்படுத்துகையில் பெண் பயணி களுக்கென பெண் ஊழியர்கள் அமர்த்தப்படுவர் என்று விளக்கம் அளிக்கப்பட்டுள்ளது. சந்தேகத்தை ஏற்படுத்துபவர்களிடம்தான் இது பயன்படுத்தப்படும் என்று கூறப்படுகிறது. எனினும் இது மனித உரிமையைப் பாதிப்பதானது என்று ஆட்சேபம் தெரிவிக்கப் பட்டுள்ளது.

அமெரிக்காவில் 2009ல் தொடங்கி பல விமான நிலையங்களில் இக் கருவிகள் நிறுவப்பட்டுள்ளன. எதிர்பார்த்தபடி ஆரம்பத்தில் இக் கருவிக்குப் பரவலாகக் கடும் ஆட்சேபம் தெரிவிக்கப்பட்டது. இனி நான் விமானத்தில் செல்லாமல் ரயில் மூலம்தான் பயணம் செய்யப் போகிறேன் என்று ஓர் அமெரிக்கப் பெண்மணி கூறினார். அமெரிக்கா வில் விமான நிலையத்துக்கு வந்த ஒருவர் ஜட்டியுடன் காட்சி அளித்தார். நவீன எக்ஸ்ரே கருவிக்கு எதிர்ப்புத் தெரிவிக்கவே இவ்விதம் ஜட்டியுடன் வந்ததாக அவர் கூறினார். இதற்கிடையே கனடா உட்பட மேலும் பல நாடுகளில் விமான நிலையங்களில் இவ்விதக் கருவிகள் நிறுவப்பட்டுள்ளன.

இது ஒருபுறம் இருக்க, இவ்வித எக்ஸ்ரே கருவி மூலம் ஸ்கேன் செய்யப்படும் பயணிகளுக்கு உடலில் தீங்கு ஏற்படலாம் என அமெரிக்க நிபுணர்கள் சிலர் கருத்து தெரிவித்துள்ளனர்.

- 77 -
தங்க நகைகளில் பொடி

நுணுக்கமான வேலைப்பாடு கொண்ட பழைய தங்க நகைகளை விற்பதற்கு நகைக் கடைக்குச் சென்றால் அதில் பொடி அதிகம் என்று நகைக்கடைக்காரர்கள் கூறுவார்கள். பொடி எவ்வளவு என்று கணக்கிட்டு அதைக் கழித்துக்கொண்டுதான் நகைக்கு விலை போடுவர். நகை செய்யும்போது பொடி எங்கே வருகிறது என்று பலருக்கும் புரியாமல் இருக்கலாம்.

நகைகளைச் செய்யும்போது மெல்லிய கம்பிகளை அல்லது மெல்லிய சிறு பகுதிகளை ஒன்றோடு ஒன்று ஒட்ட வைக்கவேண்டியிருக்கும். இரு முனைகளையும் சூடேற்றி அந்த இரு முனைகளையும் ஒன்றோடு ஒன்று பொருத்தினால் ஒட்டிக் கொண்டுவிடும் என்று சிலர் நினைக்கலாம். இப்படி சூடேற்றும்போது இந்த இரு முனைகளும் நெகிழ்ந்து போகலாம். அல்லது உருகிப் போய்விடலாம்.

ஆகவே எந்த உலோகமானாலும் சரி இரு முனைகளை ஒன்று சேர்ப்பதற்கு அதாவதுபற்று வைப்பதற்கு (soldering) வேறு முறை கையாளப்படுகிறது. உதாரணமாக இரு தாமிர உலோகத்தகடுகளை ஒன்றோடு ஒன்று இணைக்க வேண்டியுள்ளதாக வைத்துக்கொள்வோம். அந்த தாமிரத்துடன்ஒப்பிட்டால் ஈயம் எளிதில் உருகக்கூடியது. ஆகவே இணைக்க வேண்டிய தாமிரத் தகடுகளை அருகருகே வைத்து அவை உருகாத அளவுக்குச் சூடுபடுத்திவிட்டு, இணைக்க வேண்டிய பகுதியில் ஈயத் துண்டுகளை அல்லது துணுக்குகளை வைத்து சற்றே வெப்பம் செலுத்தினால் ஈயம் உருகி தாமிரத்தகடுகள் இரண்டும் இணைந்து விடும்.

இப்படிச் செய்யும்போது ஈயம் உருகும் அளவுக்குத்தான் வெப்பம் செலுத்தப்படும். ஆகவே தாமிரத்தகடுகளின் விளிம்புகள் நெகிழாது அல்லது உருகாது. பொதுவில் இவ்விதமான பற்று வைப்பு

வேலைகளுக்கு இரண்டு அல்லது மூன்று உலோகங்கள் சேர்ந்த கலப்பு உலோகம் பயன் படுத்தப்படும். தவிர, பற்று வைப்புக்குப் பயன்படுத்தப்படுகிற கலப்பு உலோகம் மெல்லிய கம்பி வடிவில், தகடு வடிவில் அல்லது பசை வடிவிலும் கிடைக்கின்றன.

தங்க நகைகளைச் செய்யும்போது இது மாதிரியில் ஒரு கலப்பு உலோகம் பயன்படுத்தப்படுகிறது. தங்கத்துடன் ஒப்பிட்டால் அது குறைந்த வெப்ப நிலையில் உருகக்கூடியது. சிறிதளவு தங்கத்துடன் தாமிரமும் வெள்ளியும் கலந்த கலப்பு உலோகம் இவ்விதம் பற்று வைப்பு வேலைக்குப் பயன்படுத்தப்படுவது வழக்கம்.

இக் கலப்பு உலோகம் குறைந்த வெப்பத்தில் உருகக்கூடியது. இணைக்க வேண்டிய தங்கக் கம்பிகளை ஒன்றோடு ஒன்று பொருத்தி அந்த இடத்தில் மேற்படி கலப்பு உலோகத்தின் நுண்ணிய துணுக்குகளை வைத்து வெப்பத்தை செலுத்தினால் அப் பொடி உருகி தங்கக் கம்பிகளை ஒன்றோடு ஒன்று இணைத்துவிடும். இக் கலப்பு உலோகத்தின் துணுக்குகள் ‘பொடி’ என்று குறிப்பிடப்படுகின்றன.

ஆகவே ஒரு தங்க நகையில் இப்படி சேர்க்க வேண்டிய பகுதிகள் நிறையவே இருந்தால் அந்த அளவுக்கு பொடி பயன்படுத்தப் பட்டிருக்கும். இப் பொடி என்பது தாமிரமும் வெள்ளியும் கலந்தது என்பதால் அது தங்கத்தின் விலையைவிடக் குறைவானதே. ஆகவே நகைக்கடைக்காரர் நிறைய பொடி அடங்கிய நகையில் எவ்வளவு பொடி அடங்கியிருக்கலாம் என்று குத்துமதிப்பாகக் கணக்கிட்டு அதைக் கழித்துக்கொண்டுதான் விலை போடுவார். இல்லாவிடில் விலை மதிப்பு குறைவான பொடிக்கும் சேர்த்து அவர் தங்கத்துக்கு ஈடான பணம் கொடுப்பவராகிவிடுவார்.

ஆனால் நீங்கள் நகைவாங்கும்போது நகைக்கடைக்காரர் நகையை எடை போட்ட பின்னர் தாங்கள் விற்கிற நகையில் பொடி நிறைய இருக்கிறது என்று சொல்லி அதைக் கழித்துக்கொள்வதில்லை. அந்த நகையில் அடங்கிய பொடிக்கும் நீங்கள் தங்கத்துக்கு உரிய விலையை அளிப்பவர்களாக இருக்கிறீர்கள்.

தங்க நகைகளில் பற்று வைப்புப் பணிகளுக்கு காட்மியம் என்ற உலோகம் பயன்படுத்தப்பட்டது உண்டு. ஆனால் காட்மியத்தைப் பயன்படுத்தும்போது ஏற்படும் நெடி, புகை ஆகியவை நச்சுத்தன்மை கொண்டது என்பதால் பல நாடுகளிலும் இது தடை செய்யப்பட்டது. பற்று வேலைக்கு காட்மியம் பயன்படுத்தப்பட்ட நகைகளை அணிபவர்களுக்கு எவ்விதத் தீங்கும் ஏற்படுவதில்லை.

ஒரு காலத்தில் காட்மியம் இடம் பெற்ற நகை என்று பெருமையாக விளம்பரப்படுத்திக் கொண்டதுபோய் இப்போது காட்மியம் இல்லாத நகை என்று விளம்பரப்படுத்துகிற நிலை வந்துள்ளது.

- 78 -

அடுப்பு மூலம் பறக்கும் பலூன்

சுமார் 400 அல்லது 500 மீட்டர் உயரத்தில் ஒரு பலூனில் இருந்தபடி கீழே இயற்கைக் காட்சிகளைக் காண்பது என்பது ஓர் இனிய அனுபவமாகும். இப்படியான பலூன் உயரே செல்வதற்கு ஹைட்ரஜன் அல்லது ஹீலியம் வாயு தேவையில்லை. வெறும் சூடான காற்று போதும்.

ஆனால் சூடான காற்று விரைவில் சூட்டை இழக்கக்கூடியது. ஆகவே தொடர்ந்து பலூனுக்குள் சூடான காற்றைச் செலுத்தினால் பலூன் மேலே மேலே சென்று கொண்டிருக்கும். இப்படிச் செய்ய அந்த பலூனின் அடிப்புறத்தில் பெரிய திறப்பு இருக்க வேண்டும். பலூனுக்கு அடியில் ஓர் அடுப்பைப் பொருத்தி அதிலிருந்து சூடான காற்று பலூனுக்குள் தொடர்ந்து செல்லும்படிச் செய்ய முடிந்தால் போதும்.

இப்படியான பலூன்கள் 'சூடான காற்று பலூன்கள் (Hot Air Balloons)' எனப்படுகின்றன. இயற்கைக் காட்சிகள் நிறைந்த இடங்களில், அரிய விலங்குகள் இருக்கும் பகுதிகளில் உல்லாசப் பயணிகளுக்காக இவ்விதப் பலூன்கள் பயன்படுத்தப்படுகின்றன.

பலூன்களின் அடிப்புறத்தில் பிரம்பினால் ஆன கூடை உண்டு. இதில் 5 அல்லது 6 உல்லாசப் பயணிகள் உட்கார்ந்து செல்ல முடியும். இவர்களின் தலைக்கு மேலே புரோப்பேன் (சமையல் வாயு) அடங்கிய சிலிண்டர்கள் பொருத்தப்பட்டிருக்கும். இந்த சிலிண்டரிலிருந்து வெளிப்படும் வாயுவை எரிப்பதன் மூலம் பலூனில் இருக்கின்ற காற்று சூடேற்றப்படும்.

இந்த ஏற்பாடு மூலம் தொடர்ந்து பலூனுக்குள் சூடான காற்று இருக்கும்படி பார்த்துக்கொள்ள முடியும். பலூனுக்கு வெளியே குளிர்ந்த காற்று இருப்பதால் பலூனுக்குள் இருக்கிற சூடான காற்று பலூனை உயரே செல்லும்படிச் செய்கிறது. சூடான காற்று நிரம்பிய

நிலையில் ஒரு பலூன் 25 மீட்டர் உயரமும் 18 மீட்டர் அகலமும் கொண்டதாக இருக்கலாம்.

சாதாரணக் காற்றுடன் ஒப்பிட்டால் சூடான காற்றின் அடர்த்தி குறைவு. ஆகவே அது மேலே நோக்கிச் செல்லக்கூடியது. வீடுகளில் சமையலறைகளில் அடுப்புக்குநேர் மேலே புகைப் போக்கி இருப்பதை நீங்கள் பார்த்திருக்கலாம். சூடான காற்று இயல்பாக மேல் நோக்கிச் செல்வதற்கே புகைப்போக்கி.

சூடான காற்று மூலம் பறக்கும் பலூன்கள் மிக லேசான ஆனால் மிக உறுதியான நைலான் துணி மூலம் தயாரிக்கப்படுவதாகும். மெல்லிய ஸ்டெயின்லஸ் கம்பிகள் மூலம் பலூன் கீழே பயணிகள் அமர்ந்த கூடையுடன் பிணைக்கப்பட்டிருக்கும். பலூனை இயக்குவதற்கு பலூனில் இயக்குநர் ஒருவர் இருப்பார். பலூனுக்குள் இருக்கின்ற காற்றின் வெப்ப அளவை உயர்த்துவதன் மூலம் அல்லது குறைப்பதன் மூலம் அவர் பலூன் எந்த அளவு உயரத்தில் இருக்க வேண்டும் என்பதைக் கட்டுப்படுத்துவார். வெவ்வேறு உயரங்களில் காற்று வீசும் திசை மாறும். இதை அறிந்து அவரால் பலூன் செல்கின்ற திசையை ஓரளவுக்குக் கட்டுப்படுத்த இயலும்.

பலூனில் அடங்கிய சூடான காற்றின் வெப்ப அளவு, பலூனுக்கு வெளியே இருக்கின்ற காற்றின் வெப்ப அளவு, கடல் மட்டத்திலிருந்து ஓர் இடம் இருக்கின்ற உயரம், காற்றில் அடங்கிய ஈரப்பதம் போன்றவை பலூனின் செயல்பாட்டில் முக்கிய பங்கு வகிக்கின்றன. பொதுவில் குளிர்ப் பிரதேசங்களில் பலூன்களின் செயல்பாடு நல்ல அளவில் இருக்கும். இவ்வித பலூன்களைப் பொதுவில் அதிகாலையில் அல்லது மாலையில் செலுத்துவது வழக்கம். அப்போதுதான் காற்றின் இயல்பான வெப்ப நிலை குறைவாக இருக்கும். காற்றின் வேகம் மிதமான அளவில் இருக்கும்போதுதான் பலூன்கள் செலுத்தப்படுகின்றன.

பலூன்கள் வெவ்வேறு அளவுகளில் தயாரிக்கப்படுகின்றன. ஒருவர் மட்டுமே செல்லக்கூடிய பலூன் 1000 கன மீட்டர் காற்று அடங்கக்கூடிய தாக இருக்கும். சுமார் 12 பேர் ஏறிச் செல்லக்கூடிய பலூன் 15 ஆயிரம் கன மீட்டர் கொள்ளளவு கொண்டது. பெரும் பாலானவை 2500 கன மீட்டர் கொள்ளளவு கொண்டவை. இப்போதெல்லாம் மனித முகம், விலங்கு போன்று விசித்திர வடிவங்களில் பலூன்கள் தயாரிக்கப்படு கின்றன. உலகெங்கிலும் பல நாடுகளில் பலூன் திருவிழாக்கள் நடத்தப்படுகின்றன.

- 79 -
சந்திரனில் தளம்: அமெரிக்கா திட்டம்

சந்திரனுக்கு 1969 ஆம் ஆண்டில் விண்வெளி வீரர்களை அனுப்பி சாதனை படைத்த அமெரிக்கா இப்போது அங்கு நிரந்தரமான தளம் ஒன்றை அமைக்கத் திட்டமிட்டுள்ளது.

சந்திரனில் அமெரிக்கா அமைக்க விரும்புகிற தளம் எங்கு நிறுவப்படும் என்பது பற்றி ஏற்கெனவே பேச்சு துவங்கிவிட்டது. சந்திரனில் ஒருநாள் என்பது (பூமிக் கணக்குப்படி) 28.5 நாட்களாகும். ஆகவே அங்கு - சந்திரனின் நடுக்கோட்டுப் பகுதியில் - தொடர்ந்து 14 நாட்கள் பகலாகவும் 14 நாட்கள் இரவாகவும் இருக்கும்.

ஆகவே சந்திரனில் தளம் அமைக்க சந்திரனின் நடுக்கோட்டுப் பகுதி ஏற்றது அல்ல. தளம் இயங்க மின்சாரம் தேவை. சூரிய ஒளியை மின்சாரமாக மாற்றுவதன் மூலமே மின்சாரம் பெற முடியும். இதனால் சந்திரனில் அதிக நாட்கள் வெயில் அடிக்கின்ற பகுதியே உகந்ததாக இருக்க முடியும்.

இந்த அடிப்படையில் சந்திரனின் தென் துருவப் பகுதியில் ஷாக்கிள்டன் வட்டப் பள்ளத்தின் விளிம்பில் தளத்தை அமைத்தால் அங்கு அனேகமாக எல்லா நாட்களும் வெயில் இருக்கும் என்று கருதப்படுகிறது. சந்திரனின் நடுக்கோட்டுப் பகுதியில் (100 டிகிரி சென்டிகிரேட்) இருக்கின்ற அளவுக்கு அங்கு வெயில் பொசுக்குவதாக இராது. ஷாக்கிள்டன் பகுதி இன்னொரு வகையிலும் ஏற்றது. அப் பகுதி எப்போதும் பூமியைப் பார்த்தபடி இருக்கும் என்பதால் பூமியுடன் தொடர்புகொள்ள ஏற்றதாக இருக்கும்.

சந்திரனின் தென் துருவ வட்டப்பள்ளத்தின் ஆழமான இடங்கள் சூரிய ஒளி படாதவை. அங்கு உறைந்த நிலையில் தண்ணீர் இருப்பதாகக் கண்டறியப்பட்டுள்ளது. சந்திரனில் அமையும் தளத்தில் குடியேறுகின்ற அமெரிக்க வீரர்கள் அந்த உறைபனியை பல்வேறு பணிகளுக்கும் பயன்படுத்திக்கொள்ள முடியும்.

வருகிற 2020 ஆம் ஆண்டில் சந்திரனில் அமெரிக்க விண்வெளி வீரர்கள் குடியேறுகின்ற வகையில் அங்கு ஒரு தளத்தை நிறுவுவதற்கான ஏற்பாடுகள் விரைவில் தொடங்கும் என்று அமெரிக்க நாஸா விண்வெளி அமைப்பு அறிவித்துள்ளது. இதன்படி அமெரிக்க விண்வெளி வீரர்கள் முதல் கட்டத்தில் ஒரு வாரம் தங்கி விட்டுத் திரும்பிவிடுவர். அடுத்த நான்கு ஆண்டுகளில் அங்கு செல்லும் அமெரிக்க வீரர்கள் தொடர்ந்து 180 நாட்கள் தங்குவர். அதற்கடுத்த மூன்று ஆண்டுகளில் சுவாசிக்கக் காற்று அடங்கிய வாகனங்கள் சந்திரனில் நடமாடத் தொடங்கிவிடும்.

1969ல் தொடங்கி 1972 வரை அமெரிக்கா ஆறு தடவை சந்திரனுக்கு விண்வெளி வீரர்களை அனுப்பியது. அப்போது விண்கலம்தான் அவர்களுக்கு இருப்பிடமாக அமைந்தது. இத்துடன் ஒப்பிட்டால் இப்போது சந்திரனில் எல்லா வசதிகளுடனும் கூடிய இருப்பிடம் நிர்மாணிக்கப்பட இருக்கிறது.

1971ல் சந்திரனில் தரை இறங்கிய அமெரிக்க அப்போலோ 15 விண்கலம்

சந்திரனில் தளம் அமைப்பதில் அமெரிக்கா எல்லாவற்றையும் ஆரம்பம் முதல் செய்யவேண்டிய அவசியம் இராது. சந்திரனுக்கு விண்கலங்களை அனுப்ப முன்னர் அமெரிக்காவில் ஏற்படுத்தப்பட்ட வசதிகள் இன்னமும் இருக்கின்றன. தவிர, சந்திரனுக்கு விண்கலம் அனுப்புவது என்பது அமெரிக்காவுக்கு புதிய அனுபவம் அல்ல. சந்திரனில் உள்ள நிலைமைகள் ஏற்கெனவே அறியப்பட்டவை.

சந்திரனில் நிரந்தர குடியிருப்பை ஏற்படுத்துவதானது செவ்வாய் கிரகத்துக்கு மனிதனை அனுப்புவதற்கான திட்டத்துக்கு உதவும்

என்றும் கருதப்படுகிறது. ஆனால் சந்திரனில் என்னதான் நிரந்தர தளம் ஏற்படுத்தப்பட்டாலும் அதில் தங்குகிற அமெரிக்க விண்வெளி வீரர்கள் ஒவ்வொரு தடவையும் வெளியே வரும்போது விண்வெளி வீரருக்குரிய விசேஷக் காப்பு உடையை அணிந்திருக்க வேண்டும்.

முதலாவதாக சந்திரனில் சுவாசிப்பதற்கு காற்று கிடையாது. இரண்டாவதாக காப்பு உடை இல்லாவிடில் சூரியனிலிருந்தும் விண்வெளியிலிருந்தும் வருகிற ஆபத்தான கதிர்களால் தாக்கப்படலாம். மூன்றாவதாக விண்வெளியிலிருந்து மிக வேகத்தில் சந்திரனில் வந்து விழுகிற நுண்ணிய துணுக்களால் தாக்கப்படுகிற ஆபத்தும் உள்ளது. சந்திரனில் வெயில் அடிக்கிற பகுதியில் வெப்பம் மிகக் கடுமையாக இருக்கும். அதே நேரத்தில் ஒரு பாறையின் பின்புறத்தில் நிழல் விழும் பகுதியில் கடும் குளிர் இருக்கும். நமது காற்று மண்டலத்தின் மேன்மையை சந்திரனில்தான் நன்கு உணர முடியும்.

- 80 -
வால் நட்சத்திரத்துக்கு ஆறு வால்

வானில் வால் நட்சத்திரம் தோன்றினால் மன்னர்களுக்கு ஆபத்து என்று முன்பெல்லாம் ஆழ்ந்த நம்பிக்கை நிலவியது. ஆகவேதான் அந்த நாட்களில் வால் நட்சத்திரம் தெரிந்தால் உடனே மன்னருக்கு அது பற்றிக் கூறுவதற்காக - மேற்கத்திய நாடுகளிலும் - அரசவையில் ஆஸ்தான ஜோசியர்கள் இருந்தார்கள். இதுபற்றி உடனுக்குடன் தெரிவிக்காத ஆஸ்தான ஜோசியர்கள் தண்டிக்கப்பட்டனர்.

வானில் வால் நட்சத்திரம் தோன்றிய பிறகு அதன் பலன் பற்றிக் கூறுவதில் சில சமயம் ஜோசியர்களுக்கு பெரும் சங்கடம் ஏற்பட்டது உண்டு. கி.பி 1618 ஆண்டில் தென்பட்ட வால் நட்சத்திரத்தின் தலை ரஷியா பக்கம் இருந்தது. உடனே மன்னரிடம் ஆஸ்தான ஜோசியர் சென்று 'வால் ரஷியா பக்கம் இருந்தால்தான் ஆபத்து. தலை இருப்பதால் பாதகம் இல்லை' என்று கூறி தப்பித்துக்கொண்டார். ரஷியாவை அடுத்த அண்டை நாட்டின் ஜோசியரோ, 'மன்னா, நாம் தப்பித்தோம். வால் நட்சத்திரத்தின் கண்கள் அடுத்த நாட்டைத்தான் உற்றுப் பார்க்கின்றன' என்று கூறி சமாளித்தார்.

பல நூற்றாண்டுகளுக்கு முன்னர் நாடுகள் இடையே அடிக்கடி போர்கள் நிகழும். பிளேக், காலரா போன்ற கொள்ளை நோய்கள் தோன்றி எண்ணற்றவர்கள் மடிவது என்பது சகஜம். பஞ்சம் பட்டினியால் ஆயிரக்கணக்கான மக்கள் மடிவர். பதவியிலிருந்து அகற்ற முடியாத மன்னர்கள் தீர்த்துக்கட்டப்படுவர்.

இப்படியான பல நிகழ்வுகளை வால் நட்சத்திரங்களுடன் ஏதோ ஒரு வகையில் முடிச்சுப் போட்டு இவையெல்லாம் வால் நட்சத்திரங் களால் நிகழ்வதாக மக்கள் - மன்னர்களும் - நம்பினர். 1680 ஆண்டில் ஒரு வால் நட்சத்திரம் தென்பட்டபோது உலகமே அழியப் போகிறது என்று அஞ்சி ஐரோப்பாவில் செல்வந்தர்கள் பலர் தங்களது

சொத்துக்களை விற்றனர். 1910 ஆண்டில் ஒரு வால் நட்சத்திரம் தெரிந்தபோது அமெரிக்காவில் மிகக் கெட்டிக்காரர் ஒருவர் 'வால் நட்சத்திரத்தினால் தீங்கு ஏற்படாதிருக்க' விசேஷ மாத்திரைகளை விற்றுப் பணம் சம்பாதித்தார்.

17 வது, 18 வது நூற்றாண்டில் வாழ்ந்தவர்கள் கொடுத்து வைத்தவர்கள். அப்போது பெரிய பெரிய வால் நட்சத்திரங்கள் வானில் தோன்றின. இவற்றில் பல, பட்டப்பகலில் தெரிந்தன. இரட்டை வால்களைக் கொண்ட வால் நட்சத்திரங்களும் தலைகாட்டின. 1744 ஆம் ஆண்டில் வந்த வால் நட்சத்திரத்துக்கு அபூர்வமாக ஆறு வால்கள் இருந்தன. ஒரு வால் நட்சத்திரத்துக்கு கூரான நீண்ட மூக்கு இருந்தது. இவற்றில் பல வால் நட்சத்திரங்கள் 200 அல்லது 300 ஆண்டுகளுக்கு ஒரு முறை தலைகாட்டுபவை.

சிறிய வால் நட்சத்திரங்கள் பெரிய வால் நட்சத்திரங்கள், அடிக்கடி வருகிற வால் நட்சத்திரங்கள் என வால் நட்சத்திரங்களில் பலவகை உண்டு. இவை அனைத்தும் சூரிய குடும்பத்தைச் சேர்ந்தவையே. வால் நட்சத்திரங்களுக்கும் சூரியனை சுற்றுகிற புதன், வெள்ளி, செவ்வாய், வியாழன், சனி போன்ற கிரகங்களுக்கும் முக்கியமான ஒற்றுமைகள் உண்டு.

இவை அனைத்தும் சூரியனைச் சுற்றுபவை. இவை அனைத்துக்கும் சுய ஒளி கிடையாது. சூரியனின் ஒளிபடும்போது இவை நமக்குத் தெரிகின்றன. இதிலிருந்து இவற்றின் பெயர்தான் வால் நட்சத்திரமே தவிர, மற்றபடி இவை நட்சத்திரங்கள் அல்ல என்பது புலனாகிறது.

கிரகங்களுக்கும் வால் நட்சத்திரங்களுக்கும் சில வித்தியாசங்களும் உண்டு. கிரகங்களை நாம் என்று வேண்டுமானாலும் காணலாம். வால் நட்சத்திரங்கள் அபூர்வமாகத் தெரிபவை. கிரகங்கள் சூரியனை வட்ட வடிவப் பாதையில் சுற்றுகின்றன. வால் நட்சத்திரங்களோ நீள் வட்டப்பாதையில் சூரியனை சுற்றுகின்றன.

இந்த நீள் வட்டத்தின் ஒரு முனை சூரியனுக்கு அருகாமையிலும் மறு முனை கோடானு கோடி கிலோமீட்டருக்கு அப்பாலும் அமைந்துள்ளன. ஆகவே சூரியனைச் சுற்றிவிட்டு செல்வதற்காக அவை எங்கிருந்தோ வருகையில் சூரியனை நெருங்க ஆரம்பிக்கிற கட்டத்தில்தான் - சூரிய ஒளிபடுவதால் - நமக்குத் தென்படுகின்றன. ஆகவேதான் அவை வானில் அபூர்வமாகத் தெரிகின்றன. சூரியனை வட்டமடித்துவிட்டு பல கோடி கிலோ மீட்டருக்கு அப்பால் சென்று விடும்போது அவை நம் கண்ணுக்குப் புலப்படுவதில்லை.

- 81 -
வால் வளர்க்கும் வால் நட்சத்திரம்

வால் நட்சத்திரம் (comet) என்பது நட்சத்திரமே அல்ல. அதற்கு நிரந்தரமான வாலும் கிடையாது. எனினும் அதற்கு எப்படியோ அப் பெயர் ஏற்பட்டு அது நிலைத்துவிட்டது. வால் நட்சத்திரங்கள் வானில் எப்போதும் தெரிபவை அல்ல. அவை எங்கிருந்தோ வருகின்றன. சூரியனை ஒரு ரவுண்ட் அடித்துவிட்டு வந்த வழியே திரும்பிச் சென்றுவிடுகின்றன.

அவை சூரிய குடும்பத்தைச் சேர்ந்தவையே. ஆனால் வால் நட்சத்திரங்கள் சூரிய மண்டல எல்லையில் உள்ள ஒரு பகுதியிலிருந்து வருகின்றன. ஊருக்கு வெளியே இருண்ட குகைக்குள் எண்ணற்ற வௌவால்கள் மண்டியிருப்பதுபோல சூரிய மண்டல எல்லையிலும் அதற்கு அப்பாலும் எண்ணற்ற வால் நட்சத்திரங்கள் உள்ளன. சிறிது சலனம் ஏற்பட்டால் அங்கிருந்து அவை சூரியனை நோக்கிக் கிளம்பி விடுகின்றன.

சூரியனை நோக்கிக் கிளம்புகிற வால் நட்சத்திரத்துக்கு வால் இராது. வால் நட்சத்திரம் என்பது கிட்டத்தட்ட பனி உருண்டையே. அதில் பாறைகள் கூழாங்கற்கள், தூசு முதலியவை இருக்கலாம். தவிர வாயுக்களும் இருக்கும். வால் நட்சத்திரத்துக்கு சுய ஒளி கிடையாது. சூரிய ஒளி படுவதால் அவை ஒளிருகின்றன.

சூரியனை நெருங்க நெருங்க வால் நட்சத்திரத்துக்கு வால் வளர ஆரம்பிக்கும். சூரியனிலிருந்து ஓயாது நுண் துகள்கள் வெளிப்படுகின்றன. இது சூரியக் காற்று (Solar Wind) எனப்படுகிறது. சூரியனை நோக்கி வரும் வால்நட்சத்திரம்மீது இத் துகள்கள் படும் போது வால் நட்சத்திரத்திலிருந்து வாயுத் துணுக்குகள் பின்னுக்குத் தள்ளப்படு கின்றன. இவையே வால் நட்சத்திரத்தின் வால்போல் அமைகிறது. சூரியனை நெருங்க நெருங்க வால் நட்சத்திரத்திலிருந்து இப் பொருள் வெளிப்படுவது அதிகரிக்கும். ஆகவே வால் நீள ஆரம்பிக்கும்.

வால் நட்சத்திரத்திலிருந்து வெளிப்படும் பொருள்கள்மீது சூரிய ஒளி படும்போது அது நமக்கு நீண்ட வால்போல் தெரிகிறது. வால் நட்சத்திரத்தின் வால் பல மில்லியன் கிலோ மீட்டர் நீளத்துக்கு இருக்கலாம். ஒருசமயம் வால் நட்சத்திரத்தின் வால் பூமியின் சுற்றுப்பாதையில் அமைந்திருந்தது. அப்போது பூமியானது அந்த வால் வழியே - சாலையில் புகை மண்டலம் வழியே கார் கடந்து செல்வதுபோல - சென்றது. அதனால் பூமிக்கோ, மக்களுக்கோ எவ்விதப் பாதிப்பும் ஏற்பட்டு விடவில்லை.

வால் நட்சத்திரம் சூரியனை ஓரளவு நெருங்கி அதைச் சுற்றிக்கொண்டு எதிர் திசையில் செல்ல ஆரம்பிக்கும். அதாவது சூரியனைச் சுற்றி முடித்த பின்னர் சூரியனிலிருந்து மேலும் மேலும் விலகிச் செல்ல ஆரம்பிக்கும். சூரியனை வால் நட்சத்திரம் சுற்றி முடித்ததும் ஓர் அதிசயம் நிகழ்கிறது. அதாவது வால் திடீரென எதிர் திசைக்குத் திரும்புகிறது.

சூரியனை நோக்கி வால் நட்சத்திரம் வரும்போது வால் நட்சத்திரத்தின் தலை சூரியனைப் பார்த்தபடி இருக்க, அதன் பின்னால் வால் இருக்கும். சூரியனை சுற்றி முடித்த பின்னரோ, வால் முன்னே செல்ல தலை அதைத் தொடர்ந்து செல்லும். இது நாம் மழைக்காகப் பிடித்துச் செல்லும் குடை கடும் காற்று காரணமாக எதிர்ப்பக்கம் திரும்பிக் கொள்வதைப் போன்றது.

சூரியக் காற்றின் துகள்கள் தள்ளுவதன் காரணமாக வால் இப்படித் திரும்பிக்கொள்கிறது. சூரியனிலிருந்து வால் நட்சத்திரம் மிக அப்பால் விலகிச் சென்றுவிட்டால் வால் மறைந்தே போய்விடுகிறது.

பல ஆண்டுகளுக்கு ஒருமுறை இவ்விதம் தலை காட்டும் வால் நட்சத்திரம் ஒன்று சூரியனை நெருங்குகையில் ஒவ்வொரு தடவையும் நிறையப் பொருளை இழக்கிறது. சில வால் நட்சத்திரங்கள் மீண்டும் தலை காட்டாமலே போவதுண்டு.

சூரிய மண்டலத்தில் பல கிரகங்களின் சுற்றுப்பாதைகளை வால் நட்சத்திரங்கள் கடந்து வர வேண்டியிருக்கிறது. அப்படிப்பட்ட சமயங்களில் வியாழனின் சுற்றுப்பாதையைக் கடக்கும் வேளையில் வியாழன் அங்கு அருகே இருக்க நேரிட்டால் வியாழனின் கடும் ஈர்ப்பு சக்தியானது வால் நட்சத்திரம்மீது விளைவை உண்டாக்குகிறது. இதன் விளைவாக சில வால் நட்சத்திரங்களின் பாதை மாறும். ஒரு சில வால் நட்சத்திரங்கள் வியாழன் காரணமாக இரண்டாக உடைந்து போனது உண்டு.

- 82 -

விண்வெளிக்கு வழி வகுத்த மூன்று மேதைகள்

'பூமி என்பது மனிதனின் தொட்டில். ஆனால் மனிதன் என்றென்றும் இத் தொட்டிலுக்குள்ளேயே இருந்துவிடக்கூடாது' என்று எழுதினார் சியோல்கோவ்ஸ்கி *(1857- 1935)*. ரஷியாவில் பிறந்தவரான அவர் 'ராக்கெட் இயலின் தந்தை' என்று போற்றப்படுகிறார்.

சியோல்கோவ்ஸ்கி

உருப்படியான விமானம்கூட உருவாக்கப் படாத காலத்தில் அவர் ராக்கெட்டுகள் பற்றியும் விண்வெளிப் பயணம் பற்றியும் ஏராளமான நூல்களை எழுதினார். பூமியின் பிடியிலிருந்து விடுபட ஒரு ராக்கெட் எவ்வளவு வேகம் பெற்றிருக்க வேண்டும் என்றெல்லாம் அவர் எழுதி வைத்தார்.

இளம் வயதிலேயே அவருக்கு விண்வெளிப் பயணம்மீது அக்கறை ஏற்பட்டது. படிப்பை முடித்த பின்னர் *1879*ல் அவர் பள்ளி ஆசிரியரானார். அதன் பின்னரும் அவர் ராக்கெட் இயல்பற்றி சிந்தனை செலுத்தலானார். வீட்டிலேயே சிறு ஆராய்ச்சிக்கூடத்தையும் அமைத்துக்கொண்டார்.

ராக்கெட் இயக்கம்பற்றி உலகில் முதலில் விஞ்ஞான ரீதியில் சிந்தித்துக் கூறியவர் அவர்தான். ராக்கெட்டை செலுத்த திரவ எரிபொருளைப் பயன்படுத்தலாம் என்று முதலில் கூறியவரும் அவரே. ராக்கெட்டுகளில் திரவ ஆக்சிஜனையும் திரவ ஹைட்ரஜனையும் பயன்படுத்தலாம் என்று அவர் சொன்னார். இன்று இந்தியாவின் ஜி.எஸ்.எல்.வி. ராக்கெட் உட்பட சக்திமிக்க ராக்கெட்டுகளில் இவை பயன்படுத்தப்படுகின்றன.

ஒரு ராக்கெட்டை பல அடுக்குகளாக உருவாக்கவேண்டும் என்றும் சிறிய ராக்கெட்டுகளைப் பக்கவாட்டில் இணைக்கலாம் என்றும் அவர் கூறினார். இன்று ராக்கெட்டை உருவாக்கும் நாடுகள் பல அடுக்கு ராக்கெட்டுகளையே தயாரிக்கின்றன. ராக்கெட்டில் எரிபொருள்கள் எவ்விதம் இடம் பெற வேண்டும். எரிபொருள் களைக் கொண்டு செல்ல பம்புகள் இருக்க வேண்டும் என்றார் அவர். இவையெல்லாம் இன்று நடைமுறையில் பின்பற்றப்படுகின்றன.

அமெரிக்காவைச் சேர்ந்த ராபர்ட் கொடார்ட் (1882-1945) விண்வெளி இயல் பற்றி வெறும் கொள்கைகளைக் கூறுவதுடன் நில்லாமல் செயலிலும் ஈடுபட்டவர். கல்லூரியில் படித்த நாட்களில் இரவில் ராக்கெட் ஆராய்ச்சியில் ஈடுபட்டார். கல்லூரியில் பணியாற்றிய காலத்தில் தொடர்ந்து ஆராய்ச்சி நடத்தி ராக்கெட்டின் பல உறுப்பு களுக்குப் படங்களை வரைந்து அவற்றுக்குப் பேடண்ட் பெற்றார்.

ராபர்ட் கொடார்ட்

கொடார்ட் உருவாக்கிய திரவ எரிபொருள் ராக்கெட் 1926 ஆம் ஆண்டு மார்ச் 16ம் தேதி விண்ணில் பாய்ந்தது. அது வடிவில் மிகவும் சிறியது. எனினும் அதுவே உலகின் முதலாவது திரவ எரிபொருள் ராக்கெட் ஆகும். ராக்கெட் இயல் குறித்த அடிப்படை ஆய்வுகளில் ஈடுபட்ட கொடார்ட் 1945ல் காலமானபோது அவரது மறைவு பற்றி பத்திரிகைகளில் ஒரு வரி கூட வரவில்லை. எனினும் பின்னர் அமெரிக்க விண்வெளி அமைப்பு (நாஸா) 1959ல் புதிய விண்வெளிக் கேந்திரத்துக்கு கொடார்டின் பெயரைச் சூட்டி அவரைக் கௌரவித்தது.

ஜெர்மனியிலும் ராக்கெட் இயல் பற்றிப் பித்து கொண்ட ஒருவர் இருந்தார். அவர் பெயர் ஹெர்மன் ஓபெர்த் (1894 - 1989). விண்வெளிப் பயணம், ராக்கெட்டுகளில் வழியறிவு ஏற்பாடு, விண்கலம் தரையிறங்குதல் முதலியன பற்றி முதலில் சிறு நூலை எழுதிய ஓபெர்த் பின்னர் அதையே விரிவான நூலாக வெளியிட்டார். இரு கட்ட ராக்கெட் எப்படி இருக்க வேண்டும் என்பதற்கான வரைபடங்களும் அதில் இருந்தன.

சந்திரனுக்கு மனிதன் செல்வதற்கான விண்கலத்தின் வரைபடங்களையும் அவர் அளித்திருந்தார். அந்த விண்கலம் பாரசூட் மூலம் பூமியில் வந்து இறங்கும் என அவர் தீர்க்க நோக்குடன் குறிப்பிட்டிருந்தார். ரஷிய விண்வெளி வீரர்கள் இன்னமும் இவ்விதம்தான் பூமிக்குத் திரும்புகின்றனர்.

ஹெர்மன் ஓபெர்த்

ஓபெர்த்தின் நூல் பலரின் கவனத்தையும் ஈர்க்க, அதன் விளைவாக ஜெர்மனியில் 1927ல் விண்வெளிப் பயணச் சங்கம் தோன்றியது. இதில் உறுப்பினர்களாகச் சேர்ந்தவர்கள் சிறு ராக்கெட்டுகளைத் தயாரித்துப் பறக்க விடுவதில் ஈடுபட்டனர். பின்னர் ஜெர்மனியை ஆண்ட ஹிட்லர் வேண்டா வெறுப்பாக ராக்கெட்மீது அக்கறை காட்டவே ராட்சத வி-2 எனப்படும் ராக்கெட் குண்டுகள் உருவாக்கப்பட்டன. இரண்டாம் உலகப் போரில் அவை பிரிட்டனை கதிகலங்க அடித்தன.

- 83 -

வி–2 ராக்கெட் குண்டுகள்

இந்தியாவில் பதினெட்டாம் நூற்றாண்டுக் கடைசி வாக்கில் பிரிட்டிஷ் படைகளுக்கும் மைசூரை ஆண்ட மன்னர் திப்பு சுல்தானுக்கும் நடைபெற்ற போர்களில் திப்பு சுல்தான் படைகள் ராக்கெட்டுகளைப் பயன்படுத்தின. சில சென்டி மீட்டர் நீளம் கொண்ட இந்த ராக்கெட்டுகள் வடிவில் மிகச் சிறியவை என்றாலும் அவை பிரிட்டிஷ் படைகளை சிதறடித்தன. திப்பு சுல்தானின் ராணுவத்தில் தனி ராக்கெட் படைப் பிரிவு இருந்தது.

பிரிட்டிஷாரைப் பொருத்தவரையில் அவர்களுக்கு இது புதிய ஆயுதம். ஆகவே இந்த ராக்கெட்டுகளைப் பார்த்துவிட்டு பிரிட்டிஷார் பின்னர் அதைக் காப்பி அடித்து இங்கிலாந்தில் ராக்கெட்டுகளை உருவாக்குவதில் ஈடுபட்டனர். ஆனாலும் பிறகு நடந்த போர்களில் ராக்கெட்டுகள் பெரிய பங்கு பெறவில்லை. அவை பெருத்த சேதத்தை விளைவிப்பவையாக இல்லை என்பதே காரணம்.

எனினும் அதற்கு சுமார் 150 ஆண்டுகளுக்குப் பிறகு இரண்டாம் உலகப் போரின்போது (1939-1945) ஜெர்மனியை ஆண்ட ஹிட்லரின் ராணுவம் வி-2 எனப்படும் ராக்கெட் குண்டுகளை உருவாக்கி அவற்றை பிரிட்டனுக்கு எதிராகப் பயன்படுத்தியது. அவை திப்பு சுல்தான் காலத்து ராக்கெட் போலன்றி வடிவில் பிரும்மாண்டமாக இருந்தன. பல நுட்பமான கருவிகள் இடம் பெற்றிருந்தன.

ஜெர்மானியர் ராக்கெட்டை உருவாக்க முற்பட்டதற்குக் காரணம் உண்டு. முதல் உலகப் போரில் ஜெர்மனி தோற்றதற்குப் பிறகு ஜெர்மனி மீது பல நிபந்தனைகள் விதிக்கப்பட்டன. அவற்றில் ஒன்று திட எரிபொருளைப் பயன்படுத்துகிற ராக்கெட்டை உருவாக்கக் கூடாது என்பதாகும். ஆகவே ஜெர்மன் ராணுவத் தலைமை திரவ எரிபொருளைப் பயன்படுத்துகிற ராக்கெட் பக்கம் திரும்பியது.

அந்த சமயம் பார்த்து ஜெர்மனியில் ஹெர்மன் ஓபெர்த்தின் நூல் மூலம் ஊக்கம் பெற்ற ஜெர்மன் இளைஞர்கள் பலர் சிறிய திரவ எரிபொருள் ராக்கெட்டுகளை ஒரு பொழுதுபோக்குபோல உருவாக்கி அவற்றை உயரே செலுத்தி வந்தனர். இவர்களில் பான் பிரான் என்ற துடிப்பான இளைஞரை ஜெர்மன் ராணுவ அதிகாரிகள் தேர்ந்தெடுத்து அவருக்கு வசதிகளைச் செய்து கொடுத்து ராக்கெட் ஆராய்ச்சியில் ஈடுபடும்படி செய்தனர். எனினும் நீண்ட ஆராய்ச்சி, ராக்கெட்டை உருவாக்கிச் சோதிப்பது என பல கட்டங்களைத் தாண்டி வி-2 ராக்கெட்டை உருவாக்க சுமார் 10 ஆண்டுகள் பிடித்தன.

ஜெர்மன் வி -2 ராக்கெட்

‘பழி வாங்கும் ஆயுதம்’ என்ற பொருளில் இந்த ராக்கெட்டுக்கு ஜெர்மன் மொழியில் வைக்கப்பட்ட பெயரின் சுருக்கமே வி -2 என்பதாகும். இந்த ராக்கெட் உருளைக்கிழங்கை நம்பி நின்றது என்றால் அது மிகையாகாது. உருளைக்கிழங்கிலிருந்து தயாரிக்கப்பட்ட எதனால் (சாராயம்) இந்த வி-2 ராக் கெட்டில் எரிபொருளாகப் பயன்படுத்தப்பட்டது. ஒரு ராக்கெட்டைத் தயாரிக்க 30 டன் உருளைக்கிழங்கு தேவைப்பட்டது. ராக்கெட் எஞ்சினில் எரிபொருள் எரியச் செய்ய திரவ ஆக்சிஜன் பயன்படுத்தப்பட்டது. எரிபொருள் சுமார் 2700 டிகிரி செல்சியஸ் வெப்பத்தில் எரியும் என்பதால் எஞ்சினைச் சுற்றிலும் குளிர்விப்பு ஏற்பாடும் இருந்தது. ராக்கெட்டின் உயரம் சுமார் 14 மீட்டர். எடை 12 டன். இதன் முகப்பில் ஆயிரம் கிலோ குண்டு வைக்கப்பட்டது.

ஜெர்மானியர் வி-2 ராக்கெட்டுகளை 1944 செப்டம்பர் வாக்கில் பயன்படுத்த ஆரம்பித்த கட்டத்தில் ஜெர்மன் படைகள் பல போர்

முனைகளிலும் பின்வாங்கிக்கொண்டிருந்தன. ஜெர்மன் படைகள் இங்கிலாந்துமீது மொத்தம் 1400 வி - 2 ராக்கெட்டுகளை ஏவின. பெல்ஜியம் மீதும் வி - 2 ராக்கெட்டுகள் ஏவப்பட்டன. இத் தாக்குதல்களை ராணுவ ரீதியில் பெருத்த வெற்றி என்று வர்ணிக்க முடியாது. எனினும் இந்த ராக்கெட் தாக்குதல் மக்களிடையே இவை பெரும் பீதியை உண்டாக்கின.

போர் முடிந்த உடன் அமெரிக்கர் ஜெர்மனியிலிருந்து ஏராளமான ராக்கெட் குண்டுகளை கைப்பற்றி அமெரிக்காவுக்குக் கொண்டு சென்றனர். அத் திட்டத்தில் ஈடுபட்டிருந்த ராக்கெட் மேதை பான் பிரான் உட்பட 100க்கும் மேற்பட்ட ஜெர்மன் நிபுணர்கள் அமெரிக்காவுக்குக் கொண்டு செல்லப்பட்டனர். ரஷியாவும் இதேபோலச் செய்தது. ராக்கெட் செம்மையான போர் ஆயுதம் இல்லை தான். ஆனால் அணுகுண்டு உருவாக்கப்பட்டதைத் தொடர்ந்து ராக்கெட்டுகளுக்குப் புது மவுசு ஏற்பட்டது. அமெரிக்காவும் ரஷியாவும் போட்டி போட்டுக்கொண்டு அணுகுண்டுகளை சுமந்து செல்லும் திறன் கொண்ட ராட்சத ராக்கெட்டுகளை - கண்டம் விட்டு கண்டம் பாயும் ராக்கெட்டுகளை உருவாக்கின.

- 84 -
விண்வெளியில் போட்டா போட்டி

சோவியத் யூனியன் 1957 அக்டோபரில் உலகின் முதலாவது செயற்கைக்கோளை செலுத்தியபோது யாரும் அதை எதிர்பார்க்கவில்லை. அதற்குக் காரணம் உண்டு. அக் காலகட்டத்தில் சோவியத் யூனியனுக்குள்ளாக நடைபெறுகிற எந்த விஷயமும் வெளி உலகுக்குத் தெரியவில்லை. எல்லாமே மூடுமந்திரமாக வைக்கப்பட்டிருந்தது.

சோவியத் யூனியனைத் தொடர்ந்து அமெரிக்காவும் சிறிய செயற்கைக் கோளைச் செலுத்தியது. சோவியத் யூனியன் அடுத்தடுத்து விண்வெளியில் பெரிய சாதனைகளை நிகழ்த்தி உலகை வியக்க வைத்தது. இயல்பாக சோவியத் யூனியனுக்கு ஈடாக அமெரிக்கா என்ன செய்யப் போகிறது என உலக நாடுகள் உன்னிப்பாக கவனிக்கத் தொடங்கின. இப்படியாக இந்த இரு நாடுகளுக்கும் இடையே விண்வெளித்துறையில் கடும் போட்டா போட்டி ஏற்பட்டது.

இதில் சோவியத் யூனியனின் தோல்விகள் வெளி உலகுக்கு அறிவிக்கப்படவில்லை. ஆனால் அமெரிக்காவின் சிறு தோல்விகள் கூட உலகம் முழுவதிலும் விளம்பரம் பெற்றன. சந்திரனுக்கு விண்வெளி வீரரை அனுப்புவோம் என்று 1961ஆம் ஆண்டில் அமெரிக்கா பகிரங்கமாக அறிவித்து அதில் முனைப்பாக ஈடுபட்டது. ஒருவேளை அமெரிக்காவை முந்திக்கொண்டு சோவியத் விண்வெளி வீரர்கள் சந்திரனில்போய் இறங்கலாம் என்ற எதிர்பார்ப்பும் இருந்தது.

சந்திரனுக்கு மனிதனை அனுப்பப்போவதாக எந்த ஒரு கட்டத்திலும் சோவியத் யூனியன் அறிவிக்கவே இல்லை. எனினும் சோவியத் யூனியன் அமெரிக்காவை முந்திக்கொண்டு ஆளில்லா விண்கலங்கள் மூலம் சந்திரனிலிருந்து கல்லையும் மண்ணையும் அள்ளிக்கொண்டு வந்து சாதனை படைத்தது. இறுதியில் 1969 ஜூலையில் அமெரிக்க விண்வெளி வீரர் ஆம்ஸ்டிராங்கும் ஆல்டிரினும் சந்திரனில்போய்

இறங்கினர். கடைசிவரை சோவியத் யூனியன் சந்திரனுக்கு மனிதனை அனுப்பவே இல்லை.

அமெரிக்கா பின்னர் விண்வெளி ஷட்டில் வாகனத்தை உருவாக்கியதைத் தொடர்ந்து சோவியத் யூனியனும் 'பூரான்' என்ற பெயரில் அது போன்ற வாகனத்தை உருவாக்கியது. பூரான் ஒரே ஒரு தடவை விண்ணில் பறந்ததோடு சரி. 1991 வாக்கில் சோவியத் யூனியன் பல நாடுகளாக உடைந்தது. அதன் பின்னர் சோவியத் யூனியனின் வாரிசு நாடு என்று சொல்லத்தக்க ரஷியாவுக்கு பணப் பிரச்னை ஏற்பட்டு விண்வெளித் திட்டங்களுக்குப் போதிய நிதி கிடைக்காத நிலை ஏற்பட்டது. இரு நாடுகளுக்கும் இடையில் இருந்த கடும் பகை நீங்கியதைத் தொடர்ந்து விண்வெளித் துறையில் இரு நாடுகளும் ஒத்துழைக்கத் தொடங்கின.

இதற்குள்ளாக பிற நாடுகளும் விண்வெளியில் முத்திரை பதிக்கத் தொடங்கின. சோவியத் யூனியனிடமிருந்து தொழில் நுட்ப உதவி பெற்ற சீனா 1970ல் தனது முதலாவது செயற்கைக்கோளைச் செலுத்தியது. ஐரோப்பாவில் பிரிட்டன், பிரான்ஸ், ஜெர்மனி முதலான நாடுகள் ஒன்று சேர்ந்து அமைத்த ஐரோப்பிய விண்வெளி அமைப்பு 1975ல் தனது முதல் செயற்கைக்கோளை செலுத்தியது.

அமெரிக்காவின் சாடர்ன் 5 ராக்கெட்

இந்திய மண்ணிலிருந்து முதலாவது செயற்கைக் கோள் 1980 ஆம் ஆண்டில் செலுத்தப்பட்டது. அதன் பின் இத்துறையில் இந்தியா படிப் படியாக முன்னேறி வருகிறது. ஜப்பானும் செயற்கைக் கோள்களை செலுத்தியுள்ளது. இன்னும் சில நாடுகள் தங்களது பெருமையை நிலை நாட்டும் நோக்கத்தில் சிறிய செயற்கைக் கோள்களைச் செலுத்தியுள்ளன. அவற்றில் தென் அமெரிக்க

நாடான பிரேசில் குறிப்பிடத்தக்கது. சொந்தமாக செயற்கைக்கோள்களை உருவாக்கும் திறனையும் அது பெற்றுள்ளது.

எனினும் இன்று முன்னணியில் இருப்பது ரஷியா, இந்தியா, சீனா, அமெரிக்கா ஐரோப்பிய யூனியன் ஆகிய நாடுகளே. இவற்றில் அமெரிக்கா, ரஷியா ஆகிய நாடுகளில் விண்வெளித் திட்டங்களுக்கு முன்னைப்போல பெரிய அளவில் நிதி ஒதுக்கப்படுவதில்லை. இந்தியா, சீனா ஆகிய நாடுகளில் முன்னைவிட கூடுதலாக நிதி ஒதுக்கப்பட்டு வருகிறது.

முன்னர் அமெரிக்கா - ரஷியா இடையில் விண்வெளியில் போட்டா போட்டி நடந்ததுபோய் இப்போது இந்தியா - சீனா இடையே இத் துறையில் போட்டா போட்டி தொடங்கியுள்ளது.

ரஷியாவின் புரோட்டான் ராக்கெட்

இந்தியா நீங்கலாக மற்ற எல்லா நாடுகளும் முதலில் எதிரி நாட்டை நோக்கி ஏவுவதற்கான ராக்கெட்டுகளை (ஆயுதம் தாங்கிய ஏவுகணைகள்) தயாரித்து அதன் பின்னரே செயற்கைக்கோள்களை செலுத்துவதற்கான ராக்கெட்டுகளைத் தயாரிப்பதில் ஈடுபட்டன. இந்தியா ஒன்றுதான் முதலில் செயற்கைக் கொள்களைச் செலுத்தும் ராக்கெட்டுகளை உருவாக்கிவிட்டு அதன் பிறகே ஏவுகணைகளைத் தயாரிப்பதில் ஈடுபட்டது.

- 85 -
பூமியிலிருந்து தப்புவது எப்படி?

ஊரை விட்டு ஓடுவது எளிது. ஒரு நாட்டிலிருந்து தப்பிச் செல்வது எளிதல்ல. பூமியிலிருந்துதப்பிச் செல்வது என்பது மிகவும் கடினம். ஒரு ராக்கெட்டில் ஏறிக்கொண்டு அதி வேகத்தில் சென்றால்தான் பூமியின் ஈர்ப்பு சக்தியிலிருந்து விடுபட்டுத் தப்ப முடியும்.

உங்கள் கையை ஒருவர் பற்றிக்கொண்டிருக்கிறார். பிடி இறுக்கமாக இருப்பதாக வைத்துக்கொள்வோம். அப்படிப்பட்ட நிலையில் நீங்கள் வெடுக்கென்று கையை வேகமாக இழுத்துக் கொண்டால்தான் கையை விடுவித்துக்கொள்ளமுடியும். பூமியின் பிடியிலிருந்து விடுபட்டுச் செல்வதும் இது போன்றதே.

இங்கு ஒன்றைக்கவனிக்க வேண்டும். பூமியிலிருந்து உயரே அனுப்பப்படும் பல செயற்கைக்கோள்கள் பூமியைச் சுற்றுகின்றன. அந்த உயரத்தில் இருந்தாலும் அவை பூமியின் ஈர்ப்பு சக்திக்கு உட்பட்டவையே. அதனால்தான் அவை பூமியைச் சுற்றுகின்றன.

பூமியைச் சுற்றுகின்ற வகையில் ஒரு செயற்கைக்கோளைச் செலுத்து வதானால் அச் செயற்கைக்கோள் குறைந்தது மணிக்கு சுமார் 27 ஆயிரம் கிலோ மீட்டர் வேகத்தில் செலுத்தப்பட்டாக வேண்டும். இது புவி சுற்று வேகம் (Orbital Velocity) எனப்படும்.

ஆனால் பூமியிலிருந்து விடுபட்டு சந்திரனை நோக்கி அல்லது செவ்வாய் கிரகத்தை நோக்கிஒரு விண்கலத்தைச் செலுத்துவதானால் அதைக் குறைந்தது 40 ஆயிரம் கிலோ மீட்டர் வேகத்தில் செலுத்தியாக வேண்டும். இந்த வேகமானது 'விடுபடு வேகம்' (Escape Velocity) என்று கூறப்படுகிறது. ஆனால் இந்த விடுபடு வேகமானது ஒவ்வொரு கிரகத்துக்கும் ஒவ்வொரு விதமாக இருக்கும். அதாவது இந்த வேகம் அக் கிரகம் எவ்வளவு பெரியது என்பதைப் பொருத்தது.

[225]

பூமியை விடப் பெரிய கிரகம் என்றால் அதன் ஈர்ப்பு சக்தி அதிகம். ஆகவே பெரிய கிரகம் ஒன்றின் விடுபடு வேகம் பூமியின் விடுபடு வேகத்தைவிட அதிகமாகவே இருக்கும். பூமியைவிடச் சிறியதாக இருந்தால் அந்த அளவுக்கு அக் கிரகத்தின் விடுபடு வேகம் குறைவாக இருக்கும்.

சந்திரன் பூமியைவிட மிகவும் சிறியது என்பதால் அதன் விடுபடு வேகம் குறைவு. மனிதன் சந்திரனில் போய் இறங்கிய பின்னர் அங்கிருந்து எளிதில் கிளம்ப இது உதவியது.

பூமியிலிருந்து புதன் கிரகத்துக்கு ஆளில்லா விண்கலத்தைச் செலுத்துவதாக வைத்துக்கொள்வோம். நாம் புதன் கிரகத்துக்கு ஆயிரம் கிலோ (ஒரு டன்) எடை கொண்ட விண்கலத்தை அனுப்பினாலும் சரி, அல்லது 5 டன் எடை கொண்ட விண்கலத்தை அனுப்பினாலும் சரி, விடுபடு வேகம் அதேதான்.

இதில் எடைக்குத் தகுந்தபடி வேகம் அதிகரிக்கிற பிரச்னை இல்லை. ஆனால் இந்த விண்கலத்தை அனுப்பும் ராக்கெட் விஷயத்தில் எடைப் பிரச்னை வருகிறது. விண்கலத்தின் எடை அதிகரிக்குமானால் அந்த அளவுக்கு சக்தி மிக்க ராக்கெட் தேவை.

புதன் கிரகத்துக்கு ஒரு விண்கலத்தை சுமந்தபடி உயரே கிளம்புகிற ராக்கெட் எடுத்த எடுப்பில் இந்த வேகத்தைப் பெறுவது இல்லை. தவிரவும் பூமியிலிருந்து கிளம்பியபிறகு ராக்கெட் நேரே புதனை நோக்கிக் கிளம்பி விடுவதில்லை. இந்த விண்கலத்தை சுமந்துள்ள ராக்கெட் முதலில் பூமியை ஒன்று அல்லது இரண்டு முறை சுற்றும். அப்படிச் சுற்றிவிட்டு அதன் பிறகுதான் அது புதன் கிரகத்தை நோக்கிப் பயணத்தை மேற்கொள்ளும். 1969ஆம் ஆண்டில் விண்வெளி வீரர்களுடன் சந்திரனை நோக்கிக் கிளம்பிய அப்போலோ-11 விண்கலம் முதலில் பூமியைச் சுற்ற ஆரம்பித்தது. சுமார் ஒன்றரை சுற்றுக்குப் பிறகே அது சந்திரனை நோக்கிக் கிளம்பியது.

பூமியிலிருந்து சந்திரன் அல்லது புதனுக்கு நேரே கிளம்புவதைவிட இவ்விதம் கிளம்புவது நடைமுறையில் ஆதாயமானது. உதாரணத்துக்குச் சொல்வதானால் ஒரு விண்கலம் பூமியிலிருந்து 9000 கிலோ மீட்டர் உயரத்துக்குச் சென்று விட்டு ஓரிரு தடவை பூமியை சுற்றிவிட்டு புதன் கிரகம் நோக்கிக் கிளம்புவதானால் வேகம் (விடுபடு வேகம்) அந்த உயரத்தில் மணிக்கு சுமார் 25 ஆயிரம்கிலோமீட்டராக இருந்தால் போதுமானதே.

- 86 -

பல அடுக்கு ராக்கெட் எதற்கு?

விண்ணில் செலுத்தப்படத் தயாராக நிறுத்தப்பட்டிருக்கும் ராக்கெட்டைப் பார்த்தால் அது ஒரே ராக்கெட்போலக் காட்சியளிக்கும். உண்மையில் அது 10 ராக்கெட்டுகளை உள்ளடக்கியதாக இருக்கலாம். விண்வெளி ராக்கெட்டுகள் திட்டமிட்டு இவ்விதம் தனித்தனிப் பகுதிகளாக உருவாக்கப்பட்டு ஒன்றாகத் தொகுக்கப் படுகின்றன. இதற்குப் பல காரணங்கள் உண்டு.

நீங்கள் மலை மீது சுற்றுலா கிளம்புகையில் காலை உணவு, மதிய உணவு, குடிநீர் முதலியவற்றைத் தனித்தனியே இலையில் சுற்றிச் சென்றால், சாப்பிட்டவுடன் தூக்கி எறிந்துவிடலாம். மலை ஏற ஏற உங்கள் சுமை குறைந்துகொண்டே போகும். பல அடுக்கு ராக்கெட் இப்படித்தான் செயல்படுகிறது. தவிர, ஒவ்வொரு அடுக்கிலும் வெவ்வேறு எரிபொருள்களைப் பயன்படுத்தவும் இது உதவுகிறது.

உதாரணத்திற்கு பி. எஸ். எல்.வி. ராக்கெட்டை எடுத்துக் கொண்டால், அது நான்கு அடுக்குகளைக் கொண்டது. இந்த நான்குமே பெரிய உருளைகள் வடிவில் இருக்கும். ஒவ்வொன்றிலும் எரிபொருள் இருக்கும். அடிப்புற ராக்கெட்தான் இந்த நான்கில் மிகப் பெரியது. அதன் உயரம் சுமார் 13 மீட்டர். குறுக்களவு. சுமார் மூன்று மீட்டர். மற்றவை சிறியவை. அடிப்புற ராக்கெட், அதன்மீது இன்னொன்று, அதன்மீது இன்னொன்று என இவை ஒன்றன்மீது ஒன்றாக பொருத்தப்பட்டிருக்கின்றன. அடிப்புற ராக்கெட்டின் திறனை அதிகரிக்கக் கருதி அடிப்புற ராக்கெட்டின் பக்கவாட்டில் ஆறு சிறிய ராக்கெட்டுகள் இணைக்கப்படுகின்றன. இவை ஒரு மீட்டர் குறுக்களவு கொண்டவை. ஆக, இந்த ராக்கெட் பெரியதும் சிறியதுமாக 10 ராக்கெட்டுகளைக் கொண்டது. இவை ஒவ்வொன்றிலும் தனித்தனி எஞ்சின்கள் உண்டு.

ராக்கெட்டின் பல அடுக்குகளிலும் வெவ்வேறான எரிபொருள் பயன் படுத்தப்படலாம். அடிப்புற ராக்கெட், பக்கவாட்டு ராக்கெட்டுகள் ஆகிய வற்றில் திட எரிபொருள் நிரப்பப் படும். அதன் பிறகு உள்ள அடுக்கு களில் திரவ எரிபொருள், திட எரிபொருள் என மாறிமாறிப் பயன் படுத்தப் படலாம். இது விஷயத்தில் ஒவ்வொரு நாடும் தங்களது ராக்கெட்டுகளில் வெவ்வேறு திரவ எரிபொருள்களைப் பயன்படுத்துவது உண்டு.

பி. எஸ். எல்.வி. ராக்கெட்

செயற்கைக்கோளைச் செலுத்துவதற் கான தேதி நிர்ணயிக்கப்பட்டு ராக்கெட் தளத்தில் அது கொண்டு வந்து நிறுத்தப்பட்ட பின்னர் ராக்கெட்டின் அனைத்துப் பகுதி களையும் கட்டுப்பாட்டு கேந்திரத்தில் இருந்தபடி கம்ப்யூட்டர் திரைகளில் சரிபார்ப்பர். எல்லாம் சரி என்று தெரிந்தபிறகு ஆணை பிறப்பிக்கப்படும். முதலில் அடிப்புற ராக்கெட் மற்றும் பக்கவாட்டு ராக்கெட்டுகளில் எரிபொருள் தீப்பிடித்துப் பயங்கரமாக நெருப்பைப் பீச்சிட ஆரம்பிக்கும்.

சில கணங்களுக்கு ராக்கெட் அப்படியே நிற்கும். நெருப்பு பீச்சிடுவது அதிகரிக்கும்போது ராக்கெட் மெல்ல செங்குத்தாக உயரே கிளம்பும். அடிப்புற ராக்கெட்டும் பக்கவாட்டு ராக்கெட்டுகளும் முழுவதுமாக எரிந்து முடிந்ததும் அவை கழன்று விழுந்து விடும். இதற்கு சுமார் மூன்று நிமிஷங்களே பிடிக்கும். ராக்கெட் கிளம்பும்போது அதன் மொத்த எடை சுமார் 300 டன். சில நிமிஷங்களில் ராக்கெட்டின் எடை 116 டன்னாகக் குறைந்து விடும்.

அடிப்புற ராக்கெட் எரிந்து முடிந்த பின்னர் இரண்டாவது அடுக்கு தீப்பற்றி நெருப்பைப் பீச்சிடும். மூன்றாவது அடுக்கும் இவ்விதம் எரிந்து முடிந்த நிலையில் ராக்கெட்டின் எடை 63 டன்னாக மட்டும் இருக்கும். இப்படிப் படிப்படியாக எடை குறையும் போது ராக்கெட் அதி வேகத்தில் பாய முடிகிறது. பல அடுக்குமுறை கையாளப் படுவதற்கு இதுவே காரணம்.

தரையிலிருந்து ராக்கெட் கிளம்புகையில் அது இரண்டு பிரச்னை களைச் சமாளித்தாக வேண்டும். முதலாவதாக அது பூமியின் ஈர்ப்புச் சக்தியையும் மீறி உயரே செல்ல வேண்டியுள்ளது. இரண்டாவதாக காற்று மண்டலம் வழியே செல்லும்போது காற்றின் எதிர்ப்பையும் சமாளித்தாக வேண்டும். காற்று மண்டலத்தைத் தாண்டி சுமார் 250 கிலோ மீட்டர் உயரத்தை எட்டிவிட்ட பின்னர் ஈர்ப்புச் சக்தியும் குறைகிறது. ராக்கெட்டின் எடையும் குறைந்துவிடுகிறது. அந்த நிலையில் கடைசிக் கட்ட - நான்காவது கட்ட - ராக்கெட்டானது மணிக்கு சுமார் 28 ஆயிரம் கிலோ மீட்டர் வேகத்தில் செயற்கைக் கோளை அதன் பாதையில் செலுத்துகிறது. அதன்பின் செயற்கைக் கோள் தானாக பூமியைச் சுற்றி வர ஆரம்பிக்கும்.

- 87 -
செயற்கைக்கோளின் சுற்றுப்பாதைகள்

கோயிலுக்குச் செல்பவர்கள் கருவறையை வலம் வருவர். இன்னும் சிலர் கோயிலின் வெளிப்பகுதியில் இவ்விதம் சுற்றி வருவர். சிலர் கோயில் அமைந்த மலையை கிரிவலமாகச் சுற்றி வருவர். இது மாதிரியில் செயற்கைக்கோள்கள் பூமியை எந்த வகையில் வேண்டுமானாலும் சுற்றி வர முடியும்.

சில செயற்கைக்கோள்கள் சுமார் 350 கிலோ மீட்டர் உயரத்தில் அமைந்தபடி பூமியைச் சுற்றுகின்றன. இன்னும் சில 600 கிலோ மீட்டர் உயரத்தில் சுற்றுகின்றன. சுமார் 12 ஆயிரம் கிலோ மீட்டர் உயரத்தில் சுற்றுகிற செயற்கைக்கோள்களும் உண்டு. மிக ஏராளமான செயற்கைக் கோள்கள் 36 ஆயிரம் கிலோ மீட்டர் உயரத்தில் இருந்தபடி சுற்றுகின்றன. இப்போது பல்வேறு சுற்றுப்பாதைகளிலும் கிட்டத்தட்ட ஆயிரம் செயற்கைக்கோள்கள் உள்ளன.

ஒரு செயற்கைக்கோள் உயரே செலுத்தப்பட்டால் பத்திரிகைகளும் சரி, டெலிவிஷன் சேனல்களும் சரி, அந்த செயற்கைக்கோள் பூமியை 'வலம்' வருவதாக வர்ணிக்கின்றனர். இது தவறு. ஒரு செயற்கைக் கோள் மேற்கு நோக்கி செலுத்தப்பட்டு அது (இடது புறமாகச் சென்று) பூமியைச் சுற்றி வருமானால் அந்த செயற்கைக்கோள் பூமியை வலம் வருவதாகச் சொல்ல முடியும். ஆனால் அனேகமாக எல்லா செயற்கைக் கோள்களும் கிழக்கு நோக்கித்தான் செலுத்தப் படுகின்றன. ஆகவே அவை பூமியை 'இடம்' வருபவையாகவே உள்ளன.

இது ஒரு புறம் இருக்க, வேறு பல செயற்கைக்கோள்கள் வடக்கே இருந்து தெற்கு நோக்கிச் செல்கின்றன. இந்தியாவின் ஐ.ஆர்.எஸ். செயற்கைக்கோள்கள் இவ்விதமாகத்தான் பூமியைச் சுற்றி வருகின்றன. இதை துருவ சுற்றுப்பாதை (Polar Orbit) என வர்ணிக்கலாம்.

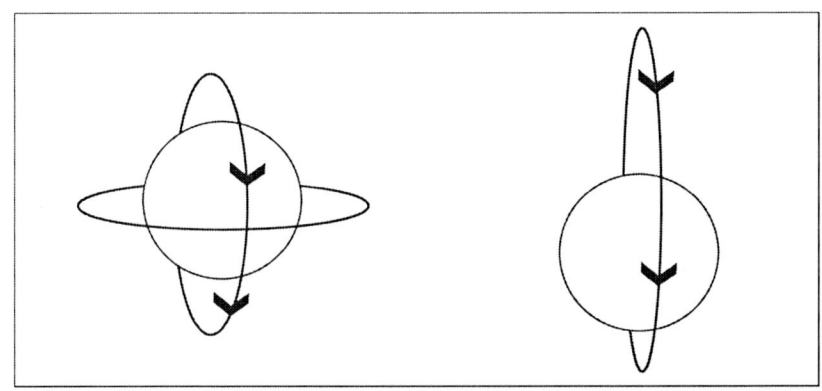

துரவ சுற்றுப்பாதை　　　　　மோல்னியா சுற்றுப்பாதை

பல செயற்கைக்கோள்கள் சுமார் 350 கிலோ மீட்டர் உயரத்தில் அமைந்துள்ளன. இது தாழ்வு சுற்றுப்பாதை (Low Earth Orbit) ஆகும். இதை சுருக்கமாக LEO என்று குறிப்பிடுவது உண்டு. சுமார் 1000 கிலோ மீட்டர் உயரம்வரை உள்ள செயற்கைக்கோள்கள் இவ்விதம் தாழ்வு சுற்றுப்பாதையில் சுற்றுவதாகச் சொல்லலாம்.

அதற்கும் அதிகமான உயரத்தில் இருக்குமானால் இடை நிலை சுற்றுப் பாதையில் (Medium Earth Orbit & MEO) சுற்றுவதாகச் சொல்லலாம். ஜி.பி.எஸ். டெலிபோன் தொடர்புக்கான நவ்ஸ்டார் செயற்கைக் கோள்கள், அதே போன்ற பணிக்கான குளோனாஸ் செயற்கைக் கோள்கள் இவ்விதமானவை. இவை சுமார் 20 ஆயிரம் கிலோ மீட்டர் உயரத்தில் இருந்தபடி சுற்றுகின்றன.

டிவி, டெலிபோன் தொடர்பு, வானிலை ஆகியவற்றுக்கான செயற்கைக்கோள்கள் 36 ஆயிரம் கிலோ மீட்டர் உயரத்தில் உள்ளன. உதாரணமாக இந்தியாவின் 'கல்பனா' செயற்கைக்கோள் இந்த அளவு உயரத்தில் அமைந்தபடி சுற்றி வருகிறது. இந்தியாவின் இன்சாட் வகை செயற்கைக்கோள்களும் இதே உயரத்தில்அமைந்துள்ளன.

பூமியின் நடுக்கோட்டுக்கு நேர் மேலே உள்ள இந்த வகை செயற்கைக்கோள்கள் பூமியை ஒரு தடவை சுற்றி முடிக்க 24 மணி நேரம் ஆகிறது. பூமி தனதுஅச்சில் ஒரு தடவை சுற்றி முடிக்க 24 மணி நேரம் பிடிக்கிறது. ஆகவே பூமியிலிருந்து பார்த்தால் இந்த வகை செயற்கைக் கோள்கள் வானில் 'நிலையாக நிற்பது' போலத் தோன்றும். இக் காரணத்தால் விண்ணில் இவை அமைந்த சுற்றுப்பாதைக்கு 'புவி நிலை' சுற்றுப்பாதை (Geostationary Orbit - GEO) என்று பெயர். செயற்கைக் கோளின் சுற்றுப்பாதை

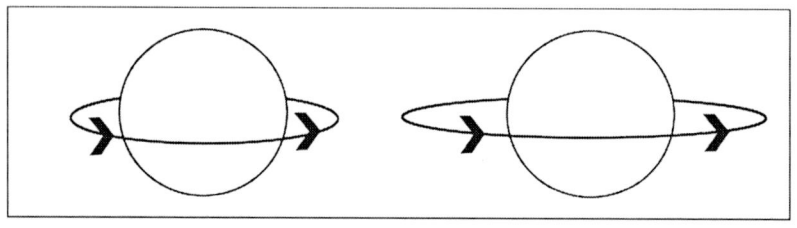

தாழ்வு சுற்றுப்பாதை புவிநிலை சுற்றுப்பாதை

நடுக்கோட்டுக்கு நேர் மேலே இல்லாமல் சில டிகிரி விலகி இருக்குமானால் அதை 'Geosynchronous Orbit' என்று குறிப்பிடுகின்றனர். இந்த இரு சுற்றுப்பாதைகளில் மட்டும் சுமார் 300 செயற்கைக்கோள்கள் உள்ளன.

ஆனால் ரஷியா, நார்வே, கனடா போன்ற நாடுகள் டிவி, டெலிபோன் போன்ற பணிகளுக்கு Geostationary satillite களை பயன்படுத்த இயலாது. பூமியின் வளைவு இதற்குக் காரணம். ஆகவே மோல்னியா (Molniya) சுற்றுப்பாதையில் செயற்கைக்கோள்களைச் செலுத்து கின்றன. இவை பூமியை வடக்கு தெற்காக மிக நீள்வட்டப் பாதையில் சுற்றும். இவ்வித சுற்றுப்பாதையில் சுற்றுகிற செயற்கைக்கோள் பூமிக்கு மிக நெருக்கமாக இருக்கும்போது 500 கிலோமீட்டர் தொலைவில் இருக்கலாம். பிறகு சுற்றுப்பாதையின் மறுகோடிக்குச் செல்கையில் அது 40 ஆயிரம் கிலோ மீட்டரில் இருக்கலாம்.

இவ்வித செயற்கைக்கோளானது பூமியை ஒரு தடவை சுற்றி முடிக்க 12 மணி நேரம் ஆகும். எனினும் இது குறிப்பிட்ட பிராந்தியம்மீது (உதாரணமாக ரஷியப் பிராந்தியம் மீது) சுமார் 8 மணி நேரம் இருக்கும். மீதி 4 மணி நேரம்தான் செயற்கைக்கோளுடன் தொடர்பு இராது. இந்தப் பிரச்னையை சமாளிக்கக் குறைந்தது மூன்று செயற்கைக்கோள்களை இந்தச் சுற்றுப்பாதையில் செலுத்தினால் 24 மணிநேரமும் தொடர்பு இருக்கும்படி பார்த்துக்கொள்ள இயலும். இவற்றைத் தவிர மேலும் சில வகையான சுற்றுப்பாதைகளும் உள்ளன.

- 88 -

கிழக்கே போக மேற்கு நோக்கிப் பயணம்

ஒரு கிரகத்தை நோக்கிச் செலுத்தப்படுகிற ஆளில்லா விண்கலம் நேர்கோட்டில் செலுத்தப்படுவது கிடையாது. அது அப்படிச் செல்வதும் கிடையாது. விண்கலம் வளைந்த பாதையில்தான் செல்லும்.

உதாரணமாக செவ்வாய் கிரகத்தை நோக்கி 1969 ஆம் ஆண்டில் அமெரிக்கா செலுத்திய மாரினர்-7 விண்கலம் செவ்வாயை நெருங்கிய போது பூமிக்கும் செவ்வாய் கிரகத்துக்கும் இருந்த தூரம் சுமார் 9 கோடி கிலோமீட்டர். ஆனால் செவ்வாயை நெருங்க, அந்த விண்கலம் பயணம் செய்த மொத்த தூரம் சுமார் 31 கோடி கிலோ மீட்டர். இதிலிருந்து அது எந்த அளவுக்கு வளைந்த பாதையில் சென்றது என்பது புரியும்.

கார் ஒன்று மதுரையிலிருந்து கிளம்பி கோவை, ஈரோடு வழியாக திருச்சிக்கு வந்தால் நிறைய பெட்ரோல் செலவாகும். ஆனால் விண்கலம் இப்படி செவ்வாய்க்கு வளைந்த பாதையில் சென்றால் கூடுதல் எரிபொருள் தேவையில்லை. ஏனெனில் வேகமாகப் பாய்ந் தோடும் ஆற்றில் ஒரு படகைத் தள்ளிவிட்டால் அது நீரோட்டத்துடன் சென்றுகொண்டிருக்கும். அதுபோல விண்கலம் செல்கிறது.

சூரிய மண்டலத்தில் செவ்வாய் கிரகம் பூமிக்கு அப்பால் வெளி வட்டத்தில் உள்ளது. ஆகவே செவ்வாய் கிரகத்துக்கு விரைவில் போய்ச் சேர குறுக்கு வழியில் விண்கலத்தைச் செலுத்த முயன்றால் அது சூரியனுக்கு எதிர் திசையில் செல்வதாக இருக்கும். அப்போது சூரியனின் ஈர்ப்பு சக்தியையும் சமாளிக்கின்ற வகையில் கூடுதல் வேகத்தில் செலுத்தப்பட்டாக வேண்டும். அந்த நிலையில் ராக்கெட்டில் கூடுதலாக எரிபொருளை நிரப்பியாக வேண்டும். அப்படிச் செய்யும்போது விண்கலத்தின் எடையைக் குறைத்தாக வேண்டும்.

[233]

அவ்விதமின்றி விண்கலம் வளைவான பாதையில் செல்லும்படிச் செய்தால் ராக்கெட்டில் கூடுதல் எரிபொருள் தேவையில்லை. விண்கலத்தில் கூடுதலாகக் கருவிகளை வைத்து அனுப்ப இயலும். விண்கலம் வளைந்த பாதையில் செல்லும்போது அதிக நாள் பிடிக்கலாம். அதனால் பாதகம் எதுவும் இல்லை.

இங்கே இன்னொன்றையும் கவனிக்க வேண்டும். இரவு வானில் செவ்வாய் கிரகம் குறிப்பிட்ட இடத்தில் இருக்கும். ஆனால் செவ்வாய் கிரகத்தை நோக்கிச் செலுத்தப்படுகிற விண்கலம் வேறு திசையில் செலுத்தப்படும். காரணம் விண்கலம் செவ்வாய் கிரகத்துக்குப் போய்ச் சேர 8 மாதம் ஆகலாம். ஆகவே 8 மாதம் கழித்து செவ்வாய் கிரகம் எங்கே இருக்கும் என்று கணக்கிட்டு அதன்படிதான் விண்கலத்தைச் செலுத்தியாக வேண்டும்.

விண்கலத்திலும் சிறு அளவில் எரிபொருள் வைக்கப்படும். ஆனால் அது நடுவழியில் விண்கலத்தின் பாதையில் சிறு மாற்றம் செய்வதற்கு மட்டுமே பயன்படுத்தப்படும். மற்றபடி விண்கலம் எரிபொருள் எதுவும் இன்றி இயற்கை சக்திகளுக்கு உட்பட்டுப் பயணம் செய்வதாக இருக்கும்.

எல்லா கிரகங்களுக்கும் ஈர்ப்பு சக்தி உண்டு. ஒரு விண்கலத்துக்கு வேகம் கொடுக்க இவற்றின் ஈர்ப்பு சக்தியைப் பயன்படுத்திக்

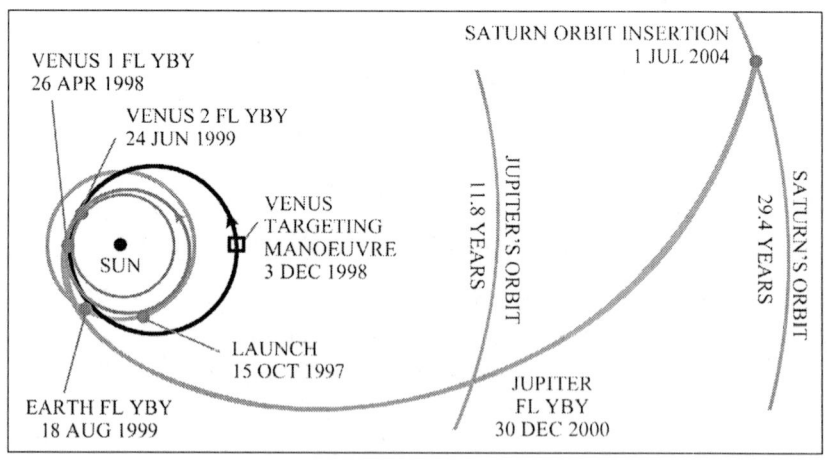

சனி கிரகத்தை அடைய காசினி சென்ற
பாதையைக் காட்டும் வரைபடம்

கொள்வது உண்டு. சனி கிரகத்தை ஆராய்வதற்காக காசினி என்ற எடை மிக்க (சுமார் 6 டன்) ஆளில்லா விண்கலம் 1997 அக்டோபரில் செலுத்தப்பட்டது.

சனி கிரகம் வியாழனுக்கும் அப்பால் இருப்பதாகும். காசினி விண்கலம் சனி கிரகத்தை நோக்கிச் செலுத்தப்படவில்லை. மாறாக உள் வட்டத்தில் உள்ள வெள்ளி கிரகத்தை நோக்கிச் செலுத்தப் பட்டது காசினி வெள்ளிக் கிரகத்தை நெருங்கியபோது அக் கிரகத்தினால் ஈர்க்கப்பட்டு வேகம் பெற்றது. பிறகு அது இரண்டாம் தடவை அதே கிரகத்தை வட்டமிட்டபோது மேலும் வேகம் பெற்றது.

இத் தடவை அது பூமியை நோக்கி வந்தது. பூமியை அது நெருங்கிய போது மேலும் வேகம் பெற்று வியாழன் கிரகத்தை நோக்கிக் கிளம்பியது. வியாழன் பிரும்மாண்டமான கிரகம். அதற்கு ஈர்ப்பு சக்தி அதிகம். ஆகவே காசினி வியாழனை நெருங்கிய சமயத்தில் முன்னை விட அதிக வேகத்தைப் பெற்றதாக சனி கிரகத்தை நோக்கிப் பயணம் மேற்கொண்டது. இவ்விதமாக காசினி விண்கலம் பூமியை விட்டுக் கிளம்பி 7 ஆண்டுகள் கழித்து சனி கிரகத்தை அடைந்தது.

- 89 -
விண்வெளிக்கு மனிதன்

ஆளில்லா விண்கலங்கள் பூமிக்குத் திரும்ப வேண்டிய அவசியம் இல்லை. இவற்றுடன் ஒப்பிட்டால் விண்வெளி வீரர்கள் ஏறிச் செல்கின்ற விண்கலங்களுக்கு கூடுதல் பிரச்னைகள் உண்டு. முதலாவதாக விண்வெளி வீரர்கள் ஏறிச் செல்கின்ற விண்கலம் குறைந்தது இருவர் ஏறிச் செல்கின்ற அளவுக்குப் பெரிதாக இருந்தாக வேண்டும்.

விண்வெளிக்கு மனிதன் தன்னுடன் உணவு, நீர் ஆகியவற்றை எடுத்துச் செல்வதுடன் சுவாசிப்பதற்கான காற்றையும் எடுத்துச் சென்றாக வேண்டியுள்ளது. கடும் குளிரும் கடும் வெப்பமும் அத்துடன் விண்வெளியில் இருக்கிற கதிர்வீச்சும் விண்வெளி வீரர்களைத் தாக்காதபடி பாதுகாப்பு இருந்தாக வேண்டும்.

பத்திரமாக பூமிக்குத் திரும்ப அந்த விண்கலத்திலேயே தகுந்த ஏற்பாடு தேவை. மனிதன் ஏறிச் செல்வதற்கான விண்கலங்கள் இதைக் கருத்தில் கொண்டு தயாரிக்கப்படுகின்றன. விண்வெளி வீரர்கள் உயரே செல்வதில் பெரும் பிரச்னை இல்லை. விண்வெளியிலிருந்து பூமிக்குத் திரும்புவதில்தான் மிகப் பெரும் பிரச்னை உள்ளது.

உயரே இருந்து பூமிக்குத் திரும்புகையில் விண்கலம் கிட்டத்தட்ட தீக்குளிப்பது போன்ற நிலைக்கு உள்ளாகும். காற்று மண்டல உராய்வு காரணமாக இறங்கு கலம் கடும் வெப்பத்துக்கு உள்ளாகும். இந்த வெப்பம் உள்ளே தாக்காதபடி தடுக்கும்முறை உருவாக்கப்பட்டதற்குப் பின்னரே மனிதனின் விண்வெளிப் பயணம் சாத்தியமாகியது.

சோவியத் யூனியன்தான் முதன் முதலில் விண்வெளிக்கு மனிதனை அனுப்பியது. அதைத் தொடர்ந்து அமெரிக்காவும் அச் சாதனையைப் புரிந்தது. இப்போது சீனாவும் விண்வெளிக்கு மனிதனை அனுப்பியுள்ளது. இதுவரை இந்த மூன்று நாடுகள்தான்

அமெரிக்க ஷட்டில் வாகனம்

விண்வெளிக்கு மனிதனை அனுப்பியுள்ளன. இந்த மூன்றில் அமெரிக்க வீரர்கள் மட்டுமே சந்திரனுக்கு சென்று வந்துள்ளனர்.

இந்த நாடுகளைத் தொடர்ந்து விண்வெளிக்கு மனிதனை அனுப்பத் திறன் படைத்த நாடுகள் இந்தியாவும் ஜப்பானும் ஆகும். எனினும் இந்த இரண்டும் இன்னும் பல கட்டங்களைத் தாண்டியாக வேண்டும். SRE செயற்கைக்கோளை உயரே செலுத்தி அதை மீண்டும் பூமிக்குத் திரும்ப வரவழைப்பதில் இந்தியா வெற்றி கண்டுள்ளது. இதன் மூலம் இந்தியா முதல் கட்டத்தைத் தாண்டியுள்ளதாகக் கூறலாம்.

விண்வெளி வீரர்கள் உயரே செல்வதற்கென சோவியத் யூனியன் முதலில் வொஸ்டாக், வொஸ்கோட் ஆகிய விண்கலங்களைத் தயாரித்து இறுதி யில் சோயுஸ் விண்கலத்தை உருவாக்கியது. அமெரிக்கா மெர்குரி, ஜெமினி, அப்போலோ என்ற பெயர்களைக் கொண்ட விண்கலங்களைத் தயாரித்தது.

அமெரிக்க அப்போலோ - 1 விண்கலம் 1967ல் தீப்பிடித்து மூவர் உயிரிழந் ததற்குப் பிறகு அமெரிக்க விண்கலங்களில் முற்றிலும் ஆக்சிஜனை நிரப்பும் முறை கைவிடப்பட்டு ரஷிய விண்கலங்களில் உள்ளதைப் போலவே நைட்ரஜன் - ஆக்சிஜன் வாயுக் கலவை பயன்படுத்தப் படலாயிற்று. அதே காற்று மீண்டும் மீண்டும் சுத்திகரிக்கப்பட்டுப் பயன்படுத்தப்படுகிறது. நீர் விஷயத்திலும் இப்படித்தான்.

ரஷியாவின் சோயுஸ் விண்கலம் புது வசதிகளுடன் இன்றளவும் பயன் படுத்தப்படுகிறது. அமெரிக்காவின் ஆரம்ப காலத்து விண்கலங்களின் ஒரு பகுதி இறங்கு கலமாகப் பயன்படுத்தப்பட்டது. அது குறிப்பிட்ட தூரம்வரை கீழ் நோக்கிப் பாய, ஒரு கட்டத்தில் பாரசூட் விரிவடையும்.

ரஷிய சல்யூட் வாகனம்

இறங்கு கலம் கடலில் வந்து விழுந்ததும் விண்வெளி வீரர்கள் அதிலிருந்து மீட்கப்பட்டனர். ரஷிய வீரர்கள் இன்னமும் இவ்வித இறங்கு கலம் மூலம் தரையில் வந்து இறங்குகின்றனர்.

சீனாவும் இந்த முறையைத்தான் பின்பற்றுகிறது. இந்தியாவின் SRE கடலில் வந்து விழுந்ததைப் பார்க்கும்போது இந்தியாவும் கடலில் வந்து இறங்கும் முறையை பின்பற்றும் என்றே தோன்றுகிறது.

அமெரிக்கா விண்வெளி வீரர்களை உயரே அனுப்ப 1981 ஆம் ஆண்டில் ஷட்டில் என்ற வாகனத்தை உருவாக்கியது. இது ராக்கெட் மாதிரியில் உயரே சென்று விட்டுப் பிறகு கிளைடர் விமானம்போல பூமியில் வந்து இறங்குவதாகும். ஷட்டில் வாகனங்களுக்கு வயதாகி விட்டதால் இவை வாபஸ் பெறப்பட்டு விட்டன.

ஆரம்பகாலத்து அமெரிக்க, ரஷிய விண்கலங்கள், விண்வெளியில் சில நாட்கள் தங்கியிருக்கவே உதவின. நீண்ட நாள் தங்கி ஆராய்ச்சிகளை நடத்த ரஷியா முதலில் சல்யூட் என்னும் விண்கலங்களைப் பயன்படுத்தியது. பின்னர் மிர் என்ற பெரிய விண்கலம் உருவாக்கப் பட்டு ரஷிய வீரர்கள் அதில் போய் தங்கினர். அமெரிக்காவோ ஸ்கைலாப் விண்கலத்தை உருவாக்கிப் பயன்படுத்தியது. இப்போது இரண்டுமே இல்லை.

பல நாடுகளும் சேர்ந்து இப்போது சர்வதேச விண்வெளி நிலையத்தை உருவாக்கியுள்ளன. அவ்வப்போது விண்வெளி வீரர்கள் சென்று அதில் சில காலம் தங்கி ஆராய்ச்சி நடத்தி வருகின்றனர்.

- 90 -

செவ்வாயில் தரையிறங்குவது எப்படி?

*சா*லை வழியே காரை வேகமாக ஓட்டி வந்தாலும் ஒரு காம்பவுண்டுக்குள் நுழைவதானால் முன்கூட்டி வேகத்தை மிகவும் குறைத்தாக வேண்டும். அத்துடன் காரை குறிப்பிட்ட கோணத்தில் திருப்பியாக வேண்டும்.

விண்கலம் மூலம் சந்திரனை அல்லது செவ்வாய் கிரகத்தைச் சுற்றி வரவேண்டுமானால் அல்லது தரை இறங்க வேண்டுமானால் இதே மாதிரியான முறை பின்பற்றப்படவேண்டும். இப்படிச் செய்யாவிடில் விண்கலம் சந்திரனை அல்லது செவ்வாயை நெருங்கிவிட்டு அதைக் கடந்து சென்று விடும். விண்கலத்தின் வேகத்தைக் குறைக்கவும் அதைத் தகுந்த கோணத்தில் திருப்பவும் வழி உள்ளது.

பூமியிலிருந்து தகுந்த ஆணைகள் பிறப்பிக்கப்படும்போது விண்கலத்தில் உள்ள எதிர் ராக்கெட்டுகள் சிறிது நேரம் செயல்படும். இதன் விளைவாக விண்கலத்தின் வேகம் குறையும். அதே நேரத்தில் கோணம் மாறும். விண்கலத்தில் முன்னும் பின்னும் பக்கவாட்டிலும் எதிர் ராக்கெட்டுகள் பொருத்தப்பட்டிருக்கும். இவை சிறு குழல்கள் அளவுக்குத்தான் இருக்கும்.

இக் குழல்களிலிருந்து அனேகமாக வாயு வெளிப்படும். வாயுவானது ராக்கெட் செல்லும் திசையில் வெளிப்படுமானால் விண்கலத்தின் வேகம் மட்டுப்படும். பக்கவாட்டில் உள்ள எதிர் ராக்கெட் செயல்பட்டால் வாயு வெளிப்படுகிற திசைக்கு நேர் எதிர்திசையில் விண்கலம் திரும்பும். வேகம் குறையும்போது விண்கலமானது சந்திரனின் அல்லது செவ்வாயின் ஈர்ப்பு சக்திக்கு உட்பட்டதாகி சந்திரனை அல்லது செவ்வாயை சுற்றி வர ஆரம்பிக்கும்.

விண்கலம் அல்லது அதன் ஒரு பகுதி கீழே இறங்கலாம். சில சமயங்களில் விண்கலத்துடன் இணைக்கப்பட்ட இறங்கு கலம் மட்டும் கீழே இறங்க, விண்கலத்தின் முக்கிய பகுதி தொடர்ந்து

மேலே சுற்றிக்கொண்டிருக்கும். செவ்வாய் விஷயத்தில் இப்படியான ஏற்பாடு பலமுறை பின்பற்றப்பட்டுள்ளது. இறங்கு கலம் கீழே இருந்து சிக்னல் வடிவில் அனுப்பும் தகவல்களை அல்லது படங்களை மேலே உள்ள விண்கலம் சேகரித்து வைத்துக்கொண்டு பூமியில் உள்ள கட்டுப்பாட்டுக் கேந்திரத்துக்கு அனுப்பும்.

இறங்கு கலம் தரையிறங்குவதும் எளிதல்ல. செவ்வாய் கிரகத்தைப் பொருத்தமட்டில் அங்கு காற்று மண்டலம் உள்ளது. எனவே இறங்கு கலம் தாய்க் கலத்திலிருந்து விடுபட்டுக் கீழே இறங்கும்போது ஒரு கட்டத்தில் பாரசூட்டுகள் விரியும். ஆகவே இறங்கு கலம் தரையில் மோதி சேதம் அடைவது தவிர்க்கப்படும். சந்திரனுக்குச் சென்றுவிட்டு பூமிக்குத் திரும்பிய விண்வெளி வீரர்கள் இவ்விதம் பாரசூட் மூலம் தான் தரையிறங்கினர்.

ஆனால் சந்திரனில் காற்று கிடையாது. ஆகவே இறங்கு கலத்தின் அடிப்புறத்தில் உள்ள சிறிய ராக்கெட்டுகள் கீழ் நோக்கி நெருப்பைப் பீச்சிடும். நெருப்பு இவ்விதம் வெளிப்படும் வேகமானது, இறங்கு கலம் சந்திரனை நோக்கி இறங்கும் வேகத்தைவிடக் குறைவாக இருக்கும். இதன் விளைவாக இறங்கு கலத்தின் வேகம் குறைக்கப் பட்டு இறங்கு கலம் மெதுவாகத் தரை இறங்கும். அமெரிக்க விண்வெளி வீரர்கள் சந்திரனில் இவ்விதமாகத்தான் தரை இறங்கினர்.

புதன், வெள்ளி கிரகங்களில் விண்கலம் இறங்கினால் அங்குள்ள கடும் தரை வெப்பம் காரணமாக ஓரிரு நிமிஷங்களில் செயலிழக்கலாம். முன்னர் புதன் கிரகத்தை ஆராய்ந்த அமெரிக்க விண்கலம் எட்ட இருந்து புதனை ஆராய்ந்தது.

வெள்ளி கிரகத்துக்கு அனுப்பப்பட்ட ரஷிய 'வெனிரா' விண்கலங்கள் கீழே இறங்கின என்றாலும் சிறிது நேரமே செயல்பட்டன. வியாழன், சனி ஆகிய கிரகங்களும் எட்ட இருந்தே ஆராயப்பட்டன. வியாழனின் காற்று மண்டலம் எப்படிப்பட்டது என்று அறிந்துகொள்ளும் பொருட்டு ஒரு சமயம் இறங்கு கலம் வியாழனின் அடர்ந்த காற்று மண்டலம் வழியே கீழே இறக்கப்பட்டது. விரைவில் செயலிழக்கும் என்று தெரிந்தே இது கீழே அனுப்பப்பட்டது.

ஒரு கிரகத்துக்கு விண்கலத்தை அனுப்புவதன் நோக்கமே அக் கிரகம் பற்றித் தகவல்களைப் பெறுவதற்குத்தான். எந்தக் கிரகமானாலும் அது கோடானு கோடி கிலோ மீட்டர் தொலைவில் உள்ளது. ஆகவே விண்கலம் சிக்னல்கள் வடிவில் அனுப்புகிற தகவல்கள் ஒளி வேகத்தில் (வினாடிக்கு சுமார் 300,000 கி.மீ.) வந்தாலும் பூமியில் உள்ள கட்டுப்பாட்டுக் கேந்திரத்துக்கு வந்து சேர கால தாமதம் ஆகும்.

உதாரணமாக செவ்வாய் கிரகம் குறிப்பிட்ட சமயத்தில் எங்கு உள்ளது என்பதைப் பொருத்து சிக்னல்கள் கிடைக்க 4 முதல் 21 நிமிஷம் ஆகலாம். வியாழன், சனி போன்ற கிரகங்களைச் சுற்றும் விண்கலங்களிலிருந்து சிக்னல் கிடைக்க மேலும் தாமதமாகும். செவ்வாய் கிரகத்தில் விண்வெளி வீரர்கள் போய் இறங்குவதாக வைத்துக்கொள்வோம். அவர்கள் அங்கிருந்தபடி ஹலோ சொன்னால் அது பூமியில் உள்ள தலைமைக் கேந்திரத்துக்கு வந்து சேர குறைந்தது 4 நிமிஷம் ஆகும். 'ஆக்சிஜன் டாங்கியில் பிரச்னை. என்ன செய்ய வேண்டும். உடனே சொல்லுங்கள்' என்று செவ்வாயில் உள்ள விண்வெளி வீரர்கள் கேட்டால் அச் செய்தி வந்து சேர 4 நிமிஷம். இங்கிருந்து அதற்கு பதில் சொன்னால் அது போய்ச் சேர 4 நிமிஷம் என மொத்தம் 8 நிமிஷ்ம் ஆகி விடும். இபபடியாக செவ்வாயில் விண்வெளி வீரர்கள் ஆபத்தான நிலைமையில் சிக்கிக்கொண்டால் உடனடியாக உதவ வழியே கிடையாது.

- 91 -
விண்கலங்களுக்கு அக்னிப்பரீட்சை

சுமார் 100 கோடி ரூபாய் செலவில் தயாரிக்கப்படுகிற செயற்கைக்கோள் அல்லது விண்கலம் உயரே செலுத்தப்பட்டு விட்ட பின்னர் அதில் சிறு கோளாறு ஏற்பட்டால் பழுது பார்க்க வழியில்லை. ஒரு மெக்கானிக்கை உயரே அனுப்பி ரிப்பேர் செய்ய வாய்ப்பில்லை. ஆகவேதான் இவற்றின் ஒவ்வொரு உறுப்பும் உயர்ந்த தரத்தினால் ஆன பொருள்களால் தயாரிக்கப்படுகின்றன. இவ்விதம் தயாரிக்கப்படுகிற ஒவ்வொரு உறுப்பும் கடும் பரிசோதனைக்கு உள்ளாக்கப்படுகிறது.

வயர்கள், கம்பிகள்கூட விசேஷமாகத் தயாரிக்கப்படுகின்றன. நாம் பயன்படுத்துகிற ரப்பர் மற்றும் பிளாஸ்டிக் வயர்களில் சில வாயுக்கள் கலந்திருக்கலாம். நம்மைச் சுற்றியுள்ள காற்றழுத்தம் காரணமாக இந்த வாயுக்கள் வெளிப்படாமல் இருக்கலாம். உயரே காற்றே இல்லாத வெற்றிட நிலை உள்ளதால் அங்கு இந்த வயர்களிலிருந்துவாயுக்கள் வெளிப்பட்டு கருவிகள் பாதிக்கப்பட வாய்ப்பு உள்ளது. ஆகவே விசேஷ வயர்கள் தேவை.

நாம் பயன்படுத்துகிற மின்னணு மற்றும் மின் கருவிகளில் பொதுவில் சிறு துளைகள் இருக்கும். இக் கருவிகளைப் பயன்படுத்தும்போது தோன்றும் வெப்பத்தை காற்று அகற்றி விடும். அதற்கு இத் திறப்புகள் உதவுகின்றன. விண்வெளியில் காற்று இல்லை என்பதால் விண்கலத்தின் அல்லது செயற்கைக்கோளின் உறுப்புகளிலிருந்து வெப்பத்தை அகற்ற விசேஷ ஏற்பாடுகளைச் செய்ய வேண்டியுள்ளது. செயற்கைக்கோளினுள் இருக்கிற உறுப்புகளை வெப்பம் தாக்காதபடி தடுக்க வெளிப்பகுதிகள் சிலவற்றுக்கு தங்கப் பூச்சு அளிப்பதும் உண்டு. இந்தியா சந்திரனுக்கு ஆளில்லாத சந்திரயான் விண்கலத்தை அனுப்பிய போது சந்திரனின் தரையிலிருந்து மேலே கிளம்பி வந்த வெப்பம் அந்த விண்கலத்தைத் தாக்கியது. இதனால் சந்திரயானில் ஒரு முக்கிய பகுதி பாதிக்கப்பட்டது.

விண்வெளியில் காற்று இல்லை என்பதுடன் கடும் குளிர் நிலவும். அதே நேரத்தில் சூரிய ஒளி படும் பகுதிகள் கடுமையாகச் சூடேறும். ஆகவே செயற்கைக்கோள் அல்லது விண்கலத்தின் உறுப்புகள் இந்த இரு நிலைமைகளையும் சமாளித்துச் செயல்படும் வகையில் இருந்தாக வேண்டும். ஆகவே செயற்கைக்கோள் ஆகட்டும் விண்கலம் ஆகட்டும் அதை வறுத்தெடுப்பதுபோல விசேஷ அறையில் கடும் வெப்பத்தை உண்டாக்கி அதில் வைத்துச் சோதிப்பார்கள். பிறகு இதேபோல கடும் குளிர் நிலைக்கு உள்ளாக்கி சோதிப்பர்.

கிட்டத்தட்ட காற்றே இல்லாத அறையில் வைத்தும் சோதிக்கப்படும். பொதுவில் சொல்வதானால் சுமார் 150 கிலோ மீட்டர் உயரத்தில் உள்ள நிலைமைகளை செயற்கையாக உண்டாக்கி இவ்வித சோதனைகள் நடத்தப்படுகின்றன.

மிக சுத்தமான அறையில் ஒரு செயற்கைக்கோள் சோதிக்கப்படுகிறது

இன்னொரு சோதனையும் உள்ளது. விண்கலம் அல்லது செயற்கைக் கோள் சக்திமிக்க ராக்கெட்டின் முகப்பில் வைத்துச் செலுத்தப்படுகிறது. ராக்கெட் கிளம்புகையில் இடிமுழக்கம் போல பெருத்த ஒலி கிளம்பும். அத்துடன் ராக்கெட் உயரே கிளம்புகையில் பெருத்த அசைவுக்கு உள்ளாகிறது. ஒரு கட்டத்தில் அது மிகுந்த வேகத்தில் உயரே பாய்கிறது. ராக்கெட் எழுப்பும் பெருத்த ஓசை, அதிர்ச்சி ஆகியவற்றை செயற்கைக்கோள் அல்லது விண்கலம் தாங்கி நிற்கிறதா என்பதை அறியவும் இவை பெருத்த அதிர்ச்சிக்கும் ஓசைக்கும் உள்ளாக்கப்படும்.

பொதுவில் பூமியைச் சுற்றுகிற செயற்கைக்கோள் மற்றும் புதன், சுக்கிரன் போன்ற கிரகங்களுக்குச் செல்லும் விண்கலம் ஆகியவற்றில் இரு புறங்களிலும் சூரிய ஒளியை மின்சாரமாக மாற்றுவதற்கான சூரியப் பலகைகள் இருக்கும். இவை 8 மீட்டர் நீளம்வரை

இருக்கலாம். உயரே செலுத்தப்படுகையில் இவை மடித்து வைக்கப்பட்டு அனுப்பப்படும். இவை பிரச்னையின்றி விரியுமா என்று அறிய பல தடவை விரித்து மடித்து சோதிக்கப்படும். இப்படியெல்லாம் சோதித்தும் இன்சாட் செயற்கைக்கோள் ஒன்று உயரே சென்ற பின் அதன் சூரிய பலகைகள் சரியாக விரிய மறுத்தன.

செயற்கைக்கோள் அல்லது விண்கலம் தயாரிக்கப்படுகிற கூடம் மிகச் சுத்தமானதாக இருந்தாக வேண்டும். வெவ்வேறு உறுப்புகளை ஒன்றோடு ஒன்று இணைக்கும் பணியில் ஈடுபடும் தொழிலாளர்கள் மருத்துவ மனையில் அறுவை சிகிச்சை செய்யும் டாக்டர்களைப் போலவே மிக சுத்தமான அப்பழுக்கற்ற விசேஷ உடை அணிந்தவர்களாகக் காணப்படுவர். உச்சந்தலை முதல் உள்ளங்கால்வரை உடலை மூடியிருக்கிற விசேஷ உடைகளை அணிந்துதான் பணியாற்றுவர். அழுக்கு, தூசு சேர்ந்துவிடக்கூடாது என்பதே காரணம். செயற்கைக் கோளைத் தயாரித்த பின் மொத்த செயற்கைக்கோளும் சரியாக உள்ளதா என்றும் சோதிக்கப்படும்.

சில சமயங்களில் விண்கலம் ஒன்றின் அதே அச்சாக ஒன்றைத் தயாரித்து வைத்திருப்பர். உயரே செலுத்தப்பட்ட விண்கலத்தில் கோளாறு ஏதேனும் ஏற்பட்டு அதற்குக் காரணம் தெரியாவிட்டால் ஆய்வுக் கூடத்தில் உள்ள விண்கலத்தில் சோதனை நடத்திக் காரணத்தைக் கண்டறிவது உண்டு.

- 92 -
'பாட்டு' பாடும் திமிங்கிலங்கள்

நீங்கள் ஒரு குன்றின் மீது நின்று எவ்வளவு உரக்கக் கத்தினாலும் கீழே உள்ள கிராமவாசிகளின் காதில் விழாது. ஆனால் கடலுக்குள் நடமாடும் திமிங்கிலம் எழுப்பும் ஒலி பல ஆயிரம் கிலோ மீட்டருக்கு அப்பால் இருக்கின்ற வேறு ஒரு திமிங்கலத்துக்குக் 'காதில்' விழும். பல்வேறு வகையான திமிங்கலங்களும் டால்பின்களும் கடலுக்கு அடியில் நடமாடுகையில் பலவிதமான ஒலிகளை எழுப்பி ஒன்றுடன் ஒன்று தொடர்புகொள்கின்றன.

திமிங்கலம் ஒன்று கர்ஜனை, உறுமல், முனகல், பெருமூச்சு, கீச்சு ஒலி என்று வர்ணிக்கத்தக்க வகையில் தொடர்ந்து குறிப்பிட்ட பாணியில் ஒலியை எழுப்புகின்றன. இப்படி ஒலி எழுப்புவது சுமார் 10 நிமிஷம் வரை நீடிக்கலாம். அது எழுப்பும் பல வகையான ஒலிகளும் திமிங்கிலத்தின் 'பாட்டு' என்று வர்ணிக்கப்படுகிறது.

ஆனால் திமிங்கிலங்கள் ஒன்றோடு ஒன்று பேசிக்கொள்வதில் அண்மைக் காலமாகப் பிரச்னை ஏற்பட்டுள்ளது. அதாவது திமிங்கிலம் வழக்கம்போலத்தான் பேசுகிறது. அப் பேச்சு அடுத்த திமிங்கிலத்தில் காதில் விழுவதில் பிரச்னை ஏற்படுகிற அளவுக்கு கடல்களுக்குள் இரைச்சல் பெருத்துவிட்டது.

கடல்களில் செல்லும் எண்ணற்ற கப்பல்கள், எஞ்சின் பொருத்தப் பட்ட படகுகள், சப்மரீன்கள் முதலியவை காரணமாக கடலுக்குள் இரைச்சல் அதிகரித்துள்ளது. இது போதாதென சப்மரீன்கள் உட்பட போர்க் கப்பல்கள் பயன்படுத்தும் குறிப்பிட்ட வகை சோனார் (Sonar) கருவிகள் எழுப்பும் ஒலி அலைகள் திமிங்கிலங்களையும் டால்பின்களையும் திணற அடிக்கின்றன. ஆகவேதான் பசிபிக் கடலில் பல்வேறு நாடுகளும் பங்கு கொள்கிற போர் ஒத்திகையில் சக்திமிக்க சோனார் கருவிகளைப் பயன்படுத்தலாகாது என்று அமெரிக்காவில் கலிபோர்னியா மாகாணத்தில் ஒரு மாவட்ட நீதிபதி ஒரு சமயம் தடை உத்தரவு பிறப்பித்தார்.

ஒலி அலைகள் காற்று வழியே செல்வதுபோலவே கடல் நீரின் வழியேயும் செல்லக்கூடியவை. ஆகவே கடலின் அடியில் நடமாடும் சப்மரீன் எழுப்புகின்ற ஒலியை வேறு சப்மரீனில் உள்ளவர்கள் ஒரு கருவியைப் பயன்படுத்திக் கேட்கமுடியும். இந்த வகைக் கருவியின் பெயர்தான் சோனார். கடலுக்கு அடியில் எழும் எந்தச் சத்தத்தையும் இக் கருவி மூலம் 'ஒட்டுக் கேட்க' முடியும். மிக எளியதான இந்த வகை சோனார் கருவியை வெறும் **'கேட்பி'** என்று வர்ணிக்கலாம்.

இதை விடச் சக்தி வாய்ந்த வேறுவகை சோனார் கருவியானது நீருக்கு அடியில் ஒலி அலைகளை எழுப்பும். இந்த ஒலி அலைகள் சுற்று வட்டாரத்தில் இருக்கிற கப்பல், சப்மரீன் போன்றவற்றின்மீது பட்டு எதிரொலித்துத் திரும்பும். இதை வைத்து சுற்றுவட்டாரத்தில் நடமாடுகிற எதிரி சப்மரீன்களைக் கண்டறிந்துவிடலாம். அவை எங்கு உள்ளன என்பதையும் அறிந்துகொள்ளலாம். கடந்த பல ஆண்டுகளில் மிக நவீன சோனார் கருவிகள் உருவாக்கப்பட்டுள்ளன.

1915 ஆம் ஆண்டில் கண்டுபிடிக்கப்பட்ட சோனார் கருவியானது மிக நீண்ட காலம் போர்க் காரியங்களுக்காகவே பயன்படுத்தப்பட்டது. ஆனாலும் இப்போது மீன்பிடித் தொழில், கடலுக்கு அடியில் எரிவாயு, பெட்ரோலிய எண்ணெய் ஊற்றுகளைக் கண்டுபிடிப்பது போன்று பிற துறைகளிலும் சோனார் கருவிகள் பயன்படுத்தப் படுகின்றன.

ஒலி அலைகளை வெளியிடும் சோனார் கருவிகள் பெருத்து விட்டதால் கடலுக்கு அடியில் 'இரைச்சல்' அதிகரித்து விட்டது. கடந்த 10 ஆண்டுகளில் கடலுக்கு அடியிலான இரைச்சல் இரண்டு மடங்காக அதிகரித்து விட்டதாக நிபுணர்கள் சுட்டிக்காட்டுகின்றனர்.

திமிங்கிலம் போன்ற கடல் வாழ் விலங்குகள் தங்களுக்கு இடையிலான தகவல் தொடர்புக்கு வெளியிடும் ஒலி அலைகளை, மனிதன் சோனார் கருவிகள் மூலம் செயற்கையாக உண்டாக்கும் ஒலி அலைகள் குறுக்கிடுவதாக சுட்டிக்காட்டப்படுகிறது.

குறிப்பாக சக்தி மிக்க சோனார்களைப் பயன்படுத்துகிற போர் ஒத்திகைகளின் விளைவாக பல திமிங்கிலங்கள் வழி தவறி கரை ஒதுங்குகின்ற சம்பவங்கள் நடந்துள்ளன. ராணுவப் பயன்பாடுகளுக் கான சோனார்களால்தான் இவ்விதம் நடந்துள்ளது என்று நேரடியாகத் தொடர்புபடுத்த முடியவில்லை என்றாலும் இந்த இரண்டுக்கும் தொடர்பு இருக்கலாம் என்று கருதப்படுகிறது.

- 93 -

இந்தியாவின் ராட்சத ராக்கெட்

அந்த ராக்கெட் 15 மாடிக் கட்டடம் அளவுக்கு உயரமானது. அண்ணாந்து பார்த்தால் பிரமிப்பூட்டுவதாகக் காணப்படும் அந்த ராக்கெட்டின் மொத்த எடை 414 டன். அதன் உச்சியில்தான் செயற்கைக்கொள் பொருத்தப்பட்டு உயரே செலுத்தப்படுகிறது. இந்தியா இதுவரை உருவாக்கியுள்ளதில் இதுவே பிரும்மாண்ட மானது. இதன் பெயர் ஜி.எஸ்.எல்.வி ராக்கெட்.

இந்த ராக்கெட்டானது சுமார் இரண்டரை டன் எடையுள்ள செயற்கைக் கோளை பூமியிலிருந்து 36 ஆயிரம் கிலோ மீட்டர் உயரத்தில்செலுத்தும் திறன் கொண்டது. ஒரு விஷயத்தில் இது புதுமையான ராக்கெட்டே. இதில் கிரையோஜெனிக் (அதி குளிர்விப்பு) எரிபொருள்கள் எனப்படும் திரவ ஆக்சிஜனும் திரவ ஹைட்ரஜனும் பயன்படுத்தப்படுகின்றன. வெவ்வேறு டாங்கிகளில் திரவ நிலையில் உள்ள இவை ராக்கெட்டின் எஞ்சின் பகுதிக்கு வந்து வாயுக்களாக மாறி தீப்பற்றி எரியும். ராக்கெட் கூடுதல் வேகம் பெற இந்த எரிபொருள்கள் உதவும்.

திரவமாக்கப்பட்ட ஆக்சிஜனை மைனஸ் 183 டிகிரி (செல்சியஸ்) குளிர் நிலையிலும் திரவ ஹைட்ரஜனை மைனஸ் 253 டிகிரி (செல்சியஸ்) குளிர் நிலையிலும் வைத்திருந்தால்தான் அவை திரவ நிலையில் இருக்கும். ஆகவே ராக்கெட்டை செலுத்துவது என்று முடிவு செய்து எல்லா ஏற்பாடுகளும் செய்யப்பட்ட பிறகு கடைசி கட்டத்தில்தான் ராக்கெட்டின் டாங்கிகளில் இந்த திரவ எரிபொருள்களை நிரப்புவர். ராக்கெட்டைச் செலுத்துவது ஏதோ ஒரு காரணத்தால் தள்ளிவைக்கப் பட்டால் ராக்கெட்டின் டாங்கிகளிலிருந்து இந்த இரு பொருள்களையும் வெளியே எடுத்தாக வேண்டும்.

ஜி.எஸ்.எல்.வி. ராக்கெட்டானது மற்ற பல ராக்கெட்டுகளைப் போலவே பல அடுக்கு ராக்கெட் ஆகும். இதில் உச்சிப் பகுதியில்

உள்ள மூன்றாவது அடுக்கில் மட்டும்தான் திரவ ஆக்சிஜனும் திரவ ஹைட்ரஜனும் பயன்படுத்தப்படுகிற கிரையோஜெனிக் எஞ்சின் இடம் பெற்றிருக்கும். காற்று மண்டலத்தையெல்லாம் தாண்டி மிக உயரத்துக்குச் சென்ற பிறகு இந்த மூன்றாவது அடுக்கு ராக்கெட்டானது செயற்கைக்கோளை அதி வேகத்தில் செலுத்தும்.

டெலிபோன் தொடர்பு, டிவி ஒளிபரப்பு போன்ற பணிகளுக்கான செயற்கைக்கோள்கள் 36 ஆயிரம் கிலோ மீட்டர் உயரத்தில் இருந்தாக வேண்டும். இவ்வித செயற்கைக்கோள்கள் Geo stationary satellite என்று குறிப்பிடப்படுகின்றன. அப்படியான செயற்கைக்கோளை செலுத்து வதற்கு உருவாக்கப்படுவது என்பதால் இந்த ராக்கெட்டுக்கு Geo starionary satellite Launch Vehicle என்று பெயர். இதுவே சுருக்கமாக G.S.L.V என்று குறிப்பிடப்படுகிறது. இவற்றில் ஆரம்பத்தில் ரஷியா அளித்த கிரையோஜெனிக் எஞ்சின்கள் பயன்படுத்தப்பட்டன. இதற்கிடையே இந்தியா சொந்தமாக கிரையோஜெனிக் எஞ்சின்களை உருவாக்கியுள்ளது.

இந்தியாவின் INSAT வகை செயற்கைக்கோள்கள் 36 ஆயிரம் கிலோ மீட்டர் உயரத்தில் அமைந்தவை. சுமார் 3 டன் வரை எடை கொண்ட இந்த வகை செயற்கைக்கோள்கள் அனைத்துமே 1982ல் தொடங்கி அன்னிய மண்ணிலிருந்துதான் செலுத்தப்பட்டு வந்துள்ளன. இந்தியா விடம் இந்த அளவு எடைகொண்ட செயற்கைக்கோள்களை அவ்வளவு உயரம் கொண்டு செல்லும் திறன் கொண்ட ராக்கெட்டுகள் இல்லாததே இதற்குக் காரணம்.

ஆகவே இவை குறிப்பாக ஐரோப்பிய விண்வெளி அமைப்பின் ஏரியான் ராக்கெட்டுகள் மூலமே செலுத்தப்பட்டு வந்துள்ளன. ஜி.எஸ்.எல்.வி ராக்கெட்டுகள் கிட்டத்தட்ட இன்னமும் பரிசோதனை அளவில்தான் உள்ளன. இதுவரை இந்த ராக்கெட்டை நான்கு தடவை செலுத்தியதில் மூன்றில் வெற்றி கிட்டியுள்ளது. ஆனால் இந்த நான்கிலும் ரஷியாவிடமிருந்து நாம் பெற்ற கிரையோஜெனிக் எஞ்சின்களே பயன்படுத்தப்பட்டன.

இந்த ராக்கெட் மேலும் செம்மையான அளவுக்கு உருவாக்கப்பட்ட பின்னர்தான் இன்சாட் வகை செயற்கைக்கோள்களை இந்திய மண்ணிலிருந்து செலுத்தும் கட்டத்தை நம்மால் எட்ட இயலும். 4 முதல் 10 டன் வரையிலான எடையை சுமந்து செல்லக்கூடிய மேம்பட்ட ஜி.எஸ்.எல்.வி. ராக்கெட்டுகளை உருவாக்குவதில் இந்தியா இப்போது ஈடுபட்டுள்ளது.

ஜி.எஸ்.எல்.வி. ராக்கெட்டுடன் ஒப்பிட்டால் ஏரியான்-5 ராக்கெட் 10 டன் செயற்கைக்கோளை சுமந்து செல்லும் திறன் படைத்தது.

சந்திரனுக்கு விண்வெளி வீரர்களை அனுப்ப அமெரிக்கா உருவாக்கிய சாடர்ன்-5 ராக்கெட்டின் திறன் 120 டன். ரஷியாவின் எனர்ஜியா ராக்கெட்டின் திறன் 175 டன். சீன லாங் மார்ட்-5 ராக்கெட்டின் திறன் 14 டன். இவற்றையெல்லாம் கவனிக்கும்போது இந்தியா இன்னும் நிறைய முன்னேற வேண்டியுள்ளது எனலாம்.

கிரையோஜெனிக் ராக்கெட் எஞ்சின்களை உருவாக்குவதற்கான தொழில் நுட்பத்தை நாம் ரஷியாவிடமிருந்து விலை கொடுத்து வாங்க இருந்தோம். அப்போது அதாவது 1991ல் அமெரிக்கா இதைத் தடுக்க விரும்பி ரஷியாமீது நிர்பந்தம் செலுத்தியது. ரஷியாவும் அப்போது அமெரிக்க நிர்பந்தத்துக்குப் பணிந்தது. எனவே சில கிரையோஜெனிக் எஞ்சின்களை மட்டுமே கொடுப்போம் என்று ரஷியா கூறி அவ்விதமே செய்தது.

ஆகவே இந்தியா வேறு வழியின்றி இத் தொழில் நுட்பத்தைத் தானே உருவாக்குவதில் ஈடுபடநேரிட்டது. இந்தியா சுமார் 25 ஆண்டுக்காலம் பெரும்பாடுபட்டு இத் தொழில் நுட்பத்தை உருவாக்குவதில் வெற்றி கண்டது. எனினும் இந்தியா உருவாக்கிய கிரையோஜெனிக் எஞ்சின் பொருத்தப்பட்ட ஜி.எஸ்.எல்.வி. ராக்கெட் 2010 ஏப்ரலில் விண்ணில் செலுத்தப்பட்டபோது அது தோல்வி கண்டது.

இங்கு ஒன்றைக் குறிப்பிட்டாக வேண்டும். கிரையோஜெனிக் ராக்கெட் எஞ்சினை உருவாக்குவது என்பது எளிதல்ல. 1957ல் உலகின் முதல் செயற்கைக்கோளை வானில் செலுத்திய ரஷியா (சோவியத் யூனியன்) சுமார் 20 ஆண்டுக்கால முயற்சிக்குப் பிறகுதான் இந்த வகை எஞ்சினை உருவாக்கியது. வேறு விதமாகச் சொன்னால் இதை சொந்தமாக உருவாக்கிக்கொண்ட நாடுகள் எல்லாமே பெரும்பாடு பட்டு அத்துடன் ஆரம்பத் தோல்விகளை சந்தித்த பிறகே இதில் வெற்றி கண்டன.

சீனா, ஜப்பான் ஆகிய நாடுகளுடன் ஒப்பிடுகையில் இந்திய விண்வெளி ராக்கெட்டுகளின் திறன் இப்போதைய நிலையில் குறைவாக இருப்பதற்கு மேற்கூறிய நிலைமைகளே காரணம்.

- 94 -
ஐரோப்பாவில் பிரமிட்

பிரமிட் என்றாலே எகிப்து நாடுதான் நினைவுக்கு வரும். அந்த நாட்டில் சுமார் 80 பிரமிடுகள் உள்ளன. இவற்றில் மிகப் பெரியது கிசா என்னுமிடத்தில் உள்ள பெரும் பிரமிட் ஆகும். இதன் உயரம் 145 மீட்டர். சுமார் 4300 ஆண்டுகளுக்கு முன்னர் கட்டப்பட்ட அதன் உயரம் இப்போது 10 மீட்டர் குறைந்துள்ளது. இதைக் கட்டி முடிக்க 45 ஆண்டுகள் ஆனதாகக் கூறப்படுகிறது.

எகிப்தில் மட்டுமன்றி கேனரி தீவுகள், சூடான், தென் அமெரிக்காவில் உள்ள பெரு, பிரேஜில், ஈக்வடார், பொலிவியா ஆகிய நாடுகளிலும் கிட்டத்தட்ட பிரமிட் மாதிரியில் பழங்காலக் கட்டுமானங்கள் உள்ளன. எனினும் எகிப்தின் பிரமிடுகளே உலகப் பிரசித்தி பெற்றவை. அத்துடன் வடிவில் பிரும்மாண்டமானவை.

இப்போது முதல் தடவையாக ஐரோப்பாவில் பிரமிடுகள் கண்டுபிடிக்கப் பட்டுள்ளதாக போஸ்னியாவில் பிறந்து அமெரிக்காவில் குடியேறிய ஒரு செல்வந்தர் செமிர் ஊஸ்மனாஜிக் கூறுகிறார். இத்தாலிக்கு கிழக்கே உள்ள போஸ்னியா - ஹெர்சகோவினா நாட்டில் விசோகா என்ற நகரம் உள்ளது. அங்கு ஐந்து மண்மேடுகள் உள்ளன. இவை மண்ணாலும் செடிகொடிகளாலும் மூடப்பட்டுவிட்ட பிரமிடுகளே என்று ஊஸ்மனாஜிக் அடித்துக் கூறுகிறார்.

இப்போது அங்கு இக் குன்றுகளின் உச்சியில் தொடங்கி அவரது மேற்பார்வையில் தோண்டும் பணிகள் நடந்து வருகின்றன. எகிப்தின் பிரமிடுகளைப் போலன்றி இவை உச்சியில் தட்டையாக உள்ளவை என்றும் இவை படிக்கட்டுப் பாணியில் கட்டப்பட்டவை என்றும் சொல்லப்படுகிறது.

விசோகா அருகே உள்ள மிகப் பெரிய குன்று, எகிப்தின் கிசா பிரமிடை விடவும் உயரமானது என்றும் அகழ்ந்தெடுக்கப்பட்ட பின் இதன் உயரம் 267 மீட்டராக இருக்கும் என்றும் அவர் கூறுகிறார்.

விசோகாவில் கண்டுபிடிக்கப்பட்ட பிரமிட்

ஊஸ்மனாஜிக் தொல்பொருள் அகழ்வாராய்ச்சி நிபுணர் அல்ல. ஆனால் அவர் தென் அமெரிக்காவில் என்றோ கட்டப்பட்ட பிரமிட் பாணியிலான வரலாற்றுச் சின்னங்களை பல ஆண்டுக் காலம் ஆராய்ந்தவர்.

போஸ்னியாவில் உள்ளதாகச் சொல்லப்படும் பிரமிடுகளை அவர் தோண்ட ஆரம்பித்த உடனேயே சர்ச்சை தொடங்கியது. 'பிரமிட்டாவது மண்ணாங்கட்டியாவது; அவை வெறும் குன்றுகள்' என்று சில நிபுணர்கள் கூற முற்பட்டனர். எகிப்திலிருந்து பிரமிட் பற்றிய நிபுணர் ஒருவர் வந்து 'இங்கு ஏதோ இருக்கிறது. மேற்கொண்டு தோண்டப்பட வேண்டும்' என்று கூறிவிட்டுச் சென்றார்.

ஆனால் அவை வெறும் மண்மேடாகத் தெரியவில்லை. ஏற்கெனவே பெரிய பெரிய பாளங்கள் கிடைத்துள்ளன. இவை அந்த நாட்களில் கிடைத்த பொருள்களைக்கொண்டு உருவாக்கப்பட்ட 'கான்கிரீட்' பாளங்கள்போல உள்ளன. மிகப் பெரிய பிரமிட்டாக இருக்கலாம் என்று வர்ணிக்கப்படும் குன்றில் சுரங்கப்பாதைகள் உள்ளதற்கான அடையாங்கள் தென்பட்டுள்ளன.

ஊஸ்மனாஜிக் எவ்வளவோ விஷயங்களை மிகைப்படுத்திக் கூறி வருகிறார் என்றாலும் இறுதியில் அங்கு பிரமிடுகள் கண்டுபிடிக்கப் பட்டாலும் வியப்பில்லை. ஒருவகையில் அவரை ஜெர்மனியில் பிறந்தவரான ஹைன்ரிஷ் ஷ்லீமானுடன் ஒப்பிடலாம். கிரேக்க மொழியில் மாபெரும் கவிஞர் ஹோமர் எழுதிய இலியாட் என்ற காவியத்தில் வரும் டிராய் நகரைக் கண்டுபிடிக்கப்போவதாக சுமார்

எகிப்தின் புராதன பிரமிடுகள்

140 ஆண்டுகளுக்கு முன்னர் ஷ்லீமான் கிளம்பியபோது அவரை எல்லோரும் கேலி செய்தனர். ஏனெனில் டிராய் நகரம் அக்காவியத்தில் வருகிற வெறும் கற்பனை நகரமே என்று பலரும் கருதி வந்தனர். எனினும் இறுதியில் ஷ்லீமான் இப்போதைய துருக்கியின் மேற்குக் கரை ஓரமாக டிராய் நகரைக் கண்டுபிடித்து அங்கு புராதனப் பொருள்களையும் கண்டெடுத்தபோது உலகமே வியந்தது.

எது எப்படியோ விசோகாவில் என்னதான் இருக்கிறது என்று பார்ப்பதற்காக இப்போது நாட்டின் பல பகுதிகளிலிருந்தும் அண்டை நாடுகளிலிருந்தும் தினமும் ஏராளமான சுற்றுலாப் பயணிகள் வர ஆரம்பித்து விட்டனர். 'பிரமிட் டி ஷர்ட், பிரமிட் கேக், பிரமிட் பிட்சா' என வகை வகையான பொருள்களின் விற்பனை மும்முரமாக நடக்கிறது. முன்னர் ஷ்லீமானுக்கு ஒரு வகையில் அதிர்ஷ்டமும் உதவியது. அதுபோல இன்று ஊஸ்மனாஜிக்கிற்கும் அதிர்ஷ்டம் கைகொடுக்கலாம்.

- 95 -

செயற்கைக்கோள் பூமிக்குத் திரும்புவது ஏன்?

விண்வெளிக்குச் சென்று பல பணிகளைச் செய்வதற்காகத்தான் பெரும்பாடு பட்டு ஒரு செயற்கைக்கோளை உயரே செலுத்துகிறார்கள். அது விண்வெளியில் பல ஆண்டுக்காலம் செயல்பட வேண்டும் என்ற வகையில் வடிவமைக்கப்படுகிறது. பல வகை செயற்கைக் கோள்களும் விண்ணில் சுமார் 7 ஆண்டுக்காலம் செயல்படும்.

ஆனால் இந்தியா ஒரு செயற்கைக்கோளை உயரே செலுத்திவிட்டு அதை 12 நாட்களில் பூமிக்குத் திரும்பும்படிச் செய்துள்ளது. இப்படிச் செய்வதற்குக் காரணம் உள்ளது.

2007 ஜனவரி 10ம் தேதி இந்தியா பி.எஸ்.எல்.வி. ராக்கெட் மூலம் நான்கு செயற்கைக்கோள்களை உயரே செலுத்தியது. இந்த நான்கில் 550 கிலோ எடை கொண்ட SRE 1 என்ற செயற்கைக்கோள் மட்டும் பூமிக்குத் திரும்ப வேண்டும் என்று திட்டமிடப்பட்டது. இதில் பெயருக்கு சில விஞ்ஞானக் கருவிகள் இடம் பெற்றிருந்தன.

இந்தச் செயற்கைக்கோள் மட்டும் வடிவில் மேலும் பெரியதாக அமைந்து இந்திய விண்வெளி வீரர் ஒருவர் அதில் ஏறிச் செல்வதாக வைத்துக்கொள்வோம். அப்படியானால் அதை நிச்சயம் சில நாட்களில் பூமிக்குத் திரும்பும்படிச் செய்தாக வேண்டும்.

விண்வெளிவீரர் ஒருவரை உயரே அனுப்ப இந்தியாவிடம் இப்போதைக்கு குறிப்பான திட்டம் எதுவும் இல்லை என்றாலும் எதிர்காலத்தில் இந்த முயற்சியில் ஈடுபடுவதானால் அதற்கு இப்போதிருந்தே ஆரம்பித்தாக வேண்டும்.

ஒருவர் உயரே செல்வதைவிட அவர் பத்திரமாகப் பூமிக்குத் திரும்புவதில்தான் அதிகப் பிரச்னைகள் உள்ளன. விண்வெளி வீரர் ஒருவர் ஏறிச் செல்லும் வாகனம் பூமிக்குத் திரும்புகையில் காற்று

மண்டலத்தைக் கடந்து வந்தாக வேண்டும். அப்போது உராய்வு காரணமாக விண்கலத்தின் வெளிப்புறமானது சுமார் 2000 டிகிரிக்கும் (செல்சியஸ்) அதிகமாகச் சூடேறும். இந்தக் கடும் வெப்பத்தை விண்கலத்தின் வெளிப்புறக் கவசம் நன்கு தாங்கி நின்றாக வேண்டும். அந்த வெப்பம் உள்ளே இருக்கக்கூடிய விண்வெளி வீரரையும் கருவிகளையும் தாக்காதபடி விண்கலத்தின் வெளிப்புறத்தில் தக்க வெப்பத் தடுப்பு ஏற்பாடு இருக்க வேண்டும்.

தவிர அந்த விண்கலம் திட்டமிட்ட வட்டாரத்தில் வந்து இறங்கும்படிச் செய்யவேண்டும். இதற்கான ஏற்பாடுகள் வெற்றிகரமாகச் செயல்படு கிறதா என்பதை ஒன்றுக்கும் மேற்பட்ட தடவை சோதித்தாக வேண்டும்.

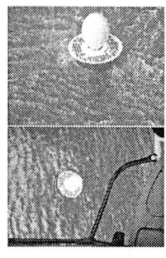

பி.எஸ்.எல்.வி. ராக்கெட் மூலம் உயரே சென்ற SRE 1 விண்கலம் சுமார் 635 கிலோமீட்டர் உயரத்தில் இருந்தபடி சில நாட்கள் பூமியைச் சுற்றி முடித்தபிறகு அது கீழ்நோக்கித் திருப்பப்பட்டது. அது குறிப்பிட்ட கோணத்தில் பூமியின் காற்று மண்டலத்தில் நுழைந்து கீழ் நோக்கிப் பாய்ந்தது. குறிப்பிட்ட உயரத்தில் அதனுடன் இணைந்த இரு பாராசூட்டுகள் விரிந்தன. பின்னர் அது வங்கக் கடலில் ஸ்ரீஹரிகோட்டா விண்வெளிக்கேந்திரத்துக்கு கிழக்கே 140 கிலோ மீட்டர் தொலைவில் வந்து கடலில் விழுந்தது. கடலில் அந்த வட்டாரத்தில் தயாராக இருக்கின்ற கப்பல்கள் விரைந்து சென்று அக் கலத்தை மீட்டன.

அமெரிக்கா 1959 ஆண்டு வாக்கில் மெர்க்குரி என்னும் விண்கலத்தை உருவாக்கி அதை உயரே செலுத்தி கடலில் வந்து விழும்படிச் செய்தது. முதலில் ஆளில்லாத கலங்களே செலுத்தப்பட்டன. எல்லாம் சரியாக இயங்குவதாகத் தெரியவந்த பிறகுதான் 1961ல் முதல்